NATIONAL KEY PROTECTED WILD PLANTS OF CHINA

国家重点保护野生植物

金效华　周志华　袁良琛　等　主编　第三卷

长江出版传媒

湖北科学技术出版社

图书在版编目（CIP）数据

国家重点保护野生植物 . 第三卷 / 金效华等主编 . —武汉：湖北
科学技术出版社 , 2023.6（2024.7 重印）

ISBN 978-7-5706-2589-5

Ⅰ . ①国… Ⅱ . ①金… Ⅲ . ①野生植物－植物保护－中国
Ⅳ . ① Q948.52

中国国家版本馆 CIP 数据核字（2023）第 096754 号

国家重点保护野生植物（第三卷）
GUOJIA ZHONGDIAN BAOHU YESHENG ZHIWU（DI-SAN JUAN）

策划编辑：杨瑰玉　刘　亮
责任编辑：曾紫风　刘　亮　张娇燕
责任校对：陈横宇　　　　　　　　　　　　　封面设计：张子容　胡　博

出版发行：湖北科学技术出版社
地　　　址：武汉市雄楚大街 268 号（湖北出版文化城 B 座 13—14 层）
电　　话：027-87679468　　　　　　　　　　　　邮　　编：430070

印　　刷：湖北金港彩印有限公司　　　　　　　　邮　　编：430040

880×1230　　　　1/16　　　　　　　　29.5 印张　　　　682 千字
2023 年 6 月第 1 版　　　　　　　　　　　2024 年 7 月第 2 次印刷
定　　价：980.00 元（全三卷）

PREFACE 前言

　　我国是世界上植物多样性最丰富的国家之一，仅高等植物就有3.8万种（含种下等级），其中特有种15 000～18 000种。1999年，经国务院批准，国家林业局和农业部发布的《国家重点保护野生植物名录》[以下简称《名录》（第一批）]明确了国家重点保护野生植物范围。时隔22年，经国务院批准，2021年9月7日，国家林业和草原局、农业农村部发布了调整后的《国家重点保护野生植物名录》（以下简称《名录》），455种40类野生植物，约1101种列入其中。

　　为保证《名录》前后的衔接，增加《名录》使用的可操作性、准确性、客观性，减少执法工作中的争论，保证法律的严肃性和公平性，以及为依法强化保护野生植物、打击乱采滥挖及非法交易野生植物、提高公众保护意识等奠定基础，在国家林业和草原局野生动植物保护司、农业农村部科技教育司领导和支持下，中国科学院植物研究所组织全国专家编写了《国家重点保护野生植物》（三卷），它涵盖《名录》所列物种、亚种和变种，共计1069种，并标注了各物种的国家保护级别、CITES附录和IUCN红色名录等级。

　　本书的主要写作者（括号内为编写分工）如下：洪德元（芍药科）、贾渝（苔藓植物）、张宪春（部分蕨类植物）、董仕勇（杪椤科）、严岳鸿和舒江平（水韭属、水蕨属、石杉属）、蒋日红（马尾杉属）、高连明（红豆杉科、杜鹃花属等）、龚洵和席辉辉及王玮晴（苏铁科、人参属）、孙卫邦（木兰科）、李世晋（豆科红豆属）、王瑞江（茜草科、海人树科）、张志翔（杨柳科、壳斗科）、金效华（兰科植物等）、陈文俐（禾本科）、纪运恒（藜芦科）、齐耀东和赵鑫磊（贝母属）、萨仁（豆科大部分）、杨世雄（山茶科）、刘演（苦苣苔科）、田代科（秋海棠科）、高天刚（菊科）、姚小洪（秤锤树属、猕猴桃属、海菜花属）、李剑武（龙脑香科、漆树科、无患子科、使君子科）、孟世勇和张建强（红景天属）、王婷（观音莲座属）、叶超（松科等部分裸子植物、兜兰属、蔷薇科部分植物）、马崇波（姜科、小檗科、毛茛科）、王翰臣（梧桐属、石竹科、苋科等）、邵冰怡（芸香科）、张天凯（伞形科、列当科等）、王兆琪（桦木科等）等。

　　本书由金效华、周志华、袁良琛、闫成、陈宝雄进行总审稿，还邀请了王永强（藻类）、陈娟（菌类）、董仕勇（石松类和蕨类）、严岳鸿（石松类和蕨类）、毛康珊（柏科）、张志翔（松科）、高连明（红豆杉科、杜鹃花属）、萨仁（豆科）、李述万（樟科）、白琳（兰花蕉科、姜科）、谢磊（毛茛科）、高信芬（蔷薇科）、陈进明（海菜花属）、郭丽秀（棕榈科）、吴沙沙（独蒜兰属）、杨福生（绿绒蒿属）、田怀珍（金线兰属）、邱英雄（小檗科）、亚吉东（兰科）、李剑武（热带植物）等对部分类群审稿。

　　本书在编写过程中得到很多专家在物种鉴定、图片提供等方面的大力支持：Allen Lyu（台湾省野生鸟类协会）、Ralf Knapp（法国国家自然历史博物馆）、Holger Perner（北京横断山科技有限公司）、钟诗文（台湾省林业试验所）、张丽兵（美国密苏里植物园）、邵剑文（安徽师范大学）、郭明（陕西长青国家级自然保护区）、陈炳华（福建师范大学）、胡一民（安徽省林业科学研究院）、朱鑫鑫（信阳师范大学）、郑宝江（东北林业大学）、沐先运（北京林业大学）、徐波（中国科学院成都生物研究所）、李策宏（峨眉山生物资源实验站）、王晖（深圳市仙湖植物园）、钟鑫（上海辰山植物园）、顾钰峰（深圳市兰科植物保护研究中心）、安明态（贵州大学）、杨焱冰（贵州大学）、刘念（中国科学院华南植物园）、王瑞江（中国科学院华南植物园）、李恒（中国科学院昆明植物研究所）、李德铢（中国科学院昆明植物研究所）、张挺（中国科学院昆明植物研究所）、亚吉东（中国科学院昆明植物研究所）、李嵘（中国科学院昆明植物研究所）、牛洋（中国科学院昆明植物研究所）、张良（中国科学院昆明植物研究所）、徐克学（中国科学院植物研究所）、陈思思（中国科学院植物研究所）、覃海宁（中国科学院植物研究所）、于胜祥（中国科学院植物研究所）、刘冰（中国科学院植物研究所）、叶超（中国科学院植物研究所）、林秦文（中国科学院植物研究所）、蒋宏（云南省林业和草原科学院）、郑希龙（海南大学）、宋希强（海南大学）、李健玲（中南林业科技大学）、朱大海（四川卧龙国家级自然保护区管理局）、孙明洲（东北师范大学）、黄云峰（广西中医药研究院）、许敏（西藏自治区林业调查规划研究院）、杨宗宗（自然里植物学社）、陈娟（中国医学科学院药用植物研究所）、赵鑫磊（中国医学科学院药用植物研究所）、易思荣（重庆三峡医药高等专科学校）、张贵良（云南大围山国家级自然保护区）、袁浪兴（中国热带农业科学院）、黄明忠（中国热带农业科学院）、施金竹（贵州大学）、李攀（浙江大学）、黎斌（西安植物园）、宋希强（海南大学）、许为斌（中国科学院广西植物研究所）、朱瑞良（华东师范大学）、向建英（西南林业大学）、张成（吉首大学）、张丽丽（西藏自治区农牧科学院蔬菜研究所）、图力古尔（吉林农业大学）、王向华（中国科学院昆明植物研究所）、王永强（中国科学院海洋研究所）、王苗苗（国家植物园）等，李爱莉负责绘制线条图。这里对他们的支持表示衷心的感谢！

　　本书石松和蕨类植物的分类系统采用 PPG I，被子植物分类系统采用 APG IV。物种的学名主要依据《中国生物物种名录·第一卷 植物》，并参考最近的研究进展进行了调整，如苏铁属、人参属、重楼属等的物种界定；物种的濒危状况依据《中国高等植物 IUCN 红色名录》（覃海宁等，2017）。标 * 的物种，由农业农村部主管。

　　近20年来，许多类群，如兰属、石斛属、兜兰属等，发表了200多个新物种以及中国新记录种，由于大部分新种基于温室栽培材料等发表，自然分布区不明，或者与近缘物种区别特征不明显，本次暂不收录部分这样的新类群。

《国家重点保护野生植物》 编委会

2023 年 5 月

CONTENTS 目 录

国家重点保护野生植物

（第三卷）

被子植物

Angiosperms

鸢尾科　Iridaceae　—　伞形科　Apiaceae

▼

水仙花鸢尾

（鸢尾科　Iridaceae）

Iris narcissiflora Diels

国家重点保护级别	CITES 附录	IUCN 红色名录
二级		易危（VU）

▶**形态特征**　多年生草本。植株基部围有鞘状叶，无基生叶。根状茎有直立和横走之分，直立的根状茎短粗，棕褐色，横走的根状茎细长。根细，黄白色。叶茎生，质地柔嫩，条形，宽 2～3 mm，与花茎等长或略低，顶端钝或骤尖，基部鞘状，抱茎，无明显的中脉。花茎纤细，不分枝，高 20～30 cm；苞片 2 枚，膜质，披针形，长 2.8～3.3 cm，宽约 1.2 cm，顶端渐尖，向外反折，内包含有 1 朵花。花黄色，直径 5～5.5 cm；无花梗；花被管长 6～7 mm，外花被裂片椭圆形或倒卵形，爪部楔形，中脉上有稀疏的须毛状附属物，内花被裂片狭卵形，花盛开时向外平展；雄蕊长约 1.3 cm，花药较花丝略短；花柱分枝扁平，中部略宽，顶端裂片钝，椭圆形，边缘有波状牙齿，子房纺锤形。

▶**花 果 期**　花期 4—5 月，果期 6—8 月。

▶**分　　布**　四川。

▶**生　　境**　生于山坡草地、林中旷地、林缘或灌丛中。

▶**用　　途**　具很高的观赏价值。

▶**致危因素**　生境退化或丧失、直接采挖或砍伐。

海南龙血树（柬埔寨龙血树）

（天门冬科　Asparagaceae）

Dracaena cambodiana Pierre ex Gagnep.

国家重点保护级别	CITES 附录	IUCN 红色名录
二级		易危（VU）

▶**形态特征**　乔木，高 3～4 m。茎不分枝或分枝，树皮带灰褐色，幼枝有密环状叶痕。叶聚生于茎、枝顶端，几乎互相套叠，剑形，薄革质，长达 70 cm，宽 1.5～3 cm，向基部略变窄而后扩大，抱茎，无柄。圆锥花序长 30 cm 以上；花序轴无毛或近无毛；花每 3～7 朵簇生，绿白色或淡黄色。花梗长 5～7 mm，关节位于上部 1/3 处；花被片长 6～7 mm，下部 1/5～1/4 合生成短筒；花丝扁平，无红棕色疣点；花药长约 1.2 mm；花柱稍短于子房。

▶**花　果　期**　花期 7 月。

▶**分　　　布**　海南（乐东）、云南（普洱、西双版纳）；越南、柬埔寨。

▶**生　　　境**　生于林中或干燥沙壤土上。

▶**用　　　途**　中国珍贵的南药树种之一；可作盆景观赏。

▶**致危因素**　直接采挖或砍伐。

剑叶龙血树

（天门冬科　Asparagaceae）

Dracaena cochinchinensis (Lour.) S.C. Chen

国家重点保护级别	CITES 附录	IUCN 红色名录
二级		易危（VU）

▶**形态特征**　乔木，高可达 5～15 m。茎粗大，分枝多。树皮灰白色，光滑，老干皮部灰褐色，片状剥落，幼枝有环状叶痕。叶聚生在茎、分枝或小枝顶端，互相套叠，剑形，薄革质，向基部略变窄而后扩大，抱茎，无柄。圆锥花序长 40 cm 以上，花序轴密生乳突状短柔毛；花每 2～5 朵簇生，乳白色。花梗长 3～6 mm，关节位于近顶端；花被片长 6～8 mm，下部 1/5～1/4 合生；花丝扁平，宽约 0.6 mm，上部有红棕色疣点；花药长约 1.2 mm；花柱细长。浆果直径 8～12 mm，橘黄色，具 1～3 枚种子。

▶**花 果 期**　花期 3 月，果期 7—8 月。

▶**分　　布**　云南（孟连、普洱、镇康、西双版纳）、广西南部；越南、老挝。

▶**生　　境**　生于海拔 950～1700 m 的石灰岩上。

▶**用　　途**　药用。

▶**致危因素**　直接采挖或砍伐。

005

海南兰花蕉

（兰花蕉科　Lowiaceae）

Orchidantha insularis T.L. Wu

国家重点保护级别	CITES 附录	IUCN 红色名录
二级		濒危（EN）

▶**形态特征**　多年生草本，高约 45 cm。根状茎平卧。叶 2 列，叶片长椭圆形，长 19～30 cm，宽 5.5～10 cm，先端渐尖至尾尖，基部圆或渐尖，近叶柄处稍下延，横脉方格状；叶柄长 14～25 cm，上部有槽，中部以下扩大呈鞘状。花序自根茎生出；苞片紫色，长圆状披针形，长约 4 cm。花萼线状披针形；唇瓣和花萼的裂片相似；侧生的 2 片花瓣长 2 cm，褐黄色，顶部具紫色小斑点，先端有长 4 mm 的芒；雄蕊 5 枚，花药室长 9 mm；子房延长呈柄状的部分长 4 cm，粗 1 mm；花柱线形，柱头 3 枚，其中 1 枚较长，长 5 mm，余 2 枚稍短，先端有细锯齿，背面具 "V" 形附属物。蒴果圆球形，长 1 cm，先端有长 5 mm 的喙尖，成熟时室背开裂为 3 瓣。种子半球形。

▶**花　果　期**　花期 6 月。

▶**分　　　布**　海南。

▶**生　　　境**　生于海拔 100 m 左右的林下。

▶**用　　　途**　药用和科研价值。

▶**致危因素**　生境退化或丧失、直接采挖或砍伐。

云南兰花蕉

（兰花蕉科　Lowiaceae）

Orchidantha yunnanensis P. Zou, C.F. Xiao & Škorničk.

国家重点保护级别	CITES 附录	IUCN 红色名录
二级		未予评估（NE）

▶**形态特征**　多年生草本，根状茎直立。叶基生，叶柄长 19 ~ 57 cm，有沟。叶片狭椭圆形，长 77 ~ 125 cm，宽 15 ~ 19.5 cm，明显两侧不对称，绿色，两面无毛，基部钝，先端渐尖。可育苞片完全露出地面或基部藏于地下，深紫红色。花早晨开放，散发出一股强烈的死鱼腥味。萼片无毛，基部乳白色至淡绿，正面绿色，背面或多或少红葡萄酒色；侧萼片窄长圆形，重叠并形成船形结构，唇瓣搭于其上；背萼片在花瓣和唇瓣上呈拱形，形成爪状结构，狭倒卵形；侧花瓣基部重叠，覆盖雄蕊和花柱，深紫色，具细尖，边缘在先端有不规则锯齿；唇瓣狭长圆形，长 5.6 cm ~ 6.4 cm，宽 1.2 ~ 1.6 cm，边缘稍内卷，深紫色，具淡黄或白色凸起的中脉，边缘全缘，不规则波状。雄蕊 5 枚，奶油色但在花丝基部有浓郁的酒红色，无毛；花药纵向全裂。花柱紫色，无毛；柱头深 3 裂，边缘有细流苏状，中部裂片容易从侧裂片分离；分泌组织位于腹侧，乳白色至浅黄色；子房柱状，3 室，无毛。果实和种子未见。

▶**花 果 期**　花期 3—4 月。

▶**分　　布**　云南。

▶**生　　境**　生于林下。

▶**用　　途**　具科学研究价值。

▶**致危因素**　栖息地退化、结实率低。

海南豆蔻

（姜科　Zingiberaceae）

Amomum hainanense Y.S. Ye, J.P. Liao & P. Zou

国家重点保护级别	CITES 附录	IUCN 红色名录
二级		未予评估（NE）

▶**形态特征**　多年生草本，高 30 ~ 60 cm，每丛有 3 ~ 4 根假茎。根状茎红色，无支柱根。叶舌披针形，2 裂。叶柄具沟，具纵条纹，绿色，被柔毛；叶片长圆形至椭圆形，长 20 ~ 35 cm，宽 8 ~ 13 cm，绿色，正面无毛，背面密被短柔毛，基部和先端渐狭，两侧不对称，二级脉显著隆起。花序由地下茎生出，花 1 ~ 4 朵；花序梗长 3 ~ 5 cm，红棕色，具条纹、被短柔毛；鳞片鞘状，初带红色，随后变暗棕色，干燥后纸质，外面具短柔毛，先端微凹，边缘具缘毛。花萼管状，3 齿，红色，膜质，外面被短柔毛，先端锐尖；花冠白色，基部和先端具红点；花冠筒长 1.8 ~ 2.2 cm，膜质，外面被短柔毛；侧花冠裂片膜质，无毛，先端钝尖，兜状；背花冠裂片膜质，无毛，先端圆，兜状；唇瓣长 2.8 ~ 3.1 cm，宽 2.5 ~ 2.7 cm，白色，中脉具黄色条带，基部具粉红色脉纹。侧生退化雄蕊狭三角形，白色，具腺毛；花丝扁平，白色，具腺毛；花药长圆形，白色，具腺毛。柱头漏斗形，无毛。蒴果卵球形，先端具宿存花萼，具 6 ~ 8 条纵脊，幼时红棕色，成熟时变为黑色，翅宽 0.1 ~ 0.2 cm，边缘直，具短柔毛。

▶**花果期**　花期 5—6 月，果期 8 月。

▶**分　布**　海南。

▶**生　境**　生长海拔 680 m 的热带雨林的山谷中。

▶**用　途**　当地人作为药物。

▶**致危因素**　狭域分布、人为采集。

宽丝豆蔻

（姜科　Zingiberaceae）

Amomum petaloideum (S.Q. Tong) T.L. Wu

国家重点保护级别	CITES 附录	IUCN 红色名录
二级		易危（VU）

▶**形态特征**　植株高 1～1.5 m，基部具红色的鞘。叶鞘具纵条纹；叶舌长圆形，长 2～4 mm，先端微缺；叶柄长 2～9 cm；叶片背面绿色，正面淡绿，椭圆形或披针形，长 40～60 cm，宽 9～14 cm，无毛，基部楔形，先端渐尖或尾尖。穗状花序从地下茎生出，花序梗长 5～6 cm；可育苞片卵圆形，长 3.4～3.6 cm，宽 3～3.2 cm；小苞片管状，长约 2.2 cm，白色，基部粉红色，先端深裂至基部，具 3 齿。花冠筒等长花萼，密生白色短柔毛；花冠裂片狭椭圆形；侧生退化雄蕊无。唇瓣倒卵形或扇形，白色，中脉猩红色，先端中部黄色，边缘皱波状；花丝扁平，基部淡红色，中部鲜红色。子房圆柱形，浅红色，3 室。花柱白色，线形，柱头圆形或漏斗状。蒴果成熟后红色，半球形，具纵棱，顶端延长为翅，顶端冠以宿存的花萼。种子黑色，具白色假种皮。

▶**花 果 期**　花期 5—6 月。

▶**分　　布**　云南（勐腊）；老挝。

▶**生　　境**　生于海拔 500～600 m 的深林。

▶**用　　途**　未知。

▶**致危因素**　生境丧失、种群过小、分布区狭窄。

细莪术

（姜科　Zingiberaceae）

Curcuma exigua N. Liu

国家重点保护级别	CITES 附录	IUCN 红色名录
二级		野外灭绝（EW）

▶**形态特征**　植株高 40 ~ 80 cm。根状茎多分枝，断面黄色，肉质；根末端膨大为块根。叶鞘苍绿色；叶柄长 5 ~ 8 cm；叶片绿色，沿中脉具紫色的窄条纹带，中脉亦为紫红色。花序生于假茎顶端；花序梗长约 3.6 cm；穗状花序圆筒状，长约 9 cm；可育苞片卵状椭圆形；不育苞片位于花序先端，白色，先端紫色，长圆形，无毛。花萼管状，长 1.3 cm，先端具齿。花冠浅紫色，筒部长 1.4 cm，在喉部具长柔毛；裂片 3，黄色，椭圆形。侧生退化雄蕊花瓣状，黄色，倒卵形。唇瓣近圆形，长约 1.2 cm，宽 1.1 cm，黄色，中心部分颜色较深。子房具柔毛。蒴果近球形。

▶**花 果 期**　花期 8—10 月。

▶**分　　布**　未知。

▶**生　　境**　未知。

▶**用　　途**　药用价值。

▶**致危因素**　生境丧失。

茴香砂仁

Etlingera yunnanensis (T.L. Wu & S.J. Chen) R.M. Smith

国家重点保护级别	CITES 附录	IUCN 红色名录
二级		易危（VU）

▶**形态特征**　茎丛生，株高约 1.8 m。叶片披针形，两面均无毛；叶舌 2 裂，长达 1.5 cm。总花梗由地下茎生出，大部埋入土中，长约 5 cm，上被鳞片；花序头状，贴近地面，开花时好像"一朵"菊花；总苞片卵形，长 2.5 ~ 3 cm，宽 2 ~ 3 cm，红色，小苞片管状，长约 2.7 cm，宽约 7 mm，一侧深裂；花红色，多数，约 6 朵一轮齐放；花萼管状，长 3.5 ~ 4 cm，顶 3 裂；花冠管较花萼短，粉色至红色，顶端具 3 裂片；无侧生退化雄蕊；唇瓣基部与花丝基部联合成短管，上部舌状部分长 2.5 ~ 3 cm，顶端 2 浅裂，基部扩大，内卷呈筒状，中央深红色，边缘黄色，突露于花冠之外，像菊科植物的舌状花。

▶**花 果 期**　花期 6 月。

▶**分　　布**　云南（西双版纳）；越南北部。

▶**生　　境**　生于海拔约 600 m 的疏林下。

▶**用　　途**　根茎入药，还可供观赏。

▶**致危因素**　生境退化或丧失。

长果姜

（姜科　Zingiberaceae）

Siliquamomum tonkinense Baill.

国家重点保护级别	CITES 附录	IUCN 红色名录
二级		濒危（EN）

▶**形态特征**　茎直立，高 0.6～2 m。叶片披针形至长圆形，每枝条通常只有 3 片，长 20～55 cm，宽 7～14 cm，二端渐尖，顶端渐尖至短尾尖；叶柄长 4.5～9 cm；叶舌无毛，长 3 mm。总状花序顶生，长 13～15 cm，有花 9～12 朵；花排列稀疏，小花柄长 2.5 cm，基部以上 5 mm 处有一关节，花由此脱落；花萼长 3.5 cm，顶端具 2～3 齿，复又一侧开裂；花冠黄白色，花冠管狭圆柱形，长 2 cm，裂片极薄，长 2.5～3 cm；侧生退化雄蕊狭倒卵形，长 2.5 cm；唇瓣倒卵形，长 3～3.5 cm，黄白色至浅橙色，中部先端具黄绿色，顶端边缘波状；花丝短，花药室及其顶端附属体共长 2 cm；子房无毛。蒴果纺锤状圆柱形，稍缢缩呈链荚状，长 12～13 cm，直径约 1 cm，黄色。

▶**花 果 期**　花期 10 月。

▶**分　　布**　云南（屏边、马关、河口、麻栗坡）；越南。

▶**生　　境**　生于海拔 800～1200 m 的山谷密林中潮湿之处。

▶**用　　途**　有重要分类学意义。

▶**致危因素**　狭域分布、种群数量极少、物种内在因素。

董棕

（棕榈科　Arecaceae）

Caryota obtusa Griff.

国家重点保护级别	CITES 附录	IUCN 红色名录
二级		易危（VU）

▶**形态特征**　乔木，茎黑褐色，一般膨大成瓶状，具明显的环状叶痕。二回羽状裂叶，长 5～7 m，宽 3～5 m，平展，两侧端部弯垂；小羽片宽楔形或狭的斜楔形，长 15～29 cm，宽 5～20 cm，幼叶近革质，老叶厚革质，最下部的羽片边缘具规则的齿缺，基部以上的羽片渐成狭楔形，外缘笔直，内缘斜伸或弧曲成不规则的齿缺，且延伸成尾状渐尖，最顶端的一羽片为宽楔形，先端 2～3 裂；叶柄被脱落性的棕黑色的毡状茸毛；叶鞘边缘具网状的棕黑色纤维。花序下垂，总苞片长 30～45 cm；分枝花序多，长穗状；花序梗圆柱形，密被覆瓦状排列的苞片；雄花花萼与花瓣被脱落性的黑褐色毡状茸毛，萼片近圆形，盖萼片大于被盖的侧萼片，雄蕊（30～）80～100 枚，花丝短，近白色，花药线形；雌花萼片近圆形，退化雄蕊 3 枚，子房倒卵状三棱形，柱头无柄，2 裂。果实球形，成熟时红色。种子 1～2 枚，近球形或半球形，胚乳嚼烂状。

▶**花 果 期**　花期 6—10 月，果期 5—10 月。

▶**分　　布**　广西、云南；印度、缅甸至中南半岛。

▶**生　　境**　生于海拔 370～1500（～2450）m 的石灰岩山地区或沟谷林中。

▶**用　　途**　外层木质坚硬，可作水槽与水车；髓心含淀粉，可食用；叶鞘纤维坚韧，可制棕绳；幼树茎尖可作蔬菜；树形美丽，可作绿化观赏树种。

▶**致危因素**　生境退化或丧失、过度采集、物种内在因素。

琼棕

（棕榈科　Arecaceae）

Chuniophoenix hainanensis* Burret*

国家重点保护级别	CITES 附录	IUCN 红色名录
二级		濒危（EN）

▶**形态特征**　丛生灌木，高 3 m 或更高。叶掌状深裂，裂片 14～16 片，线形，长达 50 cm，宽 1.8～2.5 cm，先端渐尖，不分裂或 2 浅裂，中脉上面凹陷，背面凸起；叶柄无刺，顶端无戟突，上面具深凹槽。花序腋生，多分枝，呈圆锥花序式，主轴上的总苞片管状，长 5～6 cm，顶端三角形，被早落的鳞秕；每一苞片内有分枝 3～5 个，分枝长 10～20 cm，其上密被褐红色有条纹脉的漏斗状小苞片；花两性，紫红色，花萼筒状，长约 2 mm，宿存；花瓣 2～3 片，紫红色，卵状长圆形，长 5～6 mm；雄蕊 4～6 枚，花丝长 3～4 mm，基部扩大并联合，花药卵形；子房长圆形，长 2 mm，花柱短，柱头 3 裂。果实近球形，外果皮薄，中果皮肉质，内果皮薄。种子为不整齐的球形，直径约 1 cm，灰白色，胚乳嚼烂状，胚基生。

▶**花果期**　花期 3—4 月，果期 9—10 月。

▶**分　布**　海南（吊罗山、尖峰岭、鹦哥岭）。

▶**生　境**　生于山地疏林中。

▶**用　途**　具观赏及科研价值。

▶**致危因素**　生境退化或丧失、过度采集。

矮琼棕

（棕榈科　Arecaceae）

Chuniophoenix humilis C.Z. Tang & T.L. Wu

国家重点保护级别	CITES 附录	IUCN 红色名录
二级		濒危（EN）

▶**形态特征**　丛生灌木，高 1.5～2 m。茎圆柱形，叶鞘抱茎。叶掌状深裂，裂片 4～7 片，中央的裂片较大，长圆状披针形至倒卵状披针形，长 24～26 cm，宽 6～7 cm，最外侧的裂片最小，为长圆状披针形至披针形，深裂几达基部；叶柄长 26～55 cm，上面具凹槽，背面凸起。花序自叶腋抽出，花序轴上有总苞片 3～5 枚；苞片管状，顶端一侧开裂，急尖；不分枝或 2～3 分枝，小穗自苞片内抽出，小穗轴被覆多数淡棕色、斜漏斗状的小苞片，每一小苞片内有花 1～2 朵；花两性，淡黄色，直径约 7 mm；花萼膜质，筒状，长约 5 mm，顶端 2～3 浅裂；花瓣 3 片，披针形，基部合生，先端反卷；雄蕊 6 枚，花药丁字着生，纵裂，花丝基部联合，与花瓣对生的 3 枚雄蕊的花丝基部扩大且与花瓣贴生；雌蕊 1 枚，柱头 3 裂。果实近球形，成熟时鲜红色，外果皮光滑，中果皮肉质。种子近球形，表面有不规则的凹凸沟槽纹。

▶**花　果　期**　花期 3—4 月，果期 8—10 月。

▶**分　　布**　海南（吊罗山、鹦哥岭）。

▶**生　　境**　生于山地雨林或沟谷雨林的林下及沟谷两旁的阴湿环境中。

▶**用　　途**　可作庭院绿化材料。

▶**致危因素**　生境受损或丧失。

▶**备　　注**　本种有时被处理为 ***Chuniophoenix nana*** Burret 的异名。

水椰

（棕榈科 Arecaceae）

Nypa fruticans Wurmb

国家重点保护级别	CITES 附录	IUCN 红色名录
二级		易危（VU）

▶**形态特征**　丛生灌木，具匍匐茎。叶羽状全裂，坚硬而粗，羽片多数，整齐排列，线状披针形，外向折叠，先端急尖，全缘，中脉突起，背面沿中脉的近基部处有纤维束状、丁字着生的膜质小鳞片。雌雄同株，花序生于叶腋，雄花序荑荑状，着生于雌花序的侧边；雌花序头状（球状），顶生；花序梗上的总苞片管状。果序球形，头状，由多枚果实聚生而成，每个果实 1～3 心皮，通常仅 1 胚珠发育成种子，果实核果状，棕褐色，发亮，倒卵球状，略压扁，具多棱，顶端圆，基部渐狭，外果皮光滑，中果皮具纤维，内果皮海绵状。种子近球形或阔卵球形。

▶**花 果 期**　花期 7 月。

▶**分　　布**　海南；亚洲东部（琉球群岛）、南部（斯里兰卡、印度的恒河三角洲、马来西亚）至澳大利亚、所罗门群岛等热带地区。

▶**生　　境**　生于沿海港湾泥沼地带。

▶**用　　途**　花序割取汁液可制糖、酿酒、制醋，有防海潮、围堤、绿化海口港湾和净化空气等用途。同时具有重要的科研价值；红树林建群种之一。

▶**致危因素**　生境退化或丧失、过度利用。

小钩叶藤

（棕榈科　Arecaceae）

Plectocomia microstachys Burret

国家重点保护级别	CITES 附录	IUCN 红色名录
二级		易危（VU）

▶**形态特征**　攀缘藤本，带鞘茎粗 2～5 cm。叶羽状全裂，具羽片部分长约 1～1.5 m，顶端具纤鞭，叶轴下面和纤鞭具单生或 2～3 个合生的爪刺，羽片不规则排列，披针形或长圆状披针形，渐尖或急尖，上面绿色，背面被白粉，边缘疏被微刺，边缘的肋脉几与中脉等粗；叶鞘具稍密的针状刺。雌雄异株，雄花序长约 70 cm，上有多个长约 50 cm 的穗状分枝花序；穗轴细弱，基部直径约 2.5 mm，曲折，被短而密的锈色的柔毛状鳞秕，穗轴上的苞片两面无毛，长约 2.2 cm，宽 1.3 cm，近菱形；小穗轴较短，长约 1.2 cm，极纤细，基部多少被锈色柔毛，上部近无毛或无毛，上面着生 8～12 朵花；雄花长约 5 mm，稍宽披针形，短渐尖，无毛；花萼深 3 裂，无毛，花瓣披针形，渐尖，顶端急尖；雄蕊 6 枚，花药线形，基部箭头形。果实球形或近球形，被棕褐色覆瓦状鳞片。

▶**花 果 期**　花期 12 月。

▶**分　　布**　海南（定安、琼中、保亭），云南南部及西部也可能有分布。

▶**生　　境**　生于密林中。

▶**用　　途**　材用。

▶**致危因素**　直接采挖或砍伐、物种内在因素。

龙棕

（棕榈科　Arecaceae）

Trachycarpus nanus Becc.

国家重点保护级别	CITES 附录	IUCN 红色名录
二级		濒危（EN）

▶**形态特征**　茎单生，高度通常 50~80 cm，直径 5 cm，具地下茎。叶掌状深裂，叶片扇形轮廓，宽约 0.5 m，背面绿色或带灰色；裂片 2/3 深裂，20~30 枚，中间裂片长 25~50 cm，宽约 2 cm；叶柄长 12~25 cm，边缘具细齿。雌雄异株，花序长达 0.5 m，直立；雄花序和雌花序通常 2 回分枝，有时 2 回以上分枝，小穗长约 10 cm；雄花黄绿色，萼片 3 枚，花瓣 3 片，2 倍长于萼片，可育雄蕊 6 枚，退化雄蕊 3 枚；雌花淡绿色，花瓣稍长于花萼，心皮 3 枚，胚珠 3 枚，仅 1 枚发育成种子。果实成熟后蓝黑色，肾形，种子同形，胚乳均匀。

▶**花　果　期**　花期 4—5 月，果期 8—10 月。

▶**分　　布**　云南。

▶**生　　境**　生于海拔 1500~2300 m 的山中干燥森林或开阔生境。

▶**用　　途**　观赏。

▶**致危因素**　生境退化或丧失、数量稀少。

无柱黑三棱

（香蒲科　Typhaceae）

Sparganium hyperboreum Laext. ex Bearl.

国家重点保护级别	CITES 附录	IUCN 红色名录
二级		濒危（EN）

▶**形态特征**　多年生水生草本。茎细弱，浮于水中。叶片长 30 ~ 40 cm，宽 1 ~ 3 mm，浮水。花序总状，主轴劲直；雄性头状花序 1 ~ 2 个，较小；雌性头状花序 2 ~ 3 个，最下部一个雌性头状花序具总花梗，生于叶状苞片腋内；雄花花被片膜质，先端不整齐；雌花花被片膜质，条形至倒三角形，先端齿裂。果实阔倒卵形。

▶**花 果 期**　花期 7—8 月。

▶**分　　布**　黑龙江、吉林。

▶**生　　境**　生于海拔约 1500 m 或更高的湖泊、沼泽、水泡子等水域中。

▶**用　　途**　未知。

▶**致危因素**　生境退化或丧失、数量稀少。

短芒芨芨草

（禾本科　Poaceae）

Achnatherum breviaristatum Keng & P.C. Kuo

国家重点保护级别	CITES 附录	IUCN 红色名录
二级		易危（VU）

▶**形态特征**　多年生草本。根茎外被鳞片。秆密丛生，直立，高约 1.5 m，具 2～3 节。叶鞘光滑无毛或微糙，长于节间；叶舌长圆状披针形，长达 14 mm；叶片长达 50 cm，纵卷如线状。圆锥花序直立，紧缩，长约 30 cm，主轴每节具数分枝，基部即着生小穗；小穗柄长 2～10 mm。小穗含 1 朵小花，长 6～6.5 mm。颖膜质或兼草质，边缘透明，第一颖长 5.5～6 mm，基部具 5～7 脉，第二颖长约 6.5 mm，基部常具 5 脉；外稃圆柱形，厚纸质，成熟后略变硬，长约 5 mm，5 脉，顶端具 2 微齿，齿间着生长 2～4 mm 的芒，背部两侧脉附近密生与稃体约等长的白柔毛；基盘钝圆，具细毛，长约 0.4 mm；内稃约与外稃等长，背部近基部亦具柔毛；浆片 3 枚；雄蕊 3 枚，花药长 3.5～4 mm。

▶**花 果 期**　花期 6—7 月，果期 8—9 月。

▶**分　　布**　甘肃（岷县）。

▶**生　　境**　生于海拔 2100 m 的山坡草地、干旱河谷。

▶**用　　途**　可作牧草。

▶**致危因素**　生境破碎化或丧失、自然种群过小。

沙芦草

（禾本科　Poaceae）

Agropyron mongolicum Keng

国家重点保护级别	CITES 附录	IUCN 红色名录
二级		

▶**形态特征**　多年生草本。须根长而密集，外具沙套。秆丛生，直立，高 20 ~ 60 cm，基部节常膝曲横卧。叶鞘无毛；叶舌截平，具长约 0.5 mm 的小纤毛。叶片长 5 ~ 15 cm，宽 1.5 ~ 3.5 mm，内卷成针状，叶脉隆起成纵沟，脉上密被微细刚毛。穗状花序顶生，直立，长 3 ~ 9 cm，宽 4 ~ 6 mm，穗轴延续而不折断，穗轴节间长 3 ~ 5（~ 10）mm；小穗两侧压扁，单生于穗轴各节，互相密接呈覆瓦状，含（2 ~）3 ~ 8 朵小花，长 5.5 ~ 14 mm，宽 3 ~ 5 mm。颖两侧不对称，边缘膜质，具 3 ~ 5 脉，第一颖长 3 ~ 6 mm，第二颖长 4 ~ 6 mm，先端具长 1 ~ 2 mm 的短尖头；外稃无毛、稀疏微毛或显著被长柔毛，具 5 脉，先端具短尖头长约 1 mm，第一外稃长 5 ~ 8 mm；内稃脊具短纤毛；花药长 3 ~ 4.5 mm。

▶**花 果 期**　7—9 月。

▶**分　　布**　内蒙古、宁夏、山西、陕西、新疆、甘肃、青海。

▶**生　　境**　生于干燥的草原、沙地。

▶**用　　途**　是极耐寒旱、抗风沙的丛生草种，可作优良牧草。

▶**致危因素**　过度放牧。

三刺草

（禾本科　Poaceae）

Aristida triseta Keng

国家重点保护级别	CITES 附录	IUCN 红色名录
二级		无危（LC）

▶**形态特征**　多年生小草本；须根较粗而坚韧。秆丛生，直立，高 10～40 cm，具 1～2 节。叶鞘短于节间，光滑；叶舌短小，具长约 0.2 mm 的纤毛；叶片质硬、常卷折呈弯曲状，长 3.5～15 cm，宽 1～2 mm。圆锥花序狭窄，长 3.5～9 cm；小穗柄长 1～5 mm。小穗含 1 朵小花，长 7～10 mm，紫色或古铜色。颖膜质，等长或较长于外稃，顶端渐尖或有时延伸成短尖头，具 1 脉，两颖近等长或第二颖较长；外稃圆筒形，成熟后质地较硬，长 6.5～8 mm，具 3 脉，背部具紫褐色斑点，顶端具 3 芒；芒粗糙，主芒长 4～8 mm，侧芒长 0.5～3.5 mm；基盘短小而钝，具短毛；内稃长约 2.5 mm，薄膜质；浆片 2 枚；花药长 3～4 mm。颖果长约 5 mm。

▶**花 果 期**　6—9 月。

▶**分　　布**　甘肃、青海、四川、西藏、云南。

▶**生　　境**　生于海拔 2400～4700 m 的山地灌丛、干旱陡坡草地。

▶**用　　途**　可作牧草。

▶**致危因素**　生境破碎化或丧失、过度放牧。

山涧草

（禾本科　Poaceae）

Chikusichloa aquatica Koidz.

国家重点保护级别	CITES 附录	IUCN 红色名录
二级		濒危（EN）

▶**形态特征**　多年生水生草本。须根粗壮，铁锈色。秆直立，疏丛生，高 90～150 cm，具 5～8 节，下部节间长约 10 cm，秆粗 3～6 mm。叶鞘远长于其节间，平滑，具脊；叶舌膜质，长约 2 mm；叶片质软、扁平，长 30～40 cm，宽 6～10 mm。顶生圆锥花序大型，疏松，长约 30 cm，宽 5～7 cm，分枝直立或斜上，多单生。小穗含 1 朵小花，多少两侧压扁或呈略圆柱形，脱节于柄状基盘之下，长 10～17 mm（包括小穗柄和芒，其中稃体约长 4 mm）。颖不存在；外稃披针形，具 5 条脉，顶端具长约 5 mm 的芒；柄状基盘长 4～6 mm；内稃具 3 脉；浆片 2 枚；雄蕊 1 枚，花药长约 1 mm。颖果长约 2 mm。

▶**花　果　期**　6—10 月。

▶**分　　布**　江苏、江西、安徽；日本。

▶**生　　境**　生于山涧溪沟边。

▶**用　　途**　数量稀少、受威胁严重、科学及文化意义大。

▶**致危因素**　生境破碎化或丧失、自然种群过小。

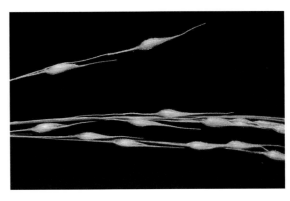

流苏香竹

（禾本科　Poaceae）

Chimonocalamus fimbriatus Hsueh & T.P. Yi

国家重点保护级别	CITES 附录	IUCN 红色名录
二级		无危（LC）

▶**形态特征**　多年生竹类，地下茎合轴丛生。竿高 5～8 m，粗 2～5 cm；节间长 20～36 cm，壁厚 3～6 mm，空腔内常具黄色芳香油液；箨环与竿环均微隆起，有时被微毛；节上着生刺状气生根，长 5～14 mm，每节可多达 30 余枚，中下部常可愈合；竿每节分 3 枝或更多枝。箨鞘厚革质，早落，长于节间，新鲜时绿色带紫红色，背部常具褐色斑块，上半部显著贴生棕色小刺毛，鞘口宽 1～1.5 cm，先端略呈弧形下凹；叶耳小或不明显，具长 5～12 mm 的繸毛；箨舌发达，高 10～13 mm；边缘具流苏状繸毛，箨片直立或外翻，长 6～16 cm，基底宽 4～6 mm，腹面被微毛。末级小枝具 3～5 叶；叶鞘长 2～4 cm；叶耳微小，具长为 5～12 mm 的繸毛；叶舌高约 1 mm；叶片长 5～15 cm，宽 5～11 mm，先端的芒尖长约 1 cm。圆锥花序大型疏散，生于小枝顶端。小穗含小花 3～7 朵；小穗柄纤细；小穗轴节间长 2～4 mm。颖 2 枚；外稃披针形，具小尖头；内稃具 2 脊；浆片 3 枚；雄蕊 3 枚；柱头 2 个。

▶**花　果　期**　笋期 9 月。

▶**分　　布**　云南西南部。

▶**生　　境**　生于海拔 1500～1800 m 的常绿阔叶林。

▶**用　　途**　观赏，为优良的笋用竹种。

▶**致危因素**　生境破碎化或丧失、自然种群过小。

莎禾

（禾本科　Poaceae）

Coleanthus subtilis (Tratt.) Seidl ex Schult.

国家重点保护级别	CITES 附录	IUCN 红色名录
二级		濒危（EN）

▶**形态特征**　一年生草本，矮小。秆直立，高约 5 cm。叶鞘闭合、膨大；叶舌膜质，长约 0.5 mm，叶片扁平，长约 1 cm。顶生圆锥花序长 5 ~ 10 mm，其下有苞片状的叶鞘，具 2 ~ 3 轮分枝，分枝（小穗柄）多数，轮生，具微细的小刺毛，长 1 ~ 2 mm。小穗含 1 朵小花，两侧压扁。颖退化；外稃狭卵形，具 1 脉，顶端具芒尖，长约 1 mm（包括芒尖）；内稃长 0.5 ~ 1 mm，顶端具 2 深裂齿；无浆片；雄蕊 2 枚，花药长 0.3 ~ 0.4 mm。颖果长 1.7 ~ 2.1 mm，狭长圆形，顶端渐尖，长于外稃和内稃，表面有小瘤状突起。

▶**花 果 期**　3—6 月。

▶**分　　布**　黑龙江、湖北、江西；欧洲、北美洲。

▶**生　　境**　生于河岸、湖边、沙堤、岛屿等缺乏钙质的泥沼或沙地上。

▶**用　　途**　未知。

▶**致危因素**　生境破碎化或丧失、自然种群过小。

阿拉善披碱草（阿拉善鹅观草）

（禾本科 Poaceae）

Elymus alashanicus (Keng) S.L. Chen

国家重点保护级别	CITES 附录	IUCN 红色名录
二级		无危（LC）

▶**形态特征** 多年生草本。秆疏丛生，具 3 节，质地刚硬，高 40～60 cm。叶鞘紧密裹茎，基生者常碎裂成纤维状；叶舌透明膜质，长约 1 mm；叶片坚韧直立，内卷成针状，长 5～8（～12）cm，两面均被微毛或下面平滑无毛。穗状花序劲直，狭细，长 5～10 cm，具贴生小穗 3～7 枚；穗轴节间长约 1 cm，顶部者可达 1.5 cm，每节着生 1 枚小穗。小穗含 3～6 朵小花，长 12～15 mm，宽 2～3 mm。颖长圆状披针形，先端锐尖以至具长 2.5 mm 的短芒，通常 3 脉，边缘膜质，第一颖长 5～6 mm，第二颖长 7～9 mm；外稃光滑无毛，具狭膜质边缘，先端锐尖或急尖，无芒或具小尖头，具 5 脉；第一外稃长约 10 mm；基盘光滑无毛；内稃与外稃等长或略长；花药长 3 mm。

▶**花 果 期** 7—9 月。

▶**分 布** 内蒙古、宁夏、甘肃、新疆。

▶**生 境** 生于山坡草地或山地石质山坡、岩崖、山顶岩石缝间。

▶**用 途** 为作物及牧草种质资源。

▶**致危因素** 生境破碎化或丧失、过度放牧。

黑紫披碱草

（禾本科　Poaceae）

Elymus atratus (Nevski) Hand.-Mazz.

国家重点保护级别	CITES 附录	IUCN 红色名录
二级		无危（LC）

▶**形态特征**　多年生草本。秆疏丛生，直立，较细弱，高 40 ~ 60 cm，基部呈膝曲状。叶鞘光滑无毛；叶片多少内卷，长 3 ~ 10（~ 19）cm，宽仅 2 mm，两面均无毛，或基生叶上面有时可生柔毛。穗状花序较紧密，曲折而下垂，长 5 ~ 8 cm；每节通常着生 2 枚小穗。小穗多稍偏于一侧，成熟后变成黑紫色，长 8 ~ 10 mm，含 2 ~ 3 朵小花，仅 1 ~ 2 朵小花发育。颖甚小，长 2 ~ 4 mm，狭长圆形或披针形，先端渐尖，稀可具长约 1 mm 的小尖头，具 1 ~ 3 脉，主脉粗糙，侧脉不显著；外稃披针形，全部密生微小短毛，具 5 脉，第一外稃长 7 ~ 8 mm，顶端延伸成芒，芒粗糙，反曲或展开，长 10 ~ 17 mm；内稃与外稃等长。

▶**花 果 期**　7—9 月。

▶**分　　布**　四川、青海、甘肃、新疆、西藏。

▶**生　　境**　多生于草原上。

▶**用　　途**　为作物及牧草种质资源。

▶**致危因素**　生境破碎化或丧失、过度放牧。

短柄披碱草（短柄鹅观草）

（禾本科　Poaceae）

Elymus brevipes (Keng) S.L. Chen

国家重点保护级别	CITES 附录	IUCN 红色名录
二级		无危（LC）

▶**形态特征**　多年生草本。秆直立，单生或少数丛生，高 30 ~ 60 cm。叶舌长约 0.2 mm 或几无；叶片长 10 ~ 18 cm，宽 1 ~ 3 mm，质地较硬，干后内卷，上面微粗糙，下面光滑。穗状花序长 7 ~ 11 cm（除芒外），弯曲或稍下垂，基部有时可具短分枝，穗轴纤细，每节着生 1 枚小穗。小穗有时可偏于穗轴的一侧，长 1.4 ~ 2.2 cm，含 4 ~ 7 朵疏松排列的小花，具有长 0.5 ~ 2 mm 的短柄。颖甚小，披针形，先端尖至渐尖，具明显的 3 脉，第一颖长 1.5 ~ 3 mm，第二颖长 3 ~ 4.5 mm；外稃披针形，上部具明显的 5 脉，微粗糙或近于平滑，第一外稃长 9 ~ 10 mm，顶端芒长 2.5 ~ 3 cm，粗糙，反曲；内稃长 8 ~ 9 mm；花药长 1.5 ~ 2.5 mm。

▶**花 果 期**　6—9 月。

▶**分　　布**　甘肃、青海、四川、西藏、新疆。

▶**生　　境**　生于海拔 2000 ~ 5500 m 的石坡或山坡草地。

▶**用　　途**　为作物及牧草种质资源。

▶**致危因素**　生境破碎化或丧失、过度放牧。

内蒙披碱草（内蒙鹅观草）

Elymus intramongolicus (S. Chen & W. Gao) S.L. Chen

国家重点保护级别	CITES 附录	IUCN 红色名录
二级		无危（LC）

▶**形态特征**　多年生草本。秆疏丛生，具 4～5 节，高 100～160 cm，径可达 5 mm。叶鞘无毛；叶舌顶端钝裂；叶片扁平，长 15～25 cm，宽 5～10 mm，上面被柔毛，下面沿脉被微硬毛。穗状花序直立，长 9～15 cm，穗轴节间长 3～10 mm，每节着生 1 枚小穗。小穗排列于穗轴之两侧，长 11～13.5（～18.5）mm，含 3～6 朵小花。颖先端渐尖或具 1～1.5 mm 的短芒，背部密生微硬毛，具 5～7 脉，腹面下半部被疏毛，并混生微毛，边缘略膜质，第一颖长 9～10 mm，第二颖长 10～11 mm；外稃披针形，具 5 脉，背部密被微柔毛，先端常具不相等的 2 齿，第一外稃长 11～12.5 mm，芒长 1～2.5 mm；内稃短于外稃。

▶**花 果 期**　7—9 月。

▶**分　　布**　内蒙古（锡林郭勒盟）。

▶**生　　境**　中生疏丛禾草，生于林缘、草地。

▶**用　　途**　为作物及牧草种质资源。

▶**致危因素**　生境破碎化或丧失、过度放牧。

紫芒披碱草

（禾本科　Poaceae）

Elymus purpuraristatus C.P. Wang & H.L. Yang

国家重点保护级别	CITES 附录	IUCN 红色名录
二级		无危（LC）

▶**形态特征**　多年生草本。秆较粗壮，高可达 160 cm，秆、叶、花序皆被白粉，基部节间呈粉紫色。叶鞘除基部者外均较节间为短；叶舌先端钝圆，长约 1 mm；叶片常内卷，长 15～25 cm，宽 2.5～4 mm，上面微粗糙，下面平滑。穗状花序直立或微弯曲，细弱，呈粉紫色，长 8～15 cm，宽 4～6 mm，每节具 2 枚小穗。小穗粉绿而带紫色，长 10～12 mm，含 2～3 朵小花。颖片长 7～10 mm，先端具长约 1 mm 的短尖头，具 3 脉，边缘、先端及基部皆点状粗糙，并具紫红色小点；外稃长圆状披针形，背部全体被毛，亦具紫红色小点，尤以先端、边缘及基部更密，第一外稃长 6～9 mm，先端芒长 7～15 mm，芒紫色，被毛；内稃与外稃等长或稍短。

▶**花 果 期**　7—8 月。

▶**分　　布**　内蒙古（大青山、蛮汗山）。

▶**生　　境**　生于山坡、沟谷。

▶**用　　途**　为作物及牧草种质资源。

▶**致危因素**　生境破碎化或丧失、过度放牧。

新疆披碱草

Elymus sinkiangensis D.F. Cui

（禾本科　Poaceae）

国家重点保护级别	CITES 附录	IUCN 红色名录
二级		无危（LC）

▶**形态特征**　多年生草本。秆丛生，高 60 ~ 80 cm，具 2 ~ 3 节。上部叶鞘平滑无毛，下部者具倒生柔毛；叶舌长约 0.3 mm；叶片扁平，宽 3 ~ 5 mm，下面平滑无毛，上面被稀疏的长柔毛。穗状花序直立，长 7 ~ 10 cm，穗轴节间长 4 ~ 7 mm，几平滑，棱边具纤毛；每节通常着生 1 枚小穗。小穗常偏于穗轴一侧，长 13 ~ 15（~ 18）mm，含 4 ~ 5（~ 6）朵小花。颖宽 1.8 ~ 2 mm，先端渐尖或具长达 2 mm 的短芒，边缘窄膜质，具 3 ~ 5 脉，第一颖长 9 ~ 10 mm（连同短尖头），第二颖长 10 ~ 12 mm（连同短尖头）；外稃仅上部和边缘被短硬毛，先端延伸成反曲而粗糙的芒，芒长 20 ~ 35 mm，第一外稃长 10 ~ 12 mm；内稃约与外稃等长；花药长 1.5 ~ 2 mm。

▶**花 果 期**　7—9 月。

▶**分　　布**　新疆（乌鲁木齐、昭苏）。

▶**生　　境**　生于海拔 1800 ~ 2100 m 的山地草甸草原和林缘草甸。

▶**用　　途**　为作物及牧草种质资源。

▶**致危因素**　生境破碎化或丧失、过度放牧。

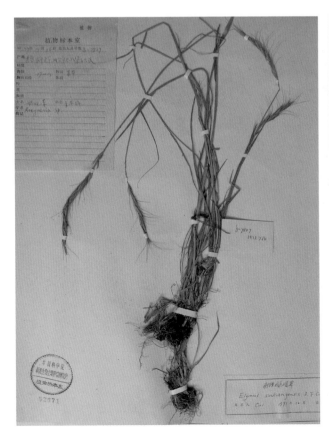
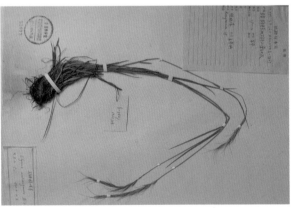
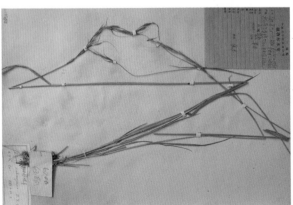

无芒披碱草

Elymus sinosubmuticus S.L. Chen

国家重点保护级别	CITES 附录	IUCN 红色名录
二级		易危（VU）

▶**形态特征**　多年生草本。秆丛生，较细弱，高 25 ~ 45 cm，具 2 节。叶鞘短于节间；叶舌极短而近于无；叶片扁平或内卷，下面光滑，上面粗糙，长 3 ~ 6 cm，宽 1.5 ~ 3 mm。穗状花序较稀疏，通常弯曲，带有紫色，长 3.5 ~ 7.5 cm；每节着生 2 枚小穗，基部 1 ~ 3 节常不具发育的小穗，接近顶端各节仅具 1 枚小穗；穗轴下部者长 5 ~ 9（~ 15）mm，上部者长 3 ~ 4 mm。小穗近于无柄或具长约 1 mm 短柄，长（7 ~）9 ~ 13 mm，含（1 ~）2 ~ 3（~ 4）朵小花；小穗轴节间长 1 ~ 2 mm。颖片甚小，长 2 ~ 3 mm，具 3 脉，先端锐尖或渐尖，但不具小尖头；外稃具 5 脉，中脉延伸成约 2 mm 短芒，第一外稃长 7 ~ 8 mm；内稃与外稃等长；花药长约 1.7 mm。

▶**花 果 期**　7—9 月。

▶**分　　布**　四川（德格）。

▶**生　　境**　生于山坡。

▶**用　　途**　为作物及牧草种质资源。

▶**致危因素**　生境破碎化或丧失、过度放牧、自然种群过小。

毛披碱草

（禾本科　Poaceae）

Elymus villifer C.P. Wang & H.L. Yang

国家重点保护级别	CITES 附录	IUCN 红色名录
二级		濒危（EN）

▶**形态特征**　多年生草本。秆疏丛生，直立，高 60～75 cm。叶鞘密被长柔毛；叶舌短，长约 0.5 mm；叶片扁平或边缘内卷，两面及边缘被长柔毛，长 9～15 cm，宽 3～6 mm。穗状花序微弯曲，长 9～12 cm；穗轴节处膨大，密生长硬毛，棱边具窄翼，亦被长硬毛；每节生有 2 枚小穗或上部及下部仅具 1 枚。小穗长 6～10 mm，含 2～3 朵小花。颖窄披针形，长 4.5～7.5 mm，具 3～4 脉，脉上疏被短硬毛，有狭膜质边缘，先端渐尖成长 1.5～2.5 mm 的芒尖；外稃长圆状披针形，具 5 条在上部明显的脉，第一外稃长 7～11 mm，顶端芒长可达 25 mm，粗糙、反曲；内稃与外稃等长。花药长约 2.5 mm；子房顶端被毛。

▶**花 果 期**　7—9 月。

▶**分　　布**　内蒙古（大青山）。

▶**生　　境**　生于山地沟谷低湿草地。

▶**用　　途**　为作物及牧草种质资源。

▶**致危因素**　生境破碎化或丧失、过度放牧、自然种群过小。

铁竹

（禾本科　Poaceae）

Ferrocalamus strictus Hsueh & P.C. Keng

国家重点保护级别	CITES 附录	IUCN 红色名录
一级		无危（LC）

▶**形态特征**　小乔木状竹类，地下茎单轴散生。竿高 5 ~ 7（~9）m，粗 2 ~ 3.5（~5）cm，竿壁厚，坚硬如铁，基部节间近实心；节间长 0.6 ~ 0.8（~1.2）m，节内长 1.5 ~ 3 cm；竿环隆起；竿每节具 1 芽，竿端数节可成单枝，枝与竿同粗，几与竿平行直立，基部膨大。箨鞘厚革质，迟落或宿存，长可达 10 mm；箨舌近截形，高 2 ~ 3 mm；箨片直立，易自箨鞘脱落；无箨耳；鞘口繸毛发达。末级小枝具 9 ~ 11 叶；叶鞘长 10 ~ 15 cm；鞘口毛长 1 ~ 2 cm，易脱落；叶舌截形；叶耳不存在；叶片大，披针形，长 30 ~ 35 cm，宽 6 ~ 9 cm，长急尖，具长为 3 ~ 4 mm 的扁平叶柄。圆锥花序大型，在叶枝顶生，长 30 ~ 45 cm。小穗长 14 ~ 18（25）mm，含小花 3 ~ 10 朵，通常多为 5 朵；小穗柄约长 1 cm；小穗轴节间长 3 mm。第一颖长 3 ~ 4.5 mm；第二颖长约 5 mm；外稃长 7 mm，先端钝尖头，被显著微毛；内稃具 2 脊；浆片 3 枚；雄蕊 3 枚；柱头 2 个。果实扁球形，果皮肉质，干后为黑褐色。

▶**花 果 期**　花期 4 月，笋期 3—5 月。

▶**分　　布**　云南（金平）。

▶**生　　境**　生于海拔 900 ~ 1200 m 的山地常绿阔叶林中。

▶**用　　途**　竿极坚硬，用以制作狩猎的弩箭，还可制作竹筷、毛线编织棒等。

▶**致危因素**　生境破碎化或丧失、过度采集、自然种群过小。

贡山竹（阔叶玉山竹）

（禾本科 Poaceae）

Gaoligongshania megalothyrsa (Hand.-Mazz.) D.Z. Li, Hsueh & N.H. Xia

国家重点保护级别	CITES 附录	IUCN 红色名录
二级		近危（NT）

▶**形态特征** 灌木状竹类，有时附生于树干基部，地下茎短颈粗型。竿丛生，高 1 ~ 3.5（~ 8）m；节间长 25 ~ 45 cm；每节分枝单一，与主竿近等粗。箨鞘宿存，革质，背面密被黄褐色长 2.5 ~ 4 mm 直立疣基刺毛；箨耳大，镰刀状，边缘具黄色劲直粗壮繸毛；箨舌高 1 ~ 2 mm；箨片外展。每小枝具 7 ~ 9 枚叶；叶鞘长 6.8 ~ 11 cm，密被黄色开展疣基长刺毛；叶耳显著，镰刀状，边缘有黄色劲直粗壮繸毛；叶舌长约 2 mm；叶柄长 3 ~ 10 mm；叶片大型，宽披针形，长 20 ~ 33 cm，宽 3 ~ 7 cm。圆锥花序顶生，大型，长达 40 cm，一次性发生花序。小穗具柄，线形，长 2 ~ 4 cm，宽 2 ~ 3 mm，具 4 ~ 9 朵小花，顶端一朵小花不育；小穗轴长为小花的 1/2，外露。第一颖长 8 mm，第二颖长 12 mm，具长约 6 mm 的芒；外稃长约 8 mm；内稃与外稃近等长；浆片 3 枚；雄蕊 3 枚；柱头 3 个。

▶**花 果 期** 花期 5—7 月，笋期 8—11 月。

▶**分 布** 云南（高黎贡山）。

▶**生 境** 生于海拔 1300 ~ 2200 m 的中山常绿阔叶林下或林间空地。

▶**用 途** 叶多用于制竹叶帽、包食物；也可供园艺观赏。

▶**致危因素** 生境破碎化或丧失、自然种群过小。

内蒙古大麦

（禾本科　Poaceae）

Hordeum innermongolicum P.C. Kuo & L.B. Cai

国家重点保护级别	CITES 附录	IUCN 红色名录
二级		易危（VU）

▶**形态特征**　多年生草本。秆直立，高 75 ~ 100 cm，具 3 ~ 5 节。叶鞘无毛或基生者疏生短柔毛；叶舌长 0.5 ~ 1 mm；叶片长 4 ~ 12 cm，宽 2 ~ 5 mm，扁平或稍内卷。穗状花序顶生，长 6 ~ 16 cm，宽 5 ~ 7 mm，红褐色；穗轴节间长 2 ~ 3 mm，成熟后逐节断落；每节着生 3 枚小穗。三联小穗两侧者小穗柄长 0.5 ~ 1 mm，含 1 朵小花，常不育，颖针状、长 6 ~ 8 mm，外稃长 5 ~ 7 mm，芒长 3 ~ 6 mm；中间小穗无柄，常含 2 朵小花，第一小花发育，第二小花不育，颖针状，长 6 ~ 9 mm，外稃长 7 ~ 10 mm，具 5 脉，芒长 6 ~ 8 mm；内稃与外稃近等长。花药长 2 ~ 2.3 mm。颖果长 2.5 ~ 3.5 mm。

▶**花 果 期**　7—8 月。

▶**分　　布**　内蒙古（锡林郭勒盟）、青海。

▶**生　　境**　生于海拔 1200 m 的山坡草甸草原。

▶**用　　途**　为作物及牧草种质资源。

▶**致危因素**　生境破碎化或丧失、过度放牧、自然种群过小。

引自《高原生物学集刊》，李爱莉　抄绘

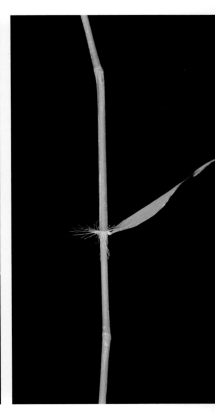

纪如竹（贵州悬竹）

（禾本科 Poaceae）

Hsuehochloa calcarea (C.D. Chu & C.S. Chao) D.Z. Li & Y.X. Zhang

国家重点保护级别	CITES 附录	IUCN 红色名录
二级		

▶**形态特征** 具攀爬习性竹类，有时匍匐状，地下茎合轴型。竿高达 4 ~ 6 m，直径 4 ~ 5 mm，直立，上部下挂；节间长 8 ~ 18 cm；箨环不显著；竿节稍隆起，每节具（1 ~）3 ~ 7 分枝，分枝近等粗，无主枝，枝长 50 ~ 100 cm，直径约 2 mm。箨鞘宿存，短于节间，背面稍具斑点，密被白色易落的柔毛，边缘有白色纤毛；箨耳新月形，向外开展，耳缘有长约 1 cm 的繸毛；箨舌很短，顶端有白色纤毛，毛长 0.7 ~ 1 cm；箨片卵状披针形或披针形，绿色，外翻。末级小枝具 2 ~ 5 枚叶；叶鞘无毛，有光泽，边缘有纤毛；叶耳向外张开，耳缘有长 5 ~ 7 mm 的放射状繸毛；叶舌短，顶端具白色长纤毛；叶片近革质，长圆状披针形，长 7 ~ 20 cm，宽 1.2 ~ 3 cm。花序为总状，具小花 5 朵。外稃长约 1 cm；内稃长约 0.8 cm；雄蕊 3 枚，花药长约 4 mm；柱头 2 个。

▶**花 果 期** 笋期 4 月。

▶**分 布** 贵州。

▶**生 境** 生于海拔 500 ~ 950 m 的岩石裸露、土层干燥瘠薄的石灰岩山地和干热河谷陡坡，也可生于阔叶林中或林缘及陡壁上。

▶**用 途** 秆纤细、韧性强，常用作竹索；也是优良的观赏竹种。

▶**致危因素** 生境破碎化或丧失、自然种群过小。

水禾

（禾本科　Poaceae）

Hygroryza aristata (Retz.) Nees

国家重点保护级别	CITES 附录	IUCN 红色名录
二级		易危（VU）

▶**形态特征**　多年生水生漂浮草本。匍匐茎细长，节上具轮生的羽状须根。秆漂浮于水中，长 0.5 ~ 1.5 m，露出水面的部分高 10 ~ 20 cm。叶鞘光滑无毛，肿胀，具横脉；叶舌膜质，顶端平截，长 0.5 ~ 0.8 mm；叶片卵状披针形，长 3 ~ 8 cm，宽 0.5 ~ 2.5 cm，下表面平滑，上表面呈乳头状粗糙，顶端钝，基部圆形，具短柄。圆锥花序长 4 ~ 8 cm，分枝疏散，基部为顶生叶鞘所包藏。小穗含 1 朵小花，两侧压扁。颖不存在，外稃长 6 ~ 8 mm，具 5 脉，脉上被纤毛，脉间生短毛，顶端具长 1 ~ 2 cm 的芒，基部具长约 1 cm 的柄状基盘；内稃与其外稃等长，具 3 脉；浆片 2 枚；雄蕊 6 枚，花药长 3 ~ 3.5 mm。

▶**花　果　期**　6—10月。

▶**分　　　布**　广东、广西、海南、福建、云南、安徽、江西、台湾；印度、缅甸。

▶**生　　　境**　生于池塘湖沼和小溪流中。

▶**用　　　途**　植株可作猪、鱼及牛的饲料。

▶**致危因素**　生境破碎化或丧失、过度采集。

青海以礼草（青海鹅观草）

（禾本科　Poaceae）

Kengyilia kokonorica (Keng) J.L. Yang, C. Yen & B.R. Baum

国家重点保护级别	CITES 附录	IUCN 红色名录
二级		无危（LC）

▶**形态特征**　多年生草本。秆密丛型，高 30 ~ 50 cm，具 2 ~ 3 节，花序以下被柔毛。叶鞘无毛；叶片长 2 ~ 15（~ 18）cm，宽 2 ~ 5 mm，内卷。穗状花序直立，紧密，长 3 ~ 6 cm，宽 7 ~ 8 mm，每节着生 1（~ 2）枚小穗，常具顶生可育小穗；穗轴节间密生柔毛。小穗呈覆瓦状排列，绿色或带有紫色，长 8 ~ 10 mm，含 3 ~ 4（~ 6）朵小花。颖披针状卵圆形，长 3 ~ 4 mm，密生硬毛，先端具短芒长 2 ~ 3 mm，具 1 ~ 3 脉，脊不明显或仅顶端具脊，背部绿色，边缘白色膜质；外稃密生硬毛，具 5 脉，第一外稃长约 6 mm，先端具粗糙芒，长 4 ~ 6 mm，劲直或稍曲折；内稃与外稃等长，脊上部具纤毛。花药长 2 ~ 2.2 mm；子房先端有茸毛。

▶**花 果 期**　8—10 月。

▶**分　　布**　青海、甘肃、西藏、新疆、宁夏。

▶**生　　境**　生于干旱草原、砾石坡地。

▶**用　　途**　可作牧草。

▶**致危因素**　生境破碎化或丧失、过度放牧。

青海固沙草

Orinus kokonorica (K.S. Hao) Tzvelev

国家重点保护级别	CITES 附录	IUCN 红色名录
二级		无危（LC）

▶**形态特征**　多年生草本。根茎细长，长 1.5 ~ 18 cm，坚硬多节，密被鳞片，鳞片老后易脱落。秆直立，质较硬，高（20 ~ ）30 ~ 90 cm。叶鞘无毛或粗糙，长于节间；叶舌长 0.5 ~ 1 mm，边缘撕裂呈纤毛状；叶片质较硬，常内卷，长 4 ~ 9 cm，宽 2 ~ 3 mm。圆锥花序线形，长 3 ~ 27 cm；小穗轴节间长 1 ~ 1.5 mm。小穗具短柄，长（3 ~ ）7 ~ 8.5（~ 16）mm，含（1 ~ ）2 ~ 3（~ 5）朵小花。颖无毛，第一颖具 1 脉，长 2 ~ 5 mm，第二颖具 3 脉，长 2 ~ 6 mm；外稃质薄，背部黑褐色，先端及基部黄褐色，具 3 脉，脊两侧及边缘或下部疏生长柔毛，基盘两侧疏生短毛，第一外稃长 3 ~ 6 mm；内稃与外稃等长或稍短，具 2 脊，脊上及脊的两侧疏生短毛；花药长约 3 mm。颖果长 1.6 ~ 2.7 mm。

▶**花 果 期**　8—10 月。

▶**分　　布**　青海、甘肃、四川、西藏。

▶**生　　境**　生于海拔 2400 ~ 4200 m 的干旱山坡、干草原。

▶**用　　途**　为优良的固沙植物。

▶**致危因素**　生境破碎化或丧失。

疣粒野生稻

（禾本科　Poaceae）

Oryza meyeriana (Zollinger & Moritzi) Baillon

国家重点保护级别	CITES 附录	IUCN 红色名录
二级		易危（VU）

▶**形态特征**　多年生草本。秆高 30 ~ 75 cm，压扁，具 5 ~ 9 节。叶鞘长 5 ~ 8 cm，短于其节间；叶舌长 1 ~ 2 mm，具明显叶耳；叶片长 5 ~ 20 cm，宽 6 ~ 20 mm，基部圆形。圆锥花序简单，直立，长 3 ~ 12 cm，分枝 2 ~ 5，疏生小穗；小穗长圆形，长 5 ~ 6.5 mm，颖退化仅留痕迹；不孕外稃锥状，具 1 脉；孕性外稃无芒，顶端钝或有短小的 3 齿，表面具不规则的小疣点；雄蕊 6 枚，花药黄白色；柱头 2 个，白色。颖果长 3 ~ 4 mm，易落粒。

▶**花 果 期**　10 月至次年 2 月。

▶**分　　布**　广东、海南、云南、广西等；印度、缅甸、泰国至印度尼西亚爪哇、马来西亚。

▶**生　　境**　生于丘陵栎林下或林缘荫蔽之处。

▶**用　　途**　为栽培稻的种质资源。

▶**致危因素**　生境破碎化或丧失、自然种群过小。

药用稻

（禾本科　Poaceae）

Oryza officinalis Wall. ex G. Watt

国家重点保护级别	CITES 附录	IUCN 红色名录
二级		濒危（EN）

▶**形态特征**　多年生草本。秆直立或下部匍匐，高 1.5 ~ 3 m 朵，具 8 ~ 15 节，基部 2 ~ 3 节具不定根。叶鞘长约 40 cm；叶舌长约 4 mm；叶耳不明显；叶片长 30 ~ 80 cm，宽 2 ~ 3 cm，质地较厚，下面粗糙，上面散生长柔毛。圆锥花序大型，疏散，长 30 ~ 50 cm，基部常为顶生叶鞘所包，最下部分枝顶端下垂。小穗两侧压扁，长 4 ~ 5 mm，宽 1.5 ~ 2.5 mm，具 1 朵两性小花，其下的两枚退化为不育外稃。颖退化，在小穗柄顶端呈半月形；不育外稃线状披针形，长 1.6 ~ 2 mm，具 1 脉；可育外稃硬纸质，阔卵形，脊上部或边脉生疣基硬毛，表面疣状突起在每侧 24 ~ 26 纵行；芒长 5 ~ 10 mm；内稃与外稃同质，具 3 脉，脊疏生疣基硬毛；雄蕊 6 枚，花药长 1.5 ~ 2.5 mm。颖果长约 3.2 mm，红褐色，易落粒。

▶**花 果 期**　7—11 月。

▶**分　　布**　广东、海南、广西、云南；印度与中南半岛。

▶**生　　境**　生于海拔 600 ~ 1100 m 的丘陵山坡中下部的冲积地和沟边。

▶**用　　途**　为栽培稻的种质资源。

▶**致危因素**　生境破碎化或丧失、自然种群过小。

野生稻

（禾本科　Poaceae）

Oryza rufipogon Griff.

国家重点保护级别	CITES 附录	IUCN 红色名录
二级		极危（CR）

▶**形态特征**　多年生水生草本。秆高 0.7 ~ 1.5 m，下部海绵质或于节上生根。叶鞘圆筒形，疏松、无毛；叶舌长达 17 mm；叶耳明显；叶片线形、扁平，长达 40 cm，宽 1 ~ 2 cm，边缘与中脉粗糙，顶端渐尖。圆锥花序长 12 ~ 30 cm，直立而后下垂；主轴及分枝粗糙。小穗长 8 ~ 11 mm，宽 2.7 ~ 4.5 mm；成熟后自小穗柄关节上脱落。基部具 2 枚微小半圆形的退化颖片，第一和第二不育外稃退化呈锥状，长约 2.5 mm，具 1 脉，顶端尖；可育外稃长圆形，厚纸质，长 7 ~ 8 mm，具 5 脉，遍生糙毛状粗糙，沿脊上部具较长纤毛；芒着生于外稃顶端，具明显关节，长 5 ~ 40 mm；内稃与外稃同质，被糙毛，具 3 脉；浆片 2 枚；雄蕊 6 枚，花药长约 5 mm。颖果长圆形，易落粒。

▶**花 果 期**　4—11 月。

▶**分　　布**　广东、海南、广西、云南、福建、台湾；印度、缅甸、泰国、马来西亚。

▶**生　　境**　生于海拔 600 m 以下的江河流域，平原地区的池塘、溪沟、藕塘、稻田、沟渠、沼泽等低湿地。

▶**用　　途**　为栽培稻的种质资源。

▶**致危因素**　生境破碎化或丧失、自然种群过小。

华山新麦草

（禾本科　Poaceae）

Psathyrostachys huashanica Keng

国家重点保护级别	CITES 附录	IUCN 红色名录
一级		极危（CR）

▶**形态特征**　多年生草本，具长根茎。秆疏丛生，高 40 ~ 60 cm，径 2 ~ 3 mm。叶鞘无毛，基部常带褐紫色或古铜色，长于节间；叶耳长约 1 mm；叶舌长约 0.5 mm，具细小纤毛；叶片质较硬，宽 2 ~ 4 mm，分蘖者长 10 ~ 40 cm，秆生者长 3 ~ 8 cm，上表面黄绿色，具柔毛，下表面灰绿色，无毛。穗状花序直立或稍下垂，长 4 ~ 8 cm，宽约 1 cm；穗轴成熟时逐节断落，节间长 3.5 ~ 4.5 mm，每节着生 2 ~ 3 枚小穗。小穗含 1 ~ 2 朵小花；小穗轴节间长约 3.5 mm。颖锥形，粗糙，长 10 ~ 12 mm；外稃光滑无毛或稍粗糙，第一外稃长 8 ~ 10 mm，先端具长 5 ~ 7 mm 的芒；内稃等长于外稃；花药长约 6 mm。颖果长 4.5 ~ 6 mm。

▶**花 果 期**　4—7 月。

▶**分　　布**　陕西（华山）。

▶**生　　境**　生于海拔 450 ~ 1800 m 的中低山区、山坡道旁岩石残积土上。

▶**用　　途**　为作物及牧草种质资源，还可供观赏。

▶**致危因素**　生境破碎化或丧失、自然种群过小。

三蕊草

（禾本科　Poaceae）

Sinochasea trigyna Keng

国家重点保护级别	CITES 附录	IUCN 红色名录
二级		易危（VU）

▶**形态特征**　多年生草本。秆丛生，直立，高 7 ~ 45 cm，具 2 ~ 3 节。叶鞘无毛；叶舌长 0.5 ~ 2 mm，具极短的纤毛；叶片内卷，长 3 ~ 16 cm，宽 1 ~ 2 mm，顶生者退化成锥状，长约 1 cm，基生叶长达 16 cm。圆锥花序紧缩成穗状，长 3 ~ 8.5 cm，宽约 1 cm。小穗长 8 ~ 12 mm，含 1 朵小花；延伸小穗轴微小，长 0.5 ~ 1 mm。颖草质，几等长或第一颖稍长，具 5 ~ 7 脉；外稃稍薄于颖，长（6 ~）8 ~ 9 mm，背部被长柔毛，顶端 2 深裂几达稃体中部，具 5 脉，中脉自裂片间延伸成一膝曲扭转的芒，芒微粗糙，长 9 ~ 13 mm，基盘微小，钝圆，具短毛；内稃长 6 ~ 8 mm；浆片 2（~ 3）枚；雄蕊 3 枚，花药长约 1 mm；子房长 1.5 ~ 2 mm，花柱极短，柱头 3 个，长约 3 mm，黄褐色，帚刷状。颖果长 4 ~ 5 mm。

▶**花 果 期**　7—9 月。

▶**分　　布**　青海、西藏、四川。

▶**生　　境**　生于海拔 3800 ~ 5100 m 的高山草甸及山坡。

▶**用　　途**　未知。

▶**致危因素**　生境破碎化或丧失、自然种群过小。

拟高粱

（禾本科　Poaceae）

Sorghum propinquum (Kunth) Hitchc.

国家重点保护级别	CITES 附录	IUCN 红色名录
二级		濒危（EN）

▶**形态特征**　多年生草本，根茎粗壮。秆高 1.5 ~ 3 m，径 1 ~ 3 cm，具多节。叶鞘无毛，鞘口内面及边缘具柔毛；叶舌长 0.5 ~ 1 mm；叶片长 40 ~ 90 cm，宽 3 ~ 5 cm。圆锥花序开展，长 30 ~ 50 cm，宽 6 ~ 15 cm，一级分枝 3 ~ 6 枚轮生，顶端着生总状花序；总状花序具 3 ~ 7 节小穗对（1 节无柄，1 节有柄，异性对），顶端之一节常 3 枚小穗共生（1 枚无柄，2 枚有柄）；小穗成熟后，其柄与小穗均易脱落。无柄小穗两性，背腹压扁，椭圆形或狭椭圆形，长 4 ~ 5 mm，先端尖或具小尖头；颖薄革质，平滑而有光泽，第一颖具 9 ~ 11 脉；第二颖具 7 脉；第一外稃透明膜质，稍短于颖，无芒；第二外稃短于第一外稃，无芒或具 1 细弱扭曲的芒；花药长 2 ~ 2.5 mm；花柱 2 个。颖果倒卵形。有柄小穗雄性，约与无柄小穗等长，但较狭，颜色较深，质地较软，无芒。

▶**花 果 期**　7—10 月。

▶**分　　布**　四川、云南、福建、台湾、海南、广东；中南半岛、马来半岛、菲律宾及印度尼西亚各岛屿也有分布；印度、斯里兰卡引种栽培。

▶**生　　境**　生于河岸旁或湿润之地。

▶**用　　途**　可作饲草。

▶**致危因素**　生境破碎化或丧失。

箭叶大油芒

Spodiopogon sagittifolius Rendle

（禾本科　Poaceae）

国家重点保护级别	CITES 附录	IUCN 红色名录
二级		无危（LC）

▶**形态特征**　多年生草本。秆疏丛，高 60 ~ 100 cm，具 3 ~ 4 节。叶鞘平滑无毛；叶舌长 2 ~ 6 mm；叶具柄，下部柄可长达 10 cm；叶片长 5 ~ 30 cm，宽 5 ~ 15 mm，基部 2 深裂呈箭镞形。圆锥花序松散，长 9 ~ 20 cm，宽 2 ~ 5 cm，顶端 1 ~ 3 节着生小穗对，成对小穗一无柄、一有柄，均可育，且同形；花序轴节间及小穗柄约等长于小穗，先端膨大呈倒圆锥形。小穗长约 6 mm，两颖近相等，草质；第一颖具 11 ~ 13 脉；第二颖具 8 ~ 11 脉；第一小花雄性，外稃透明膜质，长 4 ~ 5 mm，具 1 脉，先端浅裂，裂片间伸出成小尖头或成细短芒，内稃与外稃等长，雄蕊 3 枚，花药长约 3 mm；第二小花两性，外稃透明膜质，狭窄，下部具 3 脉，深裂达稃体之 2/3，裂齿间伸出膝曲之芒，芒长 12 ~ 20 mm，芒柱扭转，长约 1 cm，内稃等长或稍短于外稃，花药长约 3.5 mm。

▶**花 果 期**　8—12 月。

▶**分　　布**　云南、四川。

▶**生　　境**　生于海拔 1500 ~ 1800 m 的山地林下。

▶**用　　途**　可作牧草。

▶**致危因素**　生境破碎化或丧失、自然种群较小。

中华结缕草

(禾本科　Poaceae)

Zoysia sinica Hance

国家重点保护级别	CITES 附录	IUCN 红色名录
二级		无危（LC）

▶**形态特征**　多年生草本，具横走根茎。秆细弱，直立，高 13 ~ 30 cm，基部常具宿存枯萎的叶鞘。叶鞘长于节间，或上部者短于节间，鞘口具长柔毛；叶舌短，具白柔毛；叶片长可达 10 cm，宽 1 ~ 3 mm，质地稍坚硬，扁平或边缘内卷。总状花序穗形，长 2 ~ 4 cm，宽 4 ~ 5 mm。小穗含 1 朵小花，披针形或卵状披针形，长 4 ~ 5 mm，宽 1 ~ 1.5 mm，单生，具长约 3 mm 的小穗柄。第一颖退化，第二颖硬纸质或成熟后为革质，光滑无毛，中脉近顶端与颖分离，延伸成小芒尖，两侧边缘在基部联合，全部包裹膜质的外稃与内稃；外稃膜质，长约 3 mm，具 1 明显的中脉；雄蕊 3 枚，花药长约 2 mm；花柱 2 个；无内稃和浆片。颖果长约 3 mm。

▶**花 果 期**　4—10 月。

▶**分　　布**　辽宁、河北、山东、江苏、安徽、浙江、福建、广东、台湾；日本。

▶**生　　境**　生于海边沙滩、河岸、路旁的草丛中。

▶**用　　途**　可作草坪草、饲草。

▶**致危因素**　生境破碎化或丧失。

石生黄堇（岩黄连）

（罂粟科　Papaveraceae）

Corydalis Saxicola G.S. Bunting

国家重点保护级别	CITES 附录	IUCN 红色名录
二级		未予评估（NE）

▶**形态特征**　草本，高 30 ~ 40 cm，具粗大主根和单头至多头的根茎。茎分枝或不分枝；枝条与叶对生。基生叶长 10 ~ 15 cm，具长柄，叶片约与叶柄等长，二回至一回羽状全裂，末回羽片楔形至倒卵形，长 2 ~ 4 cm，宽 2 ~ 3 cm，不等大 2 ~ 3 裂或边缘具粗圆齿。总状花序长 7 ~ 15 cm，多花。苞片椭圆形至披针形，全缘，全部长于花梗。花梗长约 5 mm。花金黄色，平展。萼片近三角形，全缘；外花瓣较宽展，渐尖，鸡冠状突起仅限于龙骨状突起之上，不伸达顶端；上花瓣长约 2.5 cm；距约占花瓣全长的 1/4，稍下弯，末端囊状；蜜腺体短，约贯穿距长的 1/2；下花瓣长约 1.8 cm，基部近具小瘤状突起；内花瓣长约 1.5 cm，具厚而伸出顶端的鸡冠状突起；雄蕊束披针形，中部以上渐缢缩；柱头二叉状分裂，各枝顶端具 2 裂的乳突。蒴果线形，下弯，具 1 列种子。

▶**花 果 期**　未知。

▶**分　　布**　云南、四川、贵州、西藏、广西、湖北、甘肃。

▶**生　　境**　生于海拔 600 ~ 1690 m 的岩石缝隙中。在四川西南部海拔可升至 2800 ~ 3900 m。

▶**用　　途**　全草供药用。

▶**致危因素**　生境破碎化或丧失。

久治绿绒蒿

Meconopsis barbiseta C.Y. Wu et H. Chuang

国家重点保护级别	CITES 附录	IUCN 红色名录
二级		濒危（EN）

▶**形态特征**　一年生草本。植株基部盖以密集的莲座叶残基。主根萝卜状，长约 2 cm，粗约 1.2 cm。叶全部基生，叶片倒披针形，长 3 ~ 5 cm，宽 0.7 ~ 1 cm，先端钝或圆，基部渐狭，两面被黄褐色刚毛，边缘全缘或微波状；叶柄宽条形，近基部扩大成膜质鞘，无毛或疏被黄褐色刚毛。花葶先端细，向基部逐渐增粗，被黄褐色、通常反曲的刚毛，花下毛较密。花单生于基生花葶上；花瓣 6 片，倒卵形至倒卵状长圆形，顶端平截，边绿微波状，蓝紫色，基部紫黑色；花丝丝状，花药长圆形；子房卵形，长约 1 cm，密被锈色刚毛，刚毛近基部具倒向的短分枝，花柱圆柱状，柱头 4 ~ 6 裂，裂片下延。

▶**花　果　期**　花期 7—9 月。

▶**分　　　布**　青海东南部。

▶**生　　　境**　生于海拔 4400 m 的高山草甸。

▶**用　　　途**　具有较高的经济价值。

▶**致危因素**　生境退化或丧失。

▶**备　　　注**　本种的分类学地位有待进一步研究。

红花绿绒蒿

（罂粟科　Papaveraceae）

Meconopsis punicea Maxim.

国家重点保护级别	CITES 附录	IUCN 红色名录
二级		

▶**形态特征**　多年生草本。基部盖以宿存的叶基，其上密被淡黄色或棕褐色、具多短分枝的刚毛。须根纤维状。叶全部基生，莲座状，叶片倒披针形或狭倒卵形，先端急尖，基部渐狭，下延入叶柄，边缘全缘，两面密被淡黄色或棕褐色、具多短分枝的刚毛，明显具数条纵脉；叶柄基部略扩大成鞘。花葶1~6条，从莲座叶丛中生出，通常具肋，被棕黄色、具分枝且反折的刚毛。花单生于基生花葶上，下垂；花芽卵形；萼片卵形，外面密被淡黄色或棕褐色、具分枝的刚毛；花瓣4片，有时为6片，椭圆形，先端急尖或圆，深红色；花丝条形，扁平，粉红色，花药长圆形，黄色；子房宽长圆形或卵形，密被淡黄色、具分枝的刚毛，花柱极短，柱头4~6圆裂。蒴果椭圆状长圆形，无毛或密被淡黄色、具分枝的刚毛，4~6瓣自顶端微裂。种子密具乳突。

▶**花 果 期**　6—9月。

▶**分　　布**　四川西北部、青海东南部、甘肃西南部。

▶**生　　境**　生于海拔 2800~4300 m 的山坡草地。

▶**用　　途**　花茎及果入药。

▶**致危因素**　生境退化或丧失、人为采集。

毛瓣绿绒蒿

（罂粟科　Papaveraceae）

Meconopsis torquata Prain

国家重点保护级别	CITES 附录	IUCN 红色名录
二级		

▶**形态特征**　一年生草本。茎直立，基部盖以宿存的叶基，叶基上密被锈色、具多短分枝的刚毛。基生叶多数，莲座状，叶片倒披针形，先端钝或近急尖，基部楔形，边缘全缘或不规则的波状，两面被黄褐色、具多短分枝的刚毛，叶柄线形，基部具鞘，密被刚毛；下部茎生叶同基生叶，上部茎生叶较小，边缘为不规则的圆裂，无柄。花茎高约 40 cm，粗壮，密被伸展或稍反折、具多短分枝的刚毛。花多达 25 朵，紧密排列于茎先端；花梗长约 6 mm，密被刚毛，顶端扩大成一宽的托；上部花无苞片；花瓣 4 片或更多，倒卵形，蓝色，外面疏被刚毛；子房倒卵形或椭圆状长圆形，密被斜展、具多短分枝的刚毛，花柱极短，基部扩大成紫红色、无毛的盘，盘盖于子房之上且突出于子房之外，边缘波状，具 8 棱，柱头近头状。蒴果倒卵形或椭圆状长圆形，明显具肋，自花柱盘下部 8 瓣微裂。种子卵圆形，种皮具网纹。

▶**花 果 期**　6—9 月。

▶**分　　布**　西藏南部。

▶**生　　境**　生于海拔 3400 ~ 5500 m 的山坡上。

▶**用　　途**　全草入药。

▶**致危因素**　生境破碎化或丧失。

古山龙

Arcangelisia gusanlung H.S. Lo

（防己科　Menispermaceae）

国家重点保护级别	CITES 附录	IUCN 红色名录
二级		未予评估（NE）

▶**形态特征**　木质大藤本，长可达 10 m。茎和老枝灰色或暗灰色，有不规则的纵皱纹，木材鲜黄色；小枝圆柱状，有整齐的直线纹，无毛。叶片革质至近厚革质，阔卵形至阔卵状近圆形，长 8～13 cm，宽 6～9.5 cm，先端常骤尖，基部近截平或微圆，很少近心形，干时上面灰褐色，下面茶褐色，两面无毛，稍有光泽；掌状脉 5 条，网状小脉在下面较清楚；叶柄着生在叶片的近基部，稍纤细，有直线纹，两端均肿胀，比叶片短。雄花序通常生于老枝叶痕之上，为圆锥花序，近无毛；雄花花被 3 轮，每轮 3 片，外轮近卵形，边缘啮蚀状，中轮长圆状椭圆形，长 2.2～2.3 mm，内轮舟状，长约 2.2 mm；聚药雄蕊有 9 个花药。果序生于老茎上，粗壮，果梗粗壮，果近球形，稍扁，成熟时黄色，最后变黑色，中果皮肉质，果核近骨质，扁球形，被锈色长毛，无任何突起。

▶**花 果 期**　花期夏初。

▶**分　　布**　海南。

▶**生　　境**　生于林中。

▶**用　　途**　药用。

▶**致危因素**　生境破碎化或丧失。

藤枣

（防己科　Menispermaceae）

Eleutharrhena macrocarpa (Diels) Ecrman

国家重点保护级别	CITES 附录	IUCN 红色名录
一级		极危（CR）

▶**形态特征**　木质藤本。嫩枝有直线纹，被微柔毛，稍老即脱落。叶革质，卵形至阔卵形，长圆状卵形或长圆状椭圆形，长 9.5 ~ 2.2 cm，宽 4.5 ~ 13 cm，先端渐尖或近骤尖，基部圆或钝，有时阔楔形，两面无毛，上面光亮；叶柄长 2.5 ~ 8 cm。雄花序有花 1 ~ 3 朵，被微柔毛；雄花外轮萼片微小，近卵形，被微柔毛，中轮与外轮相似或稍长，内轮倒卵状楔形，最内轮大，近圆形或阔卵状近圆形，长约 2.5 mm，无毛；花瓣 6 片，阔倒卵形，两侧边缘内卷，抱着花丝，无毛；雄蕊 6 枚。果序生无叶老枝上，总梗粗壮，其上有 3 ~ 6 个核果；核果椭圆形，黄色或红色，心皮柄长达 1.5 cm；种子椭圆形。

▶**花 果 期**　花期 5 月，果期 10 月。

▶**分　　布**　云南（西南部、南部和东南部）；印度、缅甸、老挝、越南等。

▶**生　　境**　生于海拔 200 ~ 1500（~ 1800）m 的密林中，也见于疏林。

▶**用　　途**　对热带植物区系研究有意义。

▶**致危因素**　生境退化或丧失、直接采挖或砍伐。

云南八角莲

（小檗科　Berberidaceae）

Dysosma aurantiocaulis (Hand.-Mazz.) Hu

国家重点保护级别	CITES 附录	IUCN 红色名录
二级		濒危（EN）

▶**形态特征**　多年生草本，植株高 30 ~ 50 cm。根状茎粗短，棕褐色，横走，多须根。茎直立，直径 3 ~ 5 mm，淡橘黄色，具条棱，无毛。叶薄纸质，互生，盾状，轮廓近圆形或肾形，叶形多样，直径 15 ~ 25 cm 或长 7 ~ 8 cm，宽 13 ~ 15 cm，5 ~ 8 浅裂，上面深绿色，无毛，背面淡绿色，沿脉被膜质糖秕状小鳞片，有时混生柔毛，边缘具稀疏腺齿，有时具细柔毛；下部叶柄长 12 ~ 22 cm，上部叶柄长 3 ~ 7 cm，具纵条棱。花 2 ~ 5 朵簇生，着生于远离叶基部 3 ~ 7 cm 处；花梗长 3 ~ 6 cm，下弯，无毛；花暗紫色或粉红色；萼片 6 枚，狭长圆形，长 10 ~ 12 mm，宽 4 ~ 5 mm，无毛；花瓣 6 片，倒卵形或近圆形，先端圆形；雄蕊 6 枚，长约 6 mm，花丝扁平，较花药短，花药顶端圆钝，药隔先端不延伸；雌蕊长约 8 mm，子房近圆球形，花柱短，约 1 mm，柱头盘状，边缘皱波状。浆果近球形，未熟果淡绿色。种子多数。

▶**花 果 期**　花期 5—6 月，果期 6—8 月。

▶**分　　布**　云南。

▶**生　　境**　生于海拔 2800 ~ 3000 m 的落叶阔叶林下。

▶**用　　途**　药用。

▶**致危因素**　生境退化或丧失。

川八角莲

（小檗科　Berberidaceae）

Dysosma delavayi (Franch.) Hu

国家重点保护级别	CITES 附录	IUCN 红色名录
二级		易危（VU）

▶**形态特征**　多年生草本，植株高 20~65 cm。根状茎短而横走，须根较粗壮。叶 2 枚，对生，纸质，盾状，轮廓近圆形，4~5 深裂几达中部，裂片楔状矩圆形，先端 3 浅裂，小裂片三角形，先端渐尖，上面暗绿色，有时带暗紫色，无毛，背面淡黄绿色或暗紫红色，沿脉疏被柔毛，后脱落，叶缘具稀疏小腺齿；叶柄长 7~10 cm，被白色柔毛。伞形花序具 2~6 朵花，着生于叶柄交叉处，有时无花序梗，呈簇生状；花梗长 1.5~2.5 cm，下弯，密被白色柔毛。花大型，暗紫红色；萼片 6 枚，长圆状倒卵形，长约 2 cm，外轮较窄，外面被柔毛，常早落；花瓣 6 片，紫红色，长圆形，先端圆钝，长 4~6 cm；雄蕊 6 枚，长约 3 cm，花丝扁平；雌蕊短，仅为雄蕊长度之半，子房椭圆形，花柱短而粗，柱头大而呈流苏状。浆果椭圆形，熟时鲜红色。种子多数，白色。

▶**花 果 期**　花期 4—5 月，果期 6—9 月。

▶**分　　布**　四川、贵州、云南。

▶**生　　境**　生于海拔 1200~2500 m 的山谷林下、沟边或阴湿处。

▶**用　　途**　药用。

▶**致危因素**　过度采集。

小八角莲

（小檗科　Berberidaceae）

Dysosma difformis (Hemsl. & E.H. Wilson) T.H. Wang

国家重点保护级别	CITES 附录	IUCN 红色名录
二级		濒危（EN）

▶**形态特征**　多年生草本，植株高 15～30 cm。根状茎细长，通常圆柱形，横走，多须根。茎直立，无毛，有时带紫红色。茎生叶通常 2 枚，薄纸质，互生，不等大，形状多样，偏心盾状着生，叶片不分裂或浅裂，长 5～11 cm，宽 7～15 cm，基部常呈圆形，两面无毛，上面有时带紫红色，边缘疏生乳突状细齿；叶柄不等长，3～11 cm，无毛。花 2～5 朵着生于叶基部处，无花序梗，簇生状；花梗长 1～2 cm，下弯，疏生白色柔毛；萼片 6 枚，长圆状披针形，长 2～2.5 cm，宽 2～5 mm，先端渐尖，外面被柔毛，内面无毛；花瓣 6 片，淡赭红色，长圆状条带形，长 4～5 cm，宽 0.8～1 cm，无毛，先端圆钝；雄蕊 6 枚，花丝长约 8 mm，花药长约 1.2 cm，药隔先端显著延伸；雌蕊长约 9 mm，子房坛状，花柱长约 2 mm，柱头膨大呈盾状。浆果小，圆球形。

▶**花 果 期**　花期 4—6 月，果期 6—9 月。

▶**分　　布**　四川、贵州、湖北、湖南、广西。

▶**生　　境**　生于海拔 750～1800 m 的密林下。

▶**用　　途**　药用。

▶**致危因素**　直接采挖或砍伐。

贵州八角莲

（小檗科　Berberidaceae）

Dysosma majoensis (Gagnep.) M. Hiroe

国家重点保护级别	CITES 附录	IUCN 红色名录
二级		易危（VU）

▶**形态特征**　多年生草本，植株高约 50cm。根状茎棕褐色，粗壮，多节，多须根。茎直立，具毛。叶薄互生，盾状；叶柄长 4～20 cm；叶片上面深绿色，背面灰紫色，圆形至肾形，长 10～20 cm，宽 20 cm，4～6 深裂，裂片边缘具齿，上面具毛。花 2～5 朵簇生于叶片基部。花梗灰白色，长 1～3 cm，下弯，具长毛。花紫色。萼片淡绿色，长圆形，大小不等，长 7～15 mm，无毛；花瓣椭圆形至披针形，长 9 mm，宽 1.5 mm。雄蕊 6 枚，长约 18 mm，花丝扁平，与花药等长或略短，药隔先端延伸。子房近椭圆形；柱头盔状，直径约 1.5 mm。浆果成熟时红色。种子多数。

▶**花　果　期**　花期4—6月，果期7—9月。

▶**分　　　布**　广西、贵州、云南、四川、湖北。

▶**生　　　境**　生于海拔 1300～1800 m 的林下。

▶**用　　　途**　药用。

▶**致危因素**　过度采集。

六角莲

（小檗科　Berberidaceae）

Dysosma pleiantha (Hance) Woodson

国家重点保护级别	CITES 附录	IUCN 红色名录
二级		

▶**形态特征**　多年生草本，植株高可达 80 cm。根状茎粗壮，横走，呈圆形结节，多须根。茎直立，单生，顶端生 2 叶，无毛。叶近纸质，对生，盾状，轮廓近圆形，直径 16～33 cm，5～9 浅裂，裂片宽三角状卵形，先端急尖，上面暗绿色，常有光泽，背面淡黄绿色，两面无毛，边缘具细刺齿；叶柄长 10～28 cm，具纵条棱，无毛。花梗长 2～4 cm，常下弯，无毛；花紫红色，下垂；萼片 6 枚，椭圆状长圆形或卵状长圆形，长 1～2 cm，宽约 8 mm，早落；花瓣 6～9 片，紫红色，倒卵状长圆形；雄蕊 6 枚，长约 2.3 cm，常镰状弯曲，花丝扁平，长 7～8 mm，花药长约 15 mm，药隔先端延伸；子房长圆形，柱头头状，胚珠多数。浆果倒卵状长圆形或椭圆形，熟时紫黑色。

▶**花 果 期**　花期 3—6 月，果期 7—9 月。

▶**分　　布**　台湾、浙江、福建、安徽、江西、湖北、湖南、广东、广西、四川、河南。

▶**生　　境**　生于海拔 400～1600 m 的林下、山谷溪旁或阴湿溪谷草丛中。

▶**用　　途**　药用。

▶**致危因素**　生境退化或丧失。

西藏八角莲

（小檗科　Berberidaceae）

Dysosma tsayuensis T.S. Ying

国家重点保护级别	CITES 附录	IUCN 红色名录
二级		易危（VU）

▶**形态特征**　多年生草本，植株高 50 ~ 90 cm。根状茎粗壮，横生，多须根。茎高 35 ~ 55 cm，不分枝，无毛，具纵条棱，基部被棕褐色大鳞片。茎生叶 2 枚，对生，纸质，圆形或近圆形，几为中心着生的盾状，直径约 30 cm，上面深绿色，背面淡黄绿色，两面被短伏毛，上面尤密，叶片 5 ~ 7 深裂，几达中部，裂片楔状矩圆形，先端锐尖，边缘具刺细齿和睫毛；叶柄长 11 ~ 25 cm。花梗长 2 ~ 4 cm，无毛。花 2 ~ 6 朵簇生于叶柄交叉处；花大；萼片 6 枚，椭圆形，长 1.3 ~ 1.5 cm，宽 0.5 ~ 0.6 cm，早落；花瓣 6 片，白色，倒卵状椭圆形；雄蕊 6 枚，花丝扁平，花药内向，药隔较宽，不延伸；雌蕊几与雄蕊等长，子房具柄，花柱长约 2 mm，柱头膨大，皱波状，胚珠多数。果柄无毛；浆果卵形或椭圆形，2 ~ 4 枚簇生于两叶柄交叉处，红色，宿存柱头大，呈皱波状。种子多数。

▶**花果期**　花期 5 月，果期 7 月。

▶**分　布**　西藏。

▶**生　境**　生于海拔 2500 ~ 3500 m 的高山松林、冷杉林、云杉林下或林间空地。

▶**用　途**　具有重要的药用价值。

▶**致危因素**　生境退化或丧失。

八角莲

（小檗科　Berberidaceae）

Dysosma versipellis (Hance) M. Cheng

国家重点保护级别	CITES 附录	IUCN 红色名录
二级		易危（VU）

▶**形态特征**　多年生草本，植株高 40～150 cm。根状茎粗壮，横生，多须根。茎直立，不分枝，无毛，淡绿色。茎生叶 2 枚，薄纸质，互生，盾状，近圆形，直径达 30 cm，4～9 掌状浅裂，裂片阔三角形、卵形或卵状长圆形，长 2.5～4 cm，基部宽 5～7 cm，先端锐尖，不分裂，上面无毛，背面被柔毛，叶脉明显隆起，边缘具细齿；下部叶柄长 12～25 cm，上部叶柄长 1～3 cm。花梗纤细、下弯、被柔毛；花深红色，5～8 朵簇生于离叶基部不远处，下垂；萼片 6 枚，长圆状椭圆形，长 0.6～1.8 cm，宽 6～8 mm，先端急尖，外面被短柔毛，内面无毛；花瓣 6 片，勺状倒卵形，长约 2.5 cm，宽约 8 mm，无毛；雄蕊 6 枚，长约 1.8 cm，花丝短于花药，药隔先端急尖，无毛；子房椭圆形，无毛，花柱短，柱头盾状。浆果椭圆形，长约 4 cm，直径约 3.5 cm。种子多数。

▶**花 果 期**　花期 3—6 月，果期 5—9 月。

▶**分　　布**　湖南、湖北、浙江、江西、安徽、广东、广西、云南、贵州、四川、河南、陕西。

▶**生　　境**　生于海拔 300～2400 m 的山坡林下、灌丛中、溪旁阴湿处、竹林下或石灰山常绿林下。

▶**用　　途**　药用。

▶**致危因素**　过度采集。

小叶十大功劳

（小檗科　Berberidaceae）

Mahonia microphylla T.S. Ying & G.R. Long

国家重点保护级别	CITES 附录	IUCN 红色名录
二级		濒危（EN）

▶**形态特征**　灌木，高约 1 m。叶狭椭圆形，长 17 ~ 20 cm，宽 3.5 ~ 4.5 cm，具 10 ~ 14 对小叶，最下一对小叶距叶柄基部 0.5 ~ 1 cm，上面绿色，中脉微凹陷，侧脉微显，背面淡黄绿色，叶脉不显；小叶革质，全缘，无柄，最下一对小叶卵形或狭卵形，自第二对往上小叶卵形至卵状椭圆形，基部略偏斜，圆形或浅心形，先端渐尖，顶生小叶较大，卵状椭圆形，长 3 ~ 4.5 cm，宽 1 ~ 1.5 cm，无柄或具柄，长 0.6 ~ 1 cm。总状花序 3 ~ 12 个簇生，长 4 ~ 13 cm；芽鳞卵状披针形；苞片卵形，先端渐尖。花金黄色，具香味；外萼片卵形，中萼片倒卵状长圆形，先端钝圆，内萼片椭圆形，长 4.8 ~ 5 mm，宽 2.5 ~ 3 mm，先端钝；花瓣狭椭圆形，基部腺体显著，先端缺裂；雄蕊长约 2.5 mm，药隔不延伸，顶端圆形；子房卵形，长约 2 mm，无花柱，胚珠 2 ~ 3 枚。浆果近球形，蓝黑色，微被白粉，无宿存花柱。种子通常 2 枚。

▶**花 果 期**　花期 10—11 月，果期 12 月至次年 1 月。

▶**分　　布**　广西。

▶**生　　境**　生于海拔 650 m 的石灰岩山顶、山脊林下或灌丛中。

▶**用　　途**　具有重要的药用价值。

▶**致危因素**　生境退化或丧失。

靖西十大功劳

（小檗科　Berberidaceae）

Mahonia subimbricata Chun & F. Chun

国家重点保护级别	CITES 附录	IUCN 红色名录
二级		易危（VU）

▶**形态特征**　灌木，高约 1.5 m。叶椭圆形至倒披针形，长 12 ~ 22 cm，宽 3 ~ 5 cm，具 8 ~ 13 对小叶，小叶邻接或覆瓦状接叠，最下一对距叶柄基部 0.5 ~ 1 cm，上面暗绿色，基出脉 3 条，微凹陷，细脉不显，背面初时微被淡灰色霜粉，后变亮黄绿色，叶轴粗 2 ~ 3 mm，节间长 1 ~ 2 cm；小叶卵形至狭卵形，最下一对小叶远小于其他小叶，每边仅 1 ~ 2 枚刺锯齿，向顶端小叶渐次增大，基部圆形或近心形，叶缘每边具 2 ~ 7 枚刺锯齿，先端急尖或骤尖；顶生小叶长圆状卵形，长 3 ~ 5 cm，具叶柄，基部圆形或近心形，先端渐尖。总状花序 9 ~ 13 个簇生，长 5 ~ 9 cm；芽鳞卵形；花梗长 2.2 ~ 3 mm；苞片卵状长圆形。花黄色；外萼片阔卵形，中萼片长圆状卵形，内萼片长圆状倒卵形；花瓣狭椭圆形，与内萼片等长或稍短，基部腺体显著，先端全缘、钝形；雄蕊长约 2.5 mm，药隔延伸，顶端钝；子房长约 2 mm，无花柱，胚珠 1 ~ 2 枚。浆果倒卵形，黑色，被白粉。

▶**花　果　期**　花期 9—11 月，果期 11 月至次年 5 月。

▶**分　　　布**　广西。

▶**生　　　境**　生于海拔 1900 m 的山谷、灌丛中或林中。

▶**用　　　途**　具有重要的药用价值。

▶**致危因素**　生境退化或丧失。

桃儿七

（小檗科　Berberidaceae）

Sinopodophyllum hexandrum (Royle) T.S. Ying

国家重点保护级别	CITES 附录	IUCN 红色名录
二级		未予评估（NE）

▶**形态特征**　多年生草本，植株高 20 ~ 50 cm。根状茎粗短，节状，多须根。茎直立，单生，具纵棱，无毛，基部被褐色大鳞片。叶 2 枚，薄纸质，非盾状，基部心形，3 ~ 5 深裂几达中部，裂片不裂或有时 2 ~ 3 小裂，裂片先端急尖或渐尖，上面无毛，背面被柔毛，边缘具粗锯齿；叶柄长 10 ~ 25 cm，具纵棱，无毛。花大，单生，先叶开放，两性，整齐，粉红色；萼片 6 枚，早萎；花瓣 6 片，倒卵形或倒卵状长圆形，先端略呈波状；雄蕊 6 枚，花丝较花药稍短，花药线形，纵裂，先端圆钝，药隔不延伸；雌蕊 1 枚，子房椭圆形，1 室，侧膜胎座，含多数胚珠，花柱短，柱头头状。浆果卵圆形，熟时橘红色。种子卵状三角形，红褐色，无肉质假种皮。

▶**花 果 期**　花期 5—6 月，果期 7—9 月。

▶**分　　布**　云南、四川、西藏、甘肃、青海、陕西。

▶**生　　境**　生于海拔 2200 ~ 4300 m 的林下、林缘湿地、灌丛中或草丛中。

▶**用　　途**　药用。

▶**致危因素**　生境退化或丧失、过度采集。

独叶草

（星叶草科 Circaeasteraceae）

Kingdonia uniflora Balf. f. et W.W. Smith

国家重点保护级别	CITES 附录	IUCN 红色名录
二级		易危（VU）

▶**形态特征** 多年生小草本。根状茎自顶端芽中生出 1 枚叶和 1 条花葶。叶基生，叶片心状圆形，宽 3.5 ~ 7 cm，掌状 5 全裂，中、侧全裂片 3 浅裂，最下面的全裂片不等 2 深裂，顶部边缘有小牙齿，背面粉绿色。萼片 4 ~ 7 枚，淡绿色，卵形，长 5 ~ 7.5 mm；无花瓣。瘦果扁，狭倒披针形，宿存花柱向下反曲，种子狭椭圆球形。

▶**花 果 期** 花期 5—6 月。

▶**分 布** 云南、四川、甘肃、陕西。

▶**生 境** 生于海拔 2750 ~ 3900 m 的山地冷杉林下或杜鹃灌丛下。

▶**用 途** 具有科研及观赏价值。

▶**致危因素** 生境退化或丧失。

北京水毛茛

（毛茛科　Ranunculaceae）

Batrachium pekinense L. Liou

国家重点保护级别	CITES 附录	IUCN 红色名录
二级		

▶**形态特征**　多年生沉水草本。茎长 30 cm 以上，无毛或在节上有疏毛，分枝。叶有柄；叶片轮廓楔形或宽楔形，长 1.6 ~ 3 cm，宽 1.4 ~ 2.5 cm，2 型，沉水叶裂片丝形，上部浮水叶二至三回 3 ~ 5 中裂至深裂，裂片较宽，末回裂片短线形，宽 0.2 ~ 0.6 mm，无毛；叶柄长 0.5 ~ 1.2 cm，基部有鞘，无毛或在鞘上有疏短柔毛。花直径 0.9 ~ 1.2 cm；花梗长 1.2 ~ 3.7 cm，无毛；萼片近椭圆形，长约 4 mm，有白色膜质边缘，脱落；花瓣白色，宽倒卵形，长约 6 mm，基部有短爪，蜜槽呈点状；雄蕊约 15，花药长约 1 mm；花托有毛。

▶**花 果 期**　花期 5—8 月，果期 7—9 月。

▶**分　　　布**　北京（南口至居庸关一带）。

▶**生　　　境**　生于海拔 120 ~ 400 m 的山谷或丘陵溪水中。

▶**用　　　途**　观赏。

▶**致危因素**　生境破碎化或丧失。

槭叶铁线莲（岩花）

（毛茛科　Ranunculaceae）

Clematis acerifolia Maxim.

国家重点保护级别	CITES 附录	IUCN 红色名录
二级		濒危（EN）

▶**形态特征**　直立小灌木，高 30～60 cm，除心皮外其余无毛。根木质，粗壮。老枝外皮灰色，有环状裂痕。叶为单叶，与花簇生；叶片五角形，长 3～7.5 cm，宽 3.5～8 cm，基部浅心形，通常为不等的掌状 5 浅裂，中裂片近卵形，侧裂片近三角形，边缘疏生缺刻状粗牙齿；叶柄长 2～5 cm。花 2～4 朵簇生；花梗长达 10 cm；花直径 3.5～5 cm；萼片 5～8 枚，开展，白色或带粉红色，狭倒卵形至椭圆形，长达 2.5 cm，宽达 1.5 cm，无毛，雄蕊无毛；子房有柔毛。

▶**花 果 期**　花期 4 月，果期 5—6 月。

▶**分　　布**　北京、河北。

▶**生　　境**　生于低山陡壁或土坡上。

▶**用　　途**　观赏。

▶**致危因素**　生境破碎化或丧失、过度采集、自然种群过小。

黄连（味连、川连、鸡爪连）

Coptis chinensis Franch.

（毛茛科　Ranunculaceae）

国家重点保护级别	CITES 附录	IUCN 红色名录
二级		易危（VU）

▶**形态特征**　根状茎黄色，常分枝，密生多数须根。叶有长柄；叶片稍带革质，卵状三角形，宽达 10 cm，3 全裂，中央全裂片卵状菱形，长 3～8 cm，宽 2～4 cm，顶端急尖，具长 0.8～1.8 cm 的细柄，3 或 5 对羽状深裂，在下面分裂最深，深裂片彼此相距 2～6 mm，边缘生具细刺尖的锐锯齿，侧全裂片具长 1.5～5 mm 的柄，斜卵形，比中央全裂片短，不等 2 深裂，两面的叶脉隆起，除表面沿脉被短柔毛外，其余无毛；叶柄长 5～12 cm，无毛。花葶 1～2 条，高 12～25 cm；二歧或多歧聚伞花序具 3～8 朵花；苞片披针形，3 或 5 对羽状深裂。花萼片黄绿色，长椭圆状卵形，长 9～12.5 mm，宽 2～3 mm；花瓣线形或线状披针形，长 5～6.5 mm，顶端渐尖，中央有蜜槽；雄蕊约 20 枚，花药长约 1 mm，花丝长 2～5 mm；心皮 8～12 枚，花柱微外弯。蓇葖长 6～8 mm，柄约与之等长；种子 7～8 枚，长椭圆形，褐色。

▶**花 果 期**　花期 2—3 月，果期 4—6 月。

▶**分　　布**　四川、贵州、湖南、湖北、陕西南部。

▶**生　　境**　生于海拔 500～2000 m 的山地林中或山谷阴处，野生或栽培。

▶**用　　途**　药用。

▶**致危因素**　生境破碎化或丧失、过度采集。

▶**备　　注**　变种**短萼黄连 Coptis chinensis var. brevisepala** W.T.Wang et Hsiao 萼片较短，长约 6.5 mm，仅比花瓣长 1/5～1/3。

三角叶黄连（峨眉家连、雅连）　　　（毛茛科　Ranunculaceae）

Coptis deltoidea C.Y. Cheng et Hsiao

国家重点保护级别	CITES 附录	IUCN 红色名录
二级		易危（VU）

▶**形态特征**　根状茎黄色，不分枝或少分枝，节间明显，密生多数细根，具横走的匍匐茎。叶 3 ~ 11 枚；叶片轮廓卵形，稍带革质，长达 16 cm，宽达 15 cm，3 全裂，裂片均具明显的柄；中央全裂片三角状卵形，长 3 ~ 12 cm，宽 3 ~ 10 cm，顶端急尖或渐尖，4 ~ 6 对羽状深裂，深裂片彼此多少邻接，边缘具极尖的锯齿；侧全裂片斜卵状三角形，长 3 ~ 8 cm，不等 2 裂，表面沿脉被短柔毛或近无毛，背面无毛，两面的叶脉均隆起；叶柄长 6 ~ 18 cm，无毛。花葶 1 ~ 2 条，比叶稍长；多歧聚伞花序，具花 4 ~ 8 朵；苞片线状披针形，3 深裂或栉状羽状深裂；萼片黄绿色，狭卵形，长 8 ~ 12.5 mm，宽 2 ~ 2.5 mm，顶端渐尖；花瓣约 10 枚，近披针形，长 3 ~ 6 mm，宽 0.7 ~ 1 mm，顶端渐尖，中部微变宽，具蜜槽；雄蕊约 20 枚，长仅为花瓣长的 1/2 左右；花药黄色，花丝狭线形；心皮 9 ~ 12 枚，花柱微弯。蓇葖长圆状卵形，长 6 ~ 7 mm，心皮柄长 7 ~ 8 mm，被微柔毛。

▶**花 果 期**　花期 3—4 月，果期 4—6 月。

▶**分　　布**　四川。

▶**生　　境**　生于海拔 1600 ~ 2200 m 的山地林下，常栽培。

▶**用　　途**　药用。

▶**致危因素**　生境破碎化或丧失。

峨眉黄连（岩黄连、野黄连、凤尾连）（毛茛科 Ranunculaceae）

Coptis omeiensis (C. Chen) C.Y. Cheng

国家重点保护级别	CITES 附录	IUCN 红色名录
二级		濒危（EN）

▶**形态特征** 根状茎黄色，圆柱形，节间短。叶具长柄；叶片稍革质，轮廓披针形或窄卵形，长 6 ~ 16 cm，宽 3.5 ~ 6.3 cm，3 全裂，中央全裂片菱状披针形，长 5.5 ~ 15 cm，宽 2.2 ~ 5.5 cm，顶端渐尖至长渐尖，基部有长 0.5 ~ 2 cm 的细柄，7 ~ 10 对羽状深裂，侧全裂片长仅为中央全裂片的 1/4 ~ 1/3，斜卵形，不等 2 深裂或近 2 全裂，两面的叶脉均隆起，除表面沿脉被微柔毛外，其他部分无毛；叶柄长 5 ~ 14 cm，无毛。花葶通常单一，直立，高 15 ~ 27 cm；花序为多歧聚伞花序，最下面 2 条花梗常成对地着生；苞片披针形，边缘具栉齿状细齿；花梗长达 2.2 cm。花萼片黄绿色，狭披针形，长 7.5 ~ 10 mm，宽 0.7 ~ 1.2 mm，顶端渐尖；花瓣 9 ~ 12 片，线状披针形，长约为萼片的 1/2，中央有密槽；雄蕊 16 ~ 32 枚，花药黄色，花丝长约 4 mm；心皮 9 ~ 14 枚。蓇葖与心皮柄近等长；种子 3 ~ 4 枚，黄褐色，长椭圆形。

▶**花 果 期** 花期 2—3 月，果期 4—7 月。

▶**分 布** 四川峨眉及洪雅一带。

▶**生 境** 生于海拔 1000 ~ 1700 m 的山地悬崖、石岩上，或生于潮湿处。

▶**用 途** 药用。

▶**致危因素** 生境破碎化或丧失。

五叶黄连

（毛茛科　Ranunculaceae）

Coptis quinquefolia Miq.

国家重点保护级别	CITES 附录	IUCN 红色名录
二级		无危（LC）

▶**形态特征**　根状茎短，密生多数须根。叶多数，全部基生；叶片稍带革质，轮廓五角形，长 2 ~ 5 cm，宽 2 ~ 6 cm，5 全裂；中央全裂片楔状菱形，长 1.8 ~ 3.5 cm，宽 0.9 ~ 2 cm，顶端急尖，基部楔形，无柄或近无柄，3 浅裂，边缘具带细尖的锐锯齿；侧全裂片似中央全裂片，但略小，长 1.5 ~ 3 cm，最外面的全裂片斜卵形，长 1 ~ 2.5 cm，2 浅裂，除表面叶脉被微柔毛外，其余部分均无毛；叶柄长 2 ~ 13 cm，无毛。花葶 1 ~ 3 条，直立，高 5 ~ 28 cm；花单生或为单歧或二歧聚伞花序；苞片披针形，边缘具锐锯齿。花萼片椭圆形至倒卵状椭圆形，长 4.5 ~ 8 mm，宽 2.8 ~ 5 mm，顶端圆或钝形；花瓣 5 片，小，匙形，长 1.6 ~ 3 mm，下部渐狭成爪，中央有蜜槽；雄蕊约 20 枚；心皮 10 ~ 12 枚，具柄，花柱微弯。蓇葖长圆状卵形，长 4 ~ 5 mm，宽 2 ~ 2.5 mm，柄约与蓇葖等长。种子 5 ~ 6 枚，长椭圆球形，长约 1.5 mm，褐色。

▶**花 果 期**　花期 3—4 月，果期 4—5 月。

▶**分　　布**　台湾；日本。

▶**生　　境**　生于山地林下阴湿处。

▶**用　　途**　药用。

▶**致危因素**　生境破碎化或丧失。

五裂黄连

(毛莨科 Ranunculaceae)

Coptis quinquesecta W.T. Wang

国家重点保护级别	CITES 附录	IUCN 红色名录
二级		极危（CR）

▶**形态特征** 根状茎黄色，具多数须根。叶 5 ~ 6 枚；叶片近革质，卵形，长 7 ~ 15.5 cm，宽 5.5 ~ 12 cm，5 全裂，中央全裂片菱状椭圆形至菱状披针形，长 5.5 ~ 12 cm，宽 2.8 ~ 5 cm，顶端渐尖至长渐尖，羽状浅裂或深裂，边缘具极尖的锐锯齿；侧全裂片形状似中央全裂片，但较小，长 4.5 ~ 10 cm；最外面的全裂片斜卵形至斜卵状椭圆形，长 2.8 ~ 7 cm，顶端渐尖或急尖，不等的 2 中裂或 2 深裂，两面的叶脉隆起，除表面沿脉被短柔毛外，其余均无毛；叶柄长 13.5 ~ 25 cm，无毛。花葶长 23 ~ 28 cm；多歧聚伞花序，具花约 6 朵；下部苞片轮廓长圆形，中部 3 裂或几栉形，上部苞片披针状线形，具尖锯齿，长 6 ~ 7 mm，宽约 1.5 mm。聚合果稀疏；蓇葖 3 ~ 6 枚，长圆状卵形。

▶**花 果 期** 果期 5 月。

▶**分　　布** 云南（金平）。

▶**生　　境** 生于海拔 1700 ~ 2500 m 的密林下阴处。

▶**用　　途** 药用。

▶**致危因素** 生境破碎化或丧失、直接采挖或砍伐。

云南黄连（云连）

（毛茛科　Ranunculaceae）

Coptis teeta Wall.

国家重点保护级别	CITES 附录	IUCN 红色名录
二级		极危（CR）

▶**形态特征**　根状茎黄色，节间密，生多数须根。叶有长柄；叶片卵状三角形，长 6 ~ 12 cm，宽 5 ~ 9 cm，3 全裂，中央全裂片卵状菱形，宽 3 ~ 6 cm，基部有长达 1.4 cm 的细柄，顶端长渐尖，3 ~ 6 对羽状深裂，深裂片斜长椭圆状卵形，顶端急尖，彼此距离稀疏，相距最宽可达 1.5 cm，边缘具带细刺尖的锐锯齿，侧全裂片无柄或具长 1 ~ 6 mm 的细柄，斜卵形，比中央全裂片短，长 3.3 ~ 7 cm，2 深裂至距基部约 4 mm 处，两面的叶脉隆起，除表面沿脉被短柔毛外，其余均无毛；叶柄长 8 ~ 19 cm，无毛。花葶 1 ~ 2 条，在果期时高 15 ~ 25 cm；多歧聚伞花序具 3 ~ 4（~ 5）朵花；苞片椭圆形，3 深裂或羽状深裂；萼片黄绿色，椭圆形，长 7.5 ~ 8 mm，宽 2.5 ~ 3 mm；花瓣匙形，长 5.4 ~ 5.9 mm，宽 0.8 ~ 1 mm，顶端圆或钝，中部以下变狭成为细长的爪，中央有蜜槽；花药长约 0.8 mm，花丝长 2 ~ 2.5 mm；心皮 11 ~ 14 枚，花柱外弯。蓇葖长 7 ~ 9 mm，宽 3 ~ 4 mm。

▶**花 果 期**　花期 3—4 月，果期 5 月。

▶**分　　布**　云南西北部、西藏东南部；在缅甸等地也有分布。

▶**生　　境**　生于海拔 1500 ~ 2300 m 的高山寒湿的林荫下。

▶**用　　途**　药用。

▶**致危因素**　生境破碎化或丧失、直接采挖或砍伐、过度放牧。

莲（荷花）

（莲科　Nelumbonaceae）

Nelumbo nucifera Gaertn.

国家重点保护级别	CITES 附录	IUCN 红色名录
二级		

▶**形态特征**　多年生水生草本。根状茎横生，肥厚，节间膨大，内有多数纵行通气孔道，节部缢缩，上生黑色鳞叶，下生须状不定根。叶圆形，盾状，直径 25～90 cm，全缘稍呈波状，上面光滑，具白粉，下面叶脉从中央射出，有 1～2 次叉状分枝；叶柄粗壮，圆柱形，长 1～2 m，中空，外面散生小刺。花梗和叶柄等长或稍长，也散生小刺。花直径 10～20 cm，美丽，芳香；花瓣红色、粉红色或白色，矩圆状椭圆形至倒卵形，长 5～10 cm，宽 3～5 cm，由外向内渐小，有时变成雄蕊，先端圆钝或微尖；花药条形，花丝细长，着生在花托之下；花柱极短，柱头顶生；花托（莲房）直径 5～10 cm。坚果椭圆形或卵形，长 1.8～2.5 cm，果皮革质，坚硬，熟时黑褐色。种子（莲子）卵形或椭圆形，长 1.2～1.7 cm，种皮红色或白色。

▶**花 果 期**　花期 6—8 月，果期 8—10 月。

▶**分　　布**　我国南北各省；俄罗斯、朝鲜、日本、印度、越南、亚洲南部和大洋洲均有分布。

▶**生　　境**　自生或栽培在池塘或水田内。

▶**用　　途**　食用、药用、观赏。

▶**致危因素**　直接采挖或砍伐。

水青树

（水青树科　Tetracentraceae）

Tetracentron sinense Oliv.

国家重点保护级别	CITES 附录	IUCN 红色名录
二级	附录 III	濒危（EN）

▶**形态特征**　乔木，高可达 30 m。胸径达 1.5 m，全株无毛。树皮灰褐色或灰棕色而略带红色，片状脱落；长枝顶生，细长，幼时暗红褐色，短枝侧生，距状，基部有叠生环状的叶痕及芽鳞痕。叶片卵状心形，长 7～15 cm，宽 4～11 cm，顶端渐尖，基部心形，边缘具细锯齿，齿端具腺点，两面无毛，背面略被白霜，掌状脉 5～7 条，近缘边形成不明显的网络；叶柄长 2～3.5 cm。穗状花序，下垂，着生于短枝顶端，多花。花直径 1～2 mm，花被 4 枚，淡绿色或黄绿色；雄蕊与花被片对生，长为花被的 2.5 倍，花药卵珠形，纵裂；心皮沿腹缝线合生。果长圆形，长 3～5 mm，棕色，沿背缝线开裂。种子 4～6 枚，条形，长 2～3 mm。

▶**花 果 期**　花期6—7月，果期9—10月。

▶**分　　布**　云南；尼泊尔、缅甸等。

▶**生　　境**　生于海拔 1700～3500 m 的沟谷林及溪边杂木林中。

▶**用　　途**　观赏、造林。

▶**致危因素**　生境破碎化或丧失。

中原牡丹

（芍药科　Paeoniaceae）

Paeonia cathayana D.Y. Hong & K.Y. Pan

国家重点保护级别	CITES 附录	IUCN 红色名录
二级		极危（CR）

▶**形态特征**　落叶灌木。茎高达 2 m；分枝短而粗。叶通常为二回三出复叶，偶尔近枝顶的叶为 3 小叶；背面淡绿色，有时具白粉，沿叶脉疏生短柔毛或近无毛；叶柄和叶轴均无毛。花单生枝顶；苞片 5 枚；萼片 5 枚，绿色；花瓣 5 片，花瓣白色或浅紫红色；花盘完全包住心皮，在心皮成熟时开裂；心皮 5 枚，稀更多，密生柔毛。蓇葖长圆形，密生黄褐色硬毛。

▶**花 果 期**　花期 4—5 月，果期 8—9 月。

▶**分　　布**　河南（嵩县），目前仅发现 1 株。

▶**生　　境**　生于河南嵩县居民院旁。

▶**用　　途**　药用、观赏。

▶**致危因素**　过度采集。

四川牡丹

（芍药科　Paeoniaceae）

Paeonia decomposita Hand.-Mazz.

国家重点保护级别	CITES 附录	IUCN 红色名录
二级		濒危（EN）

▶**形态特征**　灌木，各部均无毛。树皮灰黑色，片状脱落，分枝圆柱形，基部具宿存的鳞片。叶为三至四回三出复叶；顶生小叶卵形或倒卵形，3 裂达中部或近全裂，裂片再 3 浅裂，表面深绿色，背面淡绿色；侧生小叶卵形或菱状卵形，3 裂或不裂而具粗齿。花单生枝顶；苞片 3～5 枚，大小不等，线状披针形；萼片 3～5 枚，倒卵形，绿色，顶端骤尖；花瓣 9～12 片，玫瑰色、红色，倒卵形，顶端呈不规则波状或凹缺；花丝白色，花药黄色；花盘革质，杯状，包住心皮 1/2～2/3，顶端裂片三角状；心皮 4（～6）枚，锥形，花柱很短，柱头扁，反卷。

▶**花 果 期**　花期 4 月下旬至 6 月上旬，果期 8 月。

▶**分　　布**　四川西北部（大渡河流域上游）。

▶**生　　境**　生于海拔 1700～3100 m 的多石山坡的稀疏灌丛中。

▶**用　　途**　药用、观赏。

▶**致危因素**　过度采集。

滇牡丹

（芍药科　Paeoniaceae）

Paeonia delavayi Franch.

国家重点保护级别	CITES 附录	IUCN 红色名录
二级		易危（VU）

▶**形态特征**　灌木，全株无毛，植株高约 1.5 m。叶为二回三出复叶；叶片宽卵形或卵形，长 15 ~ 20 cm，羽状分裂；裂片 17 ~ 31 条，披针形或长圆状披针形，花 2 ~ 5 朵，生枝顶和叶腋，萼片 2 ~ 9 枚，宽卵形，不等大；花瓣 4 ~ 13 片，黄、橙、红色等，倒卵形。花盘肉质，包住心皮基部。

▶**花 果 期**　花期 5—6 月，果期 8—9 月。

▶**分　　布**　云南西北部、四川西南部、西藏东南部。

▶**生　　境**　生于海拔 2300 ~ 3700 m 的山地阳坡及草丛中。

▶**用　　途**　药用、观赏。

▶**致危因素**　生境破坏、过度采集。

矮牡丹（稷山牡丹）

（芍药科　Paeoniaceae）

Paeonia jishanensis T. Hong & W.Z. Zhao

国家重点保护级别	CITES 附录	IUCN 红色名录
二级		易危（VU）

▶**形态特征**　落叶灌木。分枝短而粗。叶通常为二回三出复叶，偶尔近枝顶的叶为 3 小叶；顶生小叶宽卵形，长 7～8 cm，宽 5.5～7 cm，3 裂至中部，裂片不裂或 2～3 浅裂，表面绿色，叶背面和叶轴均生短柔毛，顶生小叶宽卵圆形或近圆形，长 4～6 cm，宽 3.5～4.5 cm，3 裂至中部，裂片再浅裂。花单生枝顶；苞片 3～4 枚，长椭圆形，大小不等；萼片 3～4 枚，绿色，宽卵形，大小不等；花瓣 5～11 片，玫瑰色、红紫色、粉红色至白色，通常变异很大，倒卵形，长 5～8 cm，宽 4.2～6 cm，顶端呈不规则的波状；雄蕊长 1～1.7 cm，花丝紫红色、粉红色，上部白色，长约 1.3 cm，花药长圆形，长 4 mm；花盘革质，杯状，紫红色；心皮 5 枚，稀更多，密生柔毛。蓇葖长圆形。

▶**花　果　期**　花期 4 月末至 5 月，果期不详。

▶**分　　　布**　山西、河南和陕西相邻地区。

▶**生　　　境**　生于海拔 900～1700 m 的灌丛和稀疏的落叶阔叶林。

▶**用　　　途**　药用、观赏。

▶**致危因素**　直接采挖或砍伐。

大花黄牡丹

（芍药科　Paeoniaceae）

Paeonia ludlowii (Stern & Taylor) D.Y. Hong

国家重点保护级别	CITES 附录	IUCN 红色名录
二级		易危（VU）

▶**形态特征**　丛生灌木，高达 3.5 m，全株无毛。根渐细。灰色茎，直径 4 cm。下部叶二回三出；小叶近无柄，长 6～19 cm，宽 5～15 cm，常 3 裂片到中部或近基部；全裂片长 4～9 cm，宽 1.5～5.5 cm，多 3 浅裂至中部；裂片长 2～5 cm，宽 0.5～1.5 cm，边缘全缘或 1～2 齿；裂片、叶和齿先端渐尖。花通常 2～4 朵集成聚伞花序，多少下垂；花盘肉质，仅包心皮基部；心皮无毛，几乎总是单枚，稀 2 枚；花瓣、花丝和柱头总是纯黄色。果长 4.7～7 cm，直径 2～3.3 cm；种子暗褐色，球状，直径约 1.3 cm。

▶**花果期**　花期 5 月，果期 8 月。

▶**分布**　西藏东南部。

▶**生境**　生于海拔 2900～3450 m 的疏林和灌丛中。

▶**用途**　药用。

▶**致危因素**　生境破坏或过度开发利用。

凤丹（杨山牡丹）

（芍药科　　Paeoniaceae）

Paeonia ostii T. Hong & J.X. Zhang

国家重点保护级别	CITES 附录	IUCN 红色名录
二级		极危（CR）

▶**形态特征**　落叶灌木，高达 1.5 m。茎皮褐灰色，有纵纹；一年生枝黄绿色。叶为三出羽状复叶，小叶 11 ~ 15 枚；小叶窄卵形或卵状披针形，长 5 ~ 13 cm，宽 2 ~ 5 cm，基部楔形或圆，两面无毛，顶生小叶通常 3 裂，侧生小叶多数全缘，少 2 裂。花单生枝顶，单瓣；苞片 3 ~ 6 枚，卵圆形；萼片 4 ~ 6 枚，宽卵圆形；花瓣 11 ~ 14 片，白色或下部带粉色，倒卵形，长 5 ~ 6.5 cm，宽 3.5 ~ 5 cm；雄蕊多数，花药黄色，花丝紫红色，心皮 5 枚，密被黄白色茸毛；柱头紫红色。蓇葖果圆柱形，长 2 ~ 3.3 cm。种子黑色，有光泽。

▶**花　果　期**　花期 4—5 月，果期 8—9 月。

▶**分　　　布**　河南（卢氏县、西峡县）、安徽（巢湖）。

▶**生　　　境**　生于海拔 300 ~ 1600 m 的落叶阔叶林或灌丛中。

▶**用　　　途**　药用。

▶**致危因素**　直接采挖或砍伐。

卵叶牡丹

（芍药科　Paeoniaceae）

Paeonia qiui Y.L. Pei & D.Y. Hong

国家重点保护级别	CITES 附录	IUCN 红色名录
一级		濒危（EN）

▶**形态特征**　灌木，高 1.2 m。根渐狭。茎灰色或棕灰色，具纵向条纹。基部叶二回三出；正面小叶通常带红色，卵形或卵形圆形，多数全缘，有时顶生 3 浅裂，长 6.5～8.2 cm，宽 3～6.5 cm，背面密被长柔毛，正面无毛，基部圆形，先端钝或锐尖。花单生，顶生，宽 8～12 cm。萼片 2～4 枚；花瓣 5～9 片，平展，粉红色或淡粉色，通常基部具 1 淡红色斑点，长 3.5～5.5 cm，宽 2～3.1 cm。花丝淡粉色至粉红色；花药黄花盘完全包围心皮，红紫色，革质。心皮 5 枚，密被茸毛。柱头红色。蓇葖果具浓密的棕黄色茸毛。种子黑色，有光泽，卵球形，长 0.6～0.8 cm，宽 0.5～0.7 cm。

▶**花　果　期**　花期 4—5 月，果期 7—8 月。

▶**分　　　布**　湖北西部、陕西东南部、河南西部。

▶**生　　　境**　生于海拔 1300～2200 m 的林中岩石上。

▶**用　　　途**　观赏。

▶**致危因素**　生境破碎化或丧失、直接采挖或砍伐。

紫斑牡丹

（芍药科　Paeoniaceae）

Paeonia rockii (S.G. Haw & Lauener) T. Hong & J.J. Li ex D.Y. Hong

国家重点保护级别	CITES 附录	IUCN 红色名录
一级		濒危（EN）

▶**形态特征**　灌木、亚灌木或多年生草本。根圆柱形或具纺锤形的块根。单花顶生；苞片 3～4 枚，披针形，叶状，大小不等，宿存；萼片 4～7 枚；花瓣大，8～13 片，白色，少见红色，花瓣内面基部具深紫色斑块；雄蕊多数，离心发育，花丝狭线形，花药黄色，纵裂；花盘杯状或盘状，革质或肉质，完全包裹或半包裹心皮或仅包心皮基部；萼片 3～5 枚，宽卵形，大小不等。叶为二至三回羽状复叶，小叶不分裂，稀不等 2～4 浅裂。

▶**花 果 期**　花期 4—5 月，果期 8 月。

▶**分　　布**　四川北部、甘肃南部和东部、陕西、湖北西部、河南西部。

▶**生　　境**　生于海拔 850～2800 m 的山坡林下。

▶**用　　途**　根皮供药用，观赏。

▶**致危因素**　生境破碎化或丧失、过度开发利用。

圆裂牡丹

（芍药科　Paeoniaceae）

Paeonia rotundiloba (D.Y. Hong) D.Y. Hong

国家重点保护级别	CITES 附录	IUCN 红色名录
二级		濒危（EN）

▶**形态特征**　落叶灌木，高达 1.5 m。茎皮褐灰色。叶为三出羽状复叶或二回三出羽状复叶，小叶 20 ~ 45 枚，窄卵形或卵状披针形，长 2.5 ~ 6.5 cm，宽 1.5 ~ 4.5 cm，基部圆形，两面无毛，多数全缘。花单生枝顶；苞片 2 ~ 5 枚，绿色，萼片 3 ~ 5 枚，黄绿色，宽卵圆形；花瓣 9 ~ 12 片，白色，倒卵形，先端微缺；花药黄色；花丝紫红色；花盘完全包围子房，紫红色，革质，先端或浅裂具齿；心皮 2 ~ 5 枚，多数为 3 枚，无毛；柱头红色。果长圆形，密被黄棕色茸毛。

▶**花 果 期**　花期 5 月，果期 8—9 月。

▶**分　　布**　四川（岷江流域）、甘肃（迭部）。

▶**生　　境**　生于海拔 1750 ~ 2700 m 的山坡灌丛或疏林下。

▶**用　　途**　药用。

▶**致危因素**　过度开发利用。

白花芍药

（芍药科　Paeoniaceae）

Paeonia sterniana H.R. Fletcher

国家重点保护级别	CITES 附录	IUCN 红色名录
二级		

▶**形态特征**　多年生草本。茎高 50 ~ 90 cm，无毛。下部叶为二回三出复叶，上部叶 3 深裂或近全裂；顶生小叶 3 裂至中部或 2/3 处，侧生小叶不等 2 裂，裂片再分裂，小叶或裂片狭长圆形至披针形，长 10 ~ 12 cm，宽 1.2 ~ 2 cm，顶端渐尖，基部楔形，下延，全缘，表面深绿色，背面淡绿色，两面均无毛。花盛开 1 朵，上部叶腋有发育不好的花芽，直径 8 ~ 9 cm；苞片 2 ~ 4 枚，叶状，大小不等；萼片多数为 3 枚，少数 4 枚，卵形，长 2 ~ 3 cm，宽 1 ~ 1.5 cm，干时带红色；花瓣白色，倒卵形，长约 3.5 cm，宽 2 cm；心皮 3 ~ 4 枚，无毛。蓇葖卵圆形，长 2.5 ~ 3 cm，直径约 1 cm，成熟时鲜红色，果皮反卷，无毛，顶端无喙，有也极短。

▶**花 果 期**　花期 4—5 月，果期 9 月。

▶**分　　布**　西藏（波密、察隅）。

▶**生　　境**　生于海拔 2800 ~ 3500 m 的山地阔叶林下。

▶**用　　途**　根皮供药用，观赏。

▶**致危因素**　生境破碎化、过度开发利用。

赤水蕈树

（阿丁枫科　Altingiaceae）

Altingia multinervis W.C. Cheng

其他常用名：***Liquidambar multinervis*** (W.C. Cheng) Ickert-Bond & J. Wen

国家重点保护级别	CITES 附录	IUCN 红色名录
二级		濒危（EN）

▶**形态特征**　常绿乔木。嫩枝略有柔毛，很快变秃净，有皮孔，干后黑褐色；芽体卵形，长约 1 cm，外侧有短柔毛，有多数鳞状苞片包裹着。叶革质，卵形或卵状椭圆形，长 7 ~ 10 cm，宽 4 ~ 6 cm，先端渐尖，尾部长 1 cm，基部圆或钝，稀为微心形，稍不等侧；上面绿色，干后暗晦无光泽，下面浅绿色，无毛；侧脉 10 ~ 14 对，干后在上面显著或稍凸起，在下面明显凸起，离边缘 3 mm 处彼此相结合；网脉在上面难见，在下面很明显，边缘有钝锯齿，或靠近基部全缘；叶柄长 2 ~ 4 cm。花未见。头状果序圆球形，直径 2 cm，有蒴果 10 ~ 18 个；果序柄长 2 ~ 3.5 cm；蒴果几全部藏在头状果序轴内，无宿存花柱，萼齿鳞片状或小瘤状。

▶**花 果 期**　花期 3—5 月，果期 6—8 月。

▶**分　　布**　贵州（赤水天台山）。

▶**生　　境**　生于海拔 2800 ~ 3500 m 的山地林下。

▶**用　　途**　具科研及观赏价值。

▶**致危因素**　物种内在因素。

山铜材

（金缕梅科 Hamamelidaceae）

Chunia bucklandioides H.T. Chang

国家重点保护级别	CITES 附录	IUCN 红色名录
二级		濒危（EN）

▶**形态特征** 常绿乔木。树皮粗糙，黑褐色，树干基部常有多数萌蘖枝；小枝粗壮，灰褐色，有皮孔；芽体扁圆形。叶厚革质，阔卵圆形，长 10～15 cm，宽 8～14 cm，先端宽而略尖，基部微心形或平截；嫩叶常更宽大，先端掌状 3 浅裂，有时为偏心盾状着生；上面深绿色，有光泽，干后橄榄绿，下面黄绿色，秃净无毛；掌状脉 5 条；叶柄圆柱形；托叶近圆形，厚革质。肉穗状花序生于新枝的侧面，比新叶先开放，纺锤形，被星毛。花螺旋状紧密排列在肉穗状花序，萼筒与子房合生，藏在肉穗状花序轴中，萼齿不明显；花瓣不存在；雄蕊 8 枚，着生在子房外围的垫状环上，无毛，花药红色；子房下位，藏于花序轴内，2 室，每室胚珠 6 个，有多数小乳头状突起。通常仅在顶端的 1～3 朵花发育成果实，果序柄不增粗；蒴果卵圆形，木质，室间裂开为 2 片，每片 2 浅裂；种子每室 4～6 枚，椭圆形。

▶**花 果 期** 花期 3—6 月，果期 7—9 月。

▶**分　　布** 海南。

▶**生　　境** 生于海拔 300～600 m 的潮湿山谷中。

▶**用　　途** 用作建筑材料。

▶**致危因素** 生境退化或丧失、直接采挖或砍伐。

长柄双花木

（金缕梅科　Hamamelidaceae）

Disanthus cercidifolius subsp. *longipes* (H.T. Chang) K.Y. Pan

国家重点保护级别	CITES 附录	IUCN 红色名录
二级		濒危（EN）

▶**形态特征**　灌木，多分枝。小枝屈曲。叶片的宽度大于长度，阔卵圆形，长 5～8 cm，宽 6～9 cm，先端钝或为圆形，背部不具灰色。果序柄较长，长 1.5～3.2 cm。每年冬季开花时，叶已脱落，花枝上同时具有去年的蒴果。

▶**花 果 期**　花期 10—11 月，果期次年 9—10 月。

▶**分　　布**　江西（军峰山）、湖南（常宁及道县）、湘粤交界的莽山。

▶**生　　境**　生于海拔 1600 m 以上的山峰。

▶**用　　途**　观赏。

▶**致危因素**　生境退化或丧失、直接采挖或砍伐。

四药门花

（金缕梅科　Hamamelidaceae）

Loropetalum subcordatum Oliv.

国家重点保护级别	CITES 附录	IUCN 红色名录
二级		濒危（EN）

▶**形态特征**　常绿灌木或小乔木，高达 12 m。叶革质，卵状或椭圆形，长 7 ~ 12 cm，宽 3.5 ~ 5 cm，先端短急尖，基部圆形或微心形，上面深绿色，发亮，下面秃净无毛；侧脉 6 ~ 8 对，在上面下陷，在下面突出，网脉干后在上面下陷；全缘或上半部有少数小锯齿；叶柄长 1 ~ 1.5 cm；托叶披针形，长 5 ~ 6 mm，被星毛。头状花序腋生，有花约 20 朵，花序柄长 4 ~ 5 cm；苞片线形，长 3 mm。花两性，萼筒长 1.5 mm，被星毛，萼齿 5 个，矩状卵形，长 2.5 mm；花瓣 5 片，带状，长 1.5 cm，白色；雄蕊 5 枚，花丝极短，花药卵形；退化雄蕊叉状分裂；子房有星毛。蒴果近球形，直径 1 ~ 1.2 cm，有褐色星毛，萼筒长达蒴果 2/3。种子长卵形，长 7 mm，黑色；种脐白色。

▶**花　果　期**　花期 4—6 月，果期 7—8 月。

▶**分　　　布**　广东沿海、广西（龙州）、贵州。

▶**生　　　境**　生于海拔 1600 m 以上的山峰。

▶**用　　　途**　观赏。

▶**致危因素**　生境退化或丧失。

银缕梅

（金缕梅科　Hamamelidaceae）

Parrotia subaequalis (H.T. Chang) R.M. Hao & H.T. Wei

国家重点保护级别	CITES 附录	IUCN 红色名录
一级		极危（CR）

▶**形态特征**　落叶小乔木。嫩枝初时有星状柔毛，以后变秃净；芽体裸露，细小，被茸毛。叶薄革质，倒卵形，长 4 ~ 6.5 cm，宽 2 ~ 4.5 cm，中部以上最宽，先端钝；侧脉 4 ~ 5 对，在上面稍下陷，在下面突起，第一对侧脉无第二次分支侧脉；叶柄长 5 ~ 7 mm，有星毛；托叶早落。头状花序生于当年枝的叶腋内，有花 4 ~ 5 朵，花序柄长约 1 cm，有星毛；花无花梗，萼筒浅杯状，长约 1 mm，萼齿卵圆形，长 3 mm，先端圆形；无花瓣；雄蕊 5 ~ 16 枚；子房近于上位，基部与萼筒合生；有星毛；花柱长 2 mm，先端尖，花后稍伸长。蒴果近圆形，长 8 ~ 9 mm，先端有短的宿存花柱，干后 2 片裂，每片 2 浅裂，萼筒长不过 2.5 mm，边缘与果皮稍分离。种子纺锤形，长 6 ~ 7 mm，两端尖，褐色有光泽，种脐浅黄色。

▶**花　果　期**　花期 5 月，果期 6—8 月。

▶**分　　布**　江苏（宜兴铜官山）、江西（庐山）、浙江、安徽。

▶**生　　境**　生于海拔 600 ~ 700 m 的山地森林。

▶**用　　途**　具科研及观赏价值。

▶**致危因素**　生境退化或丧失、直接采挖或砍伐、种间影响。

连香树

（连香树科　Cercidiphyllaceae）

Cercidiphyllum japonicum Sieb. et Zucc.

国家重点保护级别	CITES 附录	IUCN 红色名录
二级		无危（LC）

▶**形态特征**　落叶大乔木，高 10 ~ 20 m，少数达 40 m。树皮灰色或棕灰色；小枝无毛，短枝在长枝上对生；芽鳞片褐色。叶生短枝上的近圆形、宽卵形或心形，生长枝上的椭圆形或三角形，长 4 ~ 7 cm，宽 3.5 ~ 6 cm，先端圆钝或急尖，基部心形或截形，边缘有圆钝锯齿，先端具腺体，两面无毛，下面灰绿色带粉霜，掌状脉 7 条直达边缘；叶柄长 1 ~ 2.5 cm，无毛。雄花常 4 朵丛生，近无梗；苞片在花期红色，膜质，卵形。雌花 2 ~ 6（~ 8）朵，丛生；花柱上端为柱头状面。蓇葖果 2 ~ 4 个，荚果状，褐色或黑色，微弯曲，先端渐细，有宿存花柱；果梗长 4 ~ 7 mm。种子数枚，扁平四角形，长 2 ~ 2.5 mm（不连翅长），褐色，先端有透明翅。

▶**花 果 期**　花期 4 月，果期 8 月。

▶**分　　布**　山西、河南、陕西、甘肃、安徽、浙江、江西、湖北、四川；日本。

▶**生　　境**　生于海拔 650 ~ 2700 m 的山谷边缘或林中开阔地的杂木林中。

▶**用　　途**　观赏。

▶**致危因素**　生境退化或丧失。

长白红景天

（景天科　Crassulaceae）

Rhodiola angusta Nakai

国家重点保护级别	CITES 附录	IUCN 红色名录
二级		濒危（EN）

▶**形态特征**　多年生草本。主根常不分枝。根颈直立，细长，直径 5 ~ 7 mm，残留老枝少数，先端被三角形鳞片。花茎直立，长 3.5 ~ 10 cm，稻秆色，密着叶。叶互生，线形，长 1 ~ 2 cm，宽 1 ~ 2 mm，先端稍钝，基部稍狭，全缘或在上部有 1 ~ 2 个牙齿。伞房状花序，多花或少花，雌雄异株；萼片 4 枚，线形，长 2 ~ 4 mm，稍不等长，宽 0.8 mm，钝；花瓣 4 片，黄色，长圆状披针形，长 4 ~ 5 mm，宽 1 mm，先端钝；雄蕊 8 枚，较花瓣稍短或同长，对瓣的着生基部上 1.8 mm 处；鳞片 4 枚，近四方形，长 0.4 ~ 0.5 mm，宽 0.5 ~ 0.6 mm，先端稍平或有微缺；心皮在雄花中不育，在雌花中心皮披针形，直立，长 6 mm，先端渐尖，花柱长 1.5 mm，柱头头状。蓇葖 4 枚，紫红色，直立，长达 7 ~ 8 mm，先端稍外弯；种子披针形，两端有翅，连翅长 2 ~ 3 mm。

▶**花 果 期**　花期 7—8 月，果期 8—9 月。

▶**分　　布**　吉林（长白山）、黑龙江（尚志）。

▶**生　　境**　生于海拔 1700 ~ 2600 m 的高山草原上或山坡石上。

▶**用　　途**　药用。

▶**致危因素**　生境退化或丧失、直接采挖。

096

大花红景天

（景天科　Crassulaceae）

Rhodiola crenulata (Hook. f. et Thoms.) H. Ohba

国家重点保护级别	CITES 附录	IUCN 红色名录
二级		濒危（EN）

▶**形态特征**　多年生草本。地上的根颈短，黑色，高 5～20 cm。不育枝直立，高 5～17 cm，先端密着叶，叶宽倒卵形，长 1～3 cm。花茎多，直立或扇状排列，高 5～20 cm，稻秆色至红色。叶有短的假柄，椭圆状长圆形至几为圆形，长 1.2～3 cm，宽 1～2.2 cm，先端钝或有短尖，全缘或波状或有圆齿。花序伞房状，有多花，长 2 cm，宽 2～3 cm，有苞片；花大形，有长梗，雌雄异株；雄花萼片 5 枚，狭三角形至披针形，长 2～2.5 mm，钝；花瓣 5 片，红色，倒披针形，长 6～7.5 mm，宽 1～1.5 mm，有长爪，先端钝；雄蕊 10 枚，与花瓣同长，对瓣的着生基部上 2.5 mm；鳞片 5 枚，近正方形至长方形，长 1～1.2 mm，宽 0.5～0.8 mm，先端有微缺；心皮 5 枚，披针形，长 3～3.5 mm，不育；雌花蓇葖 5 枚，直立，长 8～10 mm，花枝短，干后红色；种子倒卵形，长 1.5～2 mm，两端有翅。

▶**花 果 期**　花期 6—7 月，果期 7—8 月。

▶**分　　布**　西藏、云南西北部、青海西南部、四川西部；不丹、尼泊尔、印度（锡金地区）。

▶**生　　境**　生于海拔 2800～5600 m 的山坡草地、灌丛中、石缝中。

▶**用　　途**　药用。

▶**致危因素**　直接采挖或砍伐。

长鞭红景天

（景天科　Crassulaceae）

Rhodiola fastigiata (Hook. f. et Thoms.) S.H. Fu

国家重点保护级别	CITES 附录	IUCN 红色名录
二级		濒危（EN）

▶**形态特征**　多年生草本。根颈长达 50 cm 以上，不分枝或少分枝，每年伸出达 1.5 cm，直径 1 ~ 1.5 cm，老的花茎脱落，或有少数宿存的，基部鳞片三角形。花茎 4 ~ 10 枚，着生主轴顶端，长 8 ~ 20 cm，粗 1.2 ~ 2 mm，叶密生。叶互生，线状长圆形、线状披针形、椭圆形至倒披针形，长 8 ~ 12 mm，宽 1 ~ 4 mm，先端钝，基部无柄，全缘，或有微乳头状突起。花序伞房状，长 1 cm，宽 2 cm；雌雄异株；花密生；萼片 5 枚，线形或长三角形，长 3 mm，钝；花瓣 5 片，红色，长圆状披针形，长 5 mm，宽 1.3 mm，钝；雄蕊 10 枚，长达 5 mm，对瓣的着生基部上 1 mm 处；鳞片 5 枚，横长方形，长 0.5 mm，宽 1 mm，先端有微缺；心皮 5 枚，披针形，直立，花柱长。蓇葖长 7 ~ 8 mm，直立，先端稍向外弯。

▶**花 果 期**　花期 6—8 月，果期 9 月。

▶**分　　布**　西藏、云南、四川、青海。

▶**生　　境**　生于海拔 3500 ~ 5400 m 的山坡石上。

▶**用　　途**　药用。

▶**致危因素**　直接采挖或砍伐。

喜马红景天

（景天科　Crassulaceae）

Rhodiola himalensis (D. Don) S.H. Fu

国家重点保护级别	CITES 附录	IUCN 红色名录
二级		濒危（EN）

▶**形态特征**　多年生草本。根颈伸长，老的花茎残存，先端被三角形鳞片。花茎直立，圆，常带红色，长 25～50 cm，被多数透明的小腺体。叶互生，疏覆瓦状排列，披针形至倒披针形或倒卵形至长圆状倒披针形，长 17～27 mm，宽 4～10 mm，先端急尖至有细尖，基部圆，无柄，全缘或先端有齿，被微乳头状突起，尤以边缘为明显，中脉明显。花序伞房状，花梗细；雌雄异株；萼片 4 或 5 枚，狭三角形，长 1.5～2 mm，基部合生；花瓣 4 或 5 片，深紫色，长圆状披针形，长 3～4 mm；雄蕊 8 或 10 枚，长 2～3 mm，鳞片长方形，长 1 mm，先端有微缺。雌花不具雄蕊；心皮 4 或 5 枚，直立，披针形，长 6 mm，花柱短，外弯。

▶**花 果 期**　花期 5—6 月，果期 8 月。

▶**分　　布**　西藏、云南、四川西北部；尼泊尔、印度、不丹等。

▶**生　　境**　生于海拔 3700～4200 m 的山坡上、林下、灌丛中。

▶**用　　途**　药用。

▶**致危因素**　直接采挖或砍伐。

四裂红景天

（景天科　Crassulaceae）

Rhodiola quadrifida (Pall.) Fisch. et Mey.

国家重点保护级别	CITES 附录	IUCN 红色名录
二级		濒危（EN）

▶**形态特征**　多年生草本，主根长达 18 cm。根颈直径 1~3 cm，分枝，黑褐色，先端被鳞片；老的枝茎宿存，常在 100 cm 以上。花茎细，直径 0.5~1 mm，高 3~10（~15）cm，稻秆色，直立，叶密生。叶互生，无柄，线形，长 5~8（~12）mm，宽 1 mm，先端急尖，全缘。伞房花序花少数，宽 1.2~1.5 cm，花梗与花同长或较短；萼片 4 枚，线状披针形，长 3 mm，宽 0.7 mm；花瓣 4 片，紫红色，长圆状倒卵形，长 4 mm，宽 1 mm；雄蕊 8 枚，与花瓣同长或稍长，花丝与花药黄色；鳞片 4 枚，近长方形，长 1.5~1.8 mm，宽 0.7 mm。蓇葖 4 枚，披针形，长 5 mm，直立，有先端反折的短喙，成熟时暗红色；种子长圆形，褐色，有翅。

▶**花 果 期**　花期 5—6 月，果期 7—8 月。

▶**分　　布**　西藏、四川、新疆、青海、甘肃。

▶**生　　境**　生于海拔 2900~5100 m 的沟边、山坡石缝中。

▶**用　　途**　药用。

▶**致危因素**　过度采集。

红景天

Rhodiola rosea L.

（景天科 Crassulaceae）

国家重点保护级别	CITES 附录	IUCN 红色名录
二级		易危（VU）

▶**形态特征** 多年生草本，根粗壮，直立。根颈短，先端被鳞片。花茎高 20～30 cm。叶疏生，长圆形至椭圆状倒披针形或长圆状宽卵形，长 7～35 mm，宽 5～18 mm，先端急尖或渐尖，全缘或上部有少数牙齿，基部稍抱茎。花序伞房状，密集多花，长 2 cm，宽 3～6 cm；雌雄异株；萼片 4 枚，披针状线形，长 1 mm；花瓣 4 片，黄绿色，线状倒披针形或长圆形，长 3 mm；雄花中雄蕊 8 枚，较花瓣长；鳞片 4 枚，长圆形，长 1～1.5 mm，宽 0.6 mm，上部稍狭，先端有齿状微缺；雌花中心皮 4 枚，花柱外弯。蓇葖披针形或线状披针形，直立，长 6～8 mm，喙长 1 mm；种子披针形，长 2 mm，一侧有狭翅。

▶**花 果 期** 花期 4—6 月，果期 7—9 月。

▶**分 布** 新疆、山西、河北、北京、吉林、内蒙古；北温带广布。

▶**生 境** 生于海拔 1800～2700 m 的山坡林下或草坡上。

▶**用 途** 药用。

▶**致危因素** 直接采挖或砍伐。

库页红景天

Rhodiola sachalinensis A. Bor.

（景天科　Crassulaceae）

国家重点保护级别	CITES 附录	IUCN 红色名录
二级		易危（VU）

▶**形态特征**　多年生草本，根粗壮，直立。根颈短，先端被鳞片。花茎高 20~30 cm。叶疏生，长圆形至椭圆状倒披针形或长圆状宽卵形，长 7~35 mm，宽 5~18 mm，先端急尖或渐尖，全缘或上部有少数牙齿，基部稍抱茎。花序伞房状，密集多花，长 2 cm，宽 3~6 cm；雌雄异株；萼片 4 枚，披针状线形，长 1 mm；花瓣 4 片，黄绿色，线状倒披针形或长圆形，长 3 mm；雄花中雄蕊 8 枚，较花瓣长；鳞片 4 枚，长圆形，长 1~1.5 mm，宽 0.6 mm，上部稍狭，先端有齿状微缺；雌花中心皮 4 枚，花柱外弯。蓇葖披针形或线状披针形，直立，长 6~8 mm，喙长 1 mm；种子披针形，长 2 mm，一侧有狭翅。

▶**花 果 期**　花期 4—6 月，果期 7—9 月。

▶**分　　布**　黑龙江、吉林。

▶**生　　境**　生于海拔 1800~2700 m 的山坡林下或草坡上。

▶**用　　途**　药用。

▶**致危因素**　生境退化或丧失、直接采挖或砍伐。

圣地红景天

（景天科　Crassulaceae）

Rhodiola sacra (Prain ex Hamet) S.H. Fu

国家重点保护级别	CITES 附录	IUCN 红色名录
二级		易危（VU）

▶**形态特征**　多年生草本，主根粗，分枝。根颈短，先端被披针状三角形的鳞片。花茎少数，直立，高 8 ~ 16 cm，不分枝，稻秆色，老时被微乳头状突起，叶沿花茎全部着生，互生，倒卵形或倒卵状长圆形，长 8 ~ 11 mm，宽 4 ~ 6 mm，先端急尖，钝，基部楔形，入于短的叶柄，边缘有 4 ~ 5 个浅裂。伞房状花序花少数；两性；萼片 5 枚，狭披针状三角形，长 3.5 ~ 5 mm，宽 1.2 mm；花瓣 5 片，白色，狭长圆形，长 1 ~ 1.1 cm，宽 1.2 ~ 2 mm，全缘或略啮蚀状；雄蕊 10 枚，长 1 cm，花丝淡黄色，花药紫色；鳞片 5 枚，近正方形，长宽各 0.5 mm，先端稍宽，先端圆或稍凹，基部稍狭；心皮 5 枚，狭披针形，长 5.5 mm，花柱长 1 ~ 2 mm，细。蓇葖直立，长 6 mm；种子长圆状披针形，长 1 mm，褐色。

▶**花 果 期**　花期 8 月，果期 9 月。

▶**分　　布**　西藏、四川西北部、青海西北部、云南西北部；尼泊尔也有分布。

▶**生　　境**　生于海拔 2700 ~ 4600 m 的山坡石缝中。

▶**用　　途**　药用。

▶**致危因素**　直接采挖或砍伐。

唐古红景天

（景天科　Crassulaceae）

Rhodiola tangutica (Maxim.) S.H. Fu

国家重点保护级别	CITES 附录	IUCN 红色名录
二级		易危（VU）

▶**形态特征**　多年生草本，主根粗长，分枝。根颈没有残留老枝茎，或有少数残留，先端被三角形鳞片。雌雄异株。雄株花茎干后稻秆色或老后棕褐色，高 10 ~ 17 cm，直径 1.5 ~ 2.5 mm。叶线形，长 1 ~ 1.5 cm，宽不及 1 mm，先端钝渐尖，无柄。花序紧密，伞房状，花序下有苞叶；萼片5 枚，线状长圆形，先端钝；花瓣 5 片，干后似为粉红色，长圆状披针形，先端钝渐尖；雄蕊 10 枚，对瓣的长 2.5 mm，对萼的长 4.5 mm，鳞片 5 枚，四方形，先端有微缺；心皮 5 枚，狭披针形，不育。雌株叶线形，长 8 ~ 13 mm，宽 1 mm，先端钝渐尖。花序伞房状，果实倒三角形；萼片 5 枚，线状长圆形，钝；花瓣 5 片，长圆状披针形，先端钝渐尖；鳞片 5 枚，横长方形，先端有微缺。蓇葖 5 枚，直立，狭披针形，喙短，直立或稍外弯。

▶**花 果 期**　花期5—8 月，果期 8 月。

▶**分　　布**　四川、青海、甘肃。

▶**生　　境**　生于海拔 2000 ~ 4700 m 的高山石缝中或近水边。

▶**用　　途**　药用。

▶**致危因素**　生境退化或丧失、直接采挖。

粗茎红景天

（景天科　Crassulaceae）

Rhodiola wallichiana (Hook.) S.H. Fu

国家重点保护级别	CITES 附录	IUCN 红色名录
二级		无危（LC）

▶**形态特征**　多年生草本。根颈横走，分枝少，直径约 1 cm。老的花茎不残留或少数残留。花茎少数，有 3 ~ 5 个，高 17 ~ 25 cm。叶多数，线状倒披针形至披针形，长 12 ~ 16 mm，宽 2 ~ 3 mm，两端渐狭，无柄，两侧上部各有 1 ~ 3 个疏锯齿。花序伞房状，顶生，有叶，宽 1.5 ~ 2.5 cm；花两性，少有单性异株的；萼片 5 枚，线形，长 3 ~ 8 mm，先端钝；花瓣 5 片，淡红色或淡绿色或黄白色，倒卵状椭圆形，长 5 ~ 10 mm，宽 2 mm，先端钝；雄蕊 10 枚，长 8 ~ 12 mm；鳞片 5 枚，近匙状正方形，长宽各约 1 mm，先端稍宽，有微缺；心皮 5 枚，直立，椭圆状披针形，长 6 ~ 10 mm。蓇葖直立，披针形，长 1 ~ 1.5 cm，基部狭；种子连翅在内长 1 mm。

▶**花果期**　花期 8—9 月，果期 10 月。

▶**分　　布**　云南、西藏；尼泊尔、印度、不丹、缅甸。

▶**生　　境**　生于海拔 2600 ~ 3800 m 的山坡林下石上。

▶**用　　途**　药用。

▶**致危因素**　生境退化或丧失。

云南红景天

（景天科　Crassulaceae）

Rhodiola yunnanensis (Franch.) S.H. Fu

国家重点保护级别	CITES 附录	IUCN 红色名录
二级		无危（LC）

▶**形态特征**　多年生草本。根颈粗，长，直径可达 2 cm，不分枝或少分枝，先端被卵状三角形鳞片。花茎单生或少数着生，无毛，高可达 100 cm，直立。3 叶轮生，稀对生，卵状披针形、椭圆形、卵状长圆形至宽卵形，长 4 ~ 7（~ 9）cm，宽 2 ~ 4（~ 6）cm，先端钝，基部圆楔形，边缘多少有疏锯齿，稀近全缘，下面苍白绿色，无柄。聚伞圆锥花序，长 5 ~ 15 cm，宽 2.5 ~ 8 cm，多次三叉分枝；雌雄异株，稀两性花；雄花小，多，萼片 4 枚，披针形，长 0.5 mm；花瓣 4 片，黄绿色，匙形，长 1.5 mm；雄蕊 8 枚，较花瓣短；鳞片 4 枚，楔状四方形，长 0.3 mm；心皮 4 枚，小；雌花萼片、花瓣各 4 枚，绿色或紫色，线形，长 1.2 mm，鳞片 4 枚，近半圆形，长 0.5 mm；心皮 4 枚，卵形，叉开的，长 1.5 mm，基部合生。蓇葖星芒状排列，长 3 ~ 3.2 mm，基部 1 mm 合生，喙长 1 mm。

▶**花 果 期**　花期 5—7 月，果期 7—8 月。

▶**分　　布**　西藏、云南、贵州、陕西、湖北西部、四川；缅甸以及印缅交界。

▶**生　　境**　生于海拔 2000 ~ 4000 m 的山坡林下。

▶**用　　途**　药用。

▶**致危因素**　生境退化或丧失、直接采挖。

乌苏里狐尾藻

（小二仙草科　Haloragaceae）

Myriophyllum ussuriense (Regel) Maxim.

国家重点保护级别	CITES 附录	IUCN 红色名录
二级		无危（LC）

▶**形态特征**　多年生水生草本。根状茎发达，生于水底泥中，节部生多数须根。茎圆柱形，常单一不分枝，长 6 ~ 25 cm。水中茎中下部叶 4 片轮生，有时 3 片轮生，广披针形，长 5 ~ 10 mm，羽状深裂，裂片短，对生，线形，全缘；茎上部水面叶仅具 1 ~ 2 片，极小，细线状；叶柄缺；苞片小，全缘，较花为短；茎叶中均具簇晶体。花单生于叶腋，雌雄异株，无花梗。雄花：萼钟状；花瓣 4 片，倒卵状长圆形，长约 2.5 mm；雄蕊 8 或 6 枚，花丝丝状，花药椭圆形、淡黄色。雌花：萼壶状，与子房合生，具极小的裂片；花瓣早落；子房下位，4 室，四棱形；柱头 4 裂，羽毛状。果圆卵形，有 4 条浅沟，表面具细疣，心皮之间的沟槽明显。

▶**花　果　期**　花期 5—6 月，果期 6—8 月。

▶**分　　　布**　黑龙江、吉林、河北、安徽、江苏、浙江、台湾、广东、广西。

▶**生　　　境**　生于近海平面至海拔 1800 m 的小池塘或沼泽水中。

▶**用　　　途**　观赏。

▶**致危因素**　生境退化或丧失。

锁阳

（锁阳科　Cynomoriaceae）

Cynomorium songaricum Rupr.

国家重点保护级别	CITES 附录	IUCN 红色名录
二级		易危（VU）

▶**形态特征**　多年生肉质寄生草本，无叶绿素，全株红棕色，高 15 ~ 100 cm，大部分埋于沙中。茎圆柱状，直立，棕褐色，直径 3 ~ 6 cm，埋于沙中的茎具有细小须根。茎上着生螺旋状排列脱落性鳞片叶；鳞片叶卵状三角形，先端尖。肉穗花序生于茎顶，棒状，长 5 ~ 16 cm，直径 2 ~ 6 cm；其上着生非常密集的小花，单性花和两性花相伴杂生，有香气，花序中散生鳞片状叶。雄花：花被片通常 4 枚，离生或稍合生，倒披针形或匙形，下部白色，上部紫红色；蜜腺近倒圆形，亮鲜黄色，顶端有 4 ~ 5 钝齿，半抱花丝；雄蕊 1 枚，花丝粗，深红色，当花盛开时超出花冠；花药"丁"字形着生，深紫红色，矩圆状倒卵形；雌蕊退化。雌花：花被片 5 ~ 6 枚，条状披针形；花柱棒状，上部紫红色；柱头平截；子房半下位，内含 1 枚顶生下垂胚珠；雄花退化。两性花少见：花被片披针形；雄蕊 1 枚，着生于雌蕊和花被之间下位子房的上方；花丝极短，花药同雄花；雌蕊也同雌花。果为小坚果状，多数非常小，1 株产 2 万 ~ 3 万粒，近球形或椭球形，果皮白色，顶端有宿存浅黄色花柱。种子近球形，深红色。

▶**花　果　期**　花期 5—7 月，果期 6—7 月。

▶**分　　布**　新疆、青海、甘肃、宁夏、内蒙古、陕西；中亚、伊朗、蒙古。

▶**生　　境**　生于荒漠草原或荒漠地带的河边、湖边、池边等有白刺生长的盐碱地。

▶**用　　途**　药用。

▶**致危因素**　生境退化或丧失、直接采挖或砍伐。

百花山葡萄（深裂山葡萄）

（葡萄科 Vitaceae）

Vitis baihuashanensis M.S. Kang & D.Z. Lu

国家重点保护级别	CITES 附录	IUCN 红色名录
一级		濒危（EN）

▶**形态特征** 木质藤本。小枝圆柱形，无毛，嫩枝疏被蛛丝状茸毛。卷须 2~3 分枝，每隔 2 节间断与叶对生。叶深 3~5 裂，叶基部心形，基缺凹成圆形或钝角；叶柄初时被蛛丝状茸毛，以后脱落无毛；托叶膜质，褐色，顶端钝，边缘全缘。圆锥花序疏散，与叶对生，基部分枝发达，初时常被蛛丝状茸毛，以后脱落几无毛；花梗无毛；花蕾倒卵圆形，顶端圆形；萼碟形，几全缘，无毛；花瓣 5 片，呈帽状黏合脱落；雄蕊 5 枚，花丝丝状，花药黄色，卵椭圆形，在雌花内雄蕊显著短而败育；花盘发达，5 裂；雌蕊 1 枚，子房锥形，花柱明显，基部略粗，柱头微扩大。果实直径较小，0.8~1 cm；种子倒卵球形，顶端微凹。

▶**花 果 期** 花期 5—6 月，果期 7—9 月。

▶**分 布** 黑龙江、吉林、辽宁、河北。

▶**生 境** 生于海拔 700~1300 m 的山中落叶阔叶林下。

▶**用 途** 酿酒、食用。

▶**致危因素** 直接采挖或砍伐。

浙江蘡薁

（葡萄科　Vitaceae）

Vitis zhejiang-adstricta P.L. Chiu

国家重点保护级别	CITES 附录	IUCN 红色名录
二级		濒危（EN）

▶**形态特征**　木质藤本。小枝纤细，圆柱形，具细纵棱纹，嫩时被蛛丝状茸毛，老后脱落几无毛；卷须二叉分枝，每隔 2 节间断与叶对生。叶为单叶，卵形或五角状卵圆形，3~5 浅裂至深裂，常在不同分枝上有不裂叶者，长 3~6 cm，宽 3~5 cm，顶端急尖或短渐尖，中裂片菱状卵形，基部缢缩，裂缺凹成圆形，叶基部心形，基缺圆形，凹成钝角，边缘锯齿较钝，上面绿色，下面淡绿色，两面除沿主脉被小硬毛外疏生极短细毛；基部五出脉，中脉有侧脉 3~5 对，网脉在下面微突出；叶柄长 2~4 cm，疏被短柔毛。果序圆锥状，长 3.5~8 cm，无毛或近无毛；果序梗长 1~3 cm；苞片狭三角形，具短缘毛，脱落；果梗长 2~3 mm，无毛。果实球形。

▶**花 果 期**　花期 4—6 月，果期 6—10 月。

▶**分　　布**　浙江。

▶**生　　境**　生于海拔 600~700 m 的山谷溪边。

▶**用　　途**　作种质资源。

▶**致危因素**　生境退化或丧失、直接采挖或砍伐。

四合木

（蒺藜科　Zygophyllaceae）

Tetraena mongolica Maxim.

国家重点保护级别	CITES 附录	IUCN 红色名录
二级		易危（VU）

▶**形态特征**　灌木，高 40 ~ 80 cm。茎由基部分枝，老枝弯曲，黑紫色或棕红色，光滑，一年生枝黄白色，被叉状毛。托叶卵形，膜质，白色。叶近无柄，老枝叶近簇生，当年枝叶对生；叶片倒披针形，长 5 ~ 7 mm，宽 2 ~ 3 mm，先端锐尖，有短刺尖，两面密被伏生叉状毛，呈灰绿色，全缘。花单生于叶腋，花梗长 2 ~ 4 mm；萼片 4 枚，卵形，长约 2.5 mm，表面被叉状毛，呈灰绿色；花瓣 4 片，白色，长约 3 mm；雄蕊 8 枚，2 轮，外轮较短，花丝近基部有白色膜质附属物，具花盘；子房上位，4 裂，被毛，4 室。果 4 瓣裂，果瓣长卵形或新月形，两侧扁，长 5 ~ 6 mm，灰绿色，花柱宿存。种子矩圆状卵形，表面被小疣状突起，无胚乳。

▶**花 果 期**　花期 5—6 月，果期 7—10 月。

▶**分　　布**　内蒙古。

▶**生　　境**　生于草原化荒漠黄河阶地、低山山坡。

▶**用　　途**　作燃料、科学研究。

▶**致危因素**　直接采挖或砍伐。

111

沙冬青

（豆科　Fabaceae）

Ammopiptanthus mongolicus (Maxim. ex Kom.) S.H. Cheng

国家重点保护级别	CITES 附录	IUCN 红色名录
二级		易危（VU）

▶**形态特征**　常绿灌木，高 0.3 ~ 2 m。树皮黄褐色。茎圆柱状，稍具棱，初被灰色柔毛，后渐无毛。羽状 3 小叶，稀单叶；托叶小，三角形，贴生叶柄，被银白色茸毛；叶柄长 4 ~ 15 mm；小叶菱状椭圆形或宽椭圆形至宽卵形，长 1.5 ~ 4 cm，宽 0.6 ~ 2.4 cm，两面密被银白色茸毛，基部楔形至圆形，先端钝，常具小尖头，侧脉不明显。总状花序顶生；苞片卵形，长 5 ~ 6 mm，早落。花 4 ~ 15 朵；花梗长 0.8 ~ 1 cm，近无毛，在中部有 2 小苞片；花萼长 5 ~ 7 mm；花冠黄色，长 1.5 ~ 2 cm，花瓣具长爪；子房具柄，无毛。荚果狭长圆状，长 3 ~ 8 cm，宽 1 ~ 2 cm，扁，先端锐尖或钝；果柄长 5 ~ 10 mm。种子 2 ~ 5 枚，肾状圆形。

▶**花 果 期**　花期 4—6 月，果期 5—9 月。

▶**分　　布**　内蒙古、宁夏、甘肃、新疆；哈萨克斯坦、吉尔吉斯斯坦、蒙古。

▶**生　　境**　生于海拔 800 ~ 3100 m 的沙地、荒漠、砂砾质山坡、冲积平原、河谷。

▶**用　　途**　牧草、固沙；古老的孑遗植物，具有重要的科研价值。

▶**致危因素**　生境破坏、过牧。

棋子豆

（豆科 Fabaceae）

Archidendron robinsonii (Gagnep.) I.C. Nielsen

国家重点保护级别	CITES 附录	IUCN 红色名录
二级		无危（LC）

▶**形态特征**　乔木，高 7～18 m。小枝棕色或黄棕色，圆柱状，无毛，具弧形的叶痕。二回羽状复叶，羽片 1 对，羽枝长 6～11 cm；叶柄长 2～6 cm；在叶柄上部或与叶连接处有叶柄状腺体，环状，直径 0.5～0.7 mm；小叶柄长约 4 mm；小叶 3 对，对生或近对生，椭圆形或披针形，长 5～20 cm，宽 3～10 cm，两面无毛，基部楔形或锐尖，对称或不对称，先端渐尖。头状花序，排列成腋生的圆锥花序，长达 20 cm；总花梗长 1～1.5 cm。花 6～8 朵；花萼壶状或杯状，长 4.5～7 mm，无毛，萼齿不明显；花冠漏斗状或钟状，长 1.2～1.5 cm；雄蕊管与花冠管近相等；子房无毛，珠柄长 6～8 mm。荚果直，圆柱状，长 10～20 cm，宽 3～3.5 cm；果瓣棕色，革质。种子数可达 7 枚，直径约 2.5 cm，两端陀螺状；种皮褐色。

▶**花 果 期**　花期 5 月，果期 7—11 月。

▶**分　　布**　广西、云南；越南。

▶**生　　境**　生于海拔 200～1500 m 的林中、林缘或山谷。

▶**用　　途**　可作木材，种子可供装饰。

▶**致危因素**　自然分布区范围较窄、人为破坏。

紫荆叶羊蹄甲

（豆科　Fabaceae）

Bauhinia cercidifolia D.X. Zhang

国家重点保护级别	CITES 附录	IUCN 红色名录
二级		易危（VU）

▶**形态特征**　藤本，具卷须。小枝具棱，幼时被毛，后渐无毛。单叶；托叶早落；叶柄长 4.5 ~ 5 cm，被微毛；叶片宽卵形，长 8 ~ 10 cm，宽 9 ~ 11 cm，革质，基部心形，两面无毛，叶脉 7 ~ 9 条，两面凸起，先端全缘或具齿。圆锥花序由疏散排列的总状花序组成，被微毛；苞片锥形，长约 2.5 mm；小苞片同形于苞片，较小，嵌入小花梗中部。隐头花序短。花芽近卵状，直径约 2.5 mm；小花梗长约 1.8 cm；花萼顶端不被包裹，5 裂，裂片椭圆形，先端锐尖；花瓣近等长，近倒卵形，长约 2.5 mm，宽约 2 mm，无爪，两面被毛；可育雄蕊 2 枚，退化雄蕊小。

▶**花　果　期**　花期 6 月，果未见。

▶**分　　布**　广西（隆安）。

▶**生　　境**　生于喀斯特山脉开旷处。

▶**用　　途**　观赏。

▶**致危因素**　自然分布范围狭窄，仅见于模式产地。

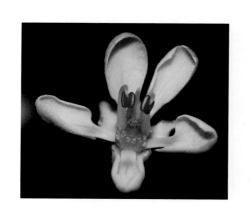

丽豆

Calophaca sinica Rehder

（豆科 Fabaceae）

国家重点保护级别	CITES 附录	IUCN 红色名录
二级		易危（VU）

▶**形态特征** 灌木，高 20 ~ 40 cm。茎多分支，光滑，附淡黄色颗粒。羽状复叶具小叶 5 ~ 11 枚；托叶线形，褐色，基部合生；叶片圆形至卵形，长 1 ~ 2.5 cm，宽 0.7 ~ 1.8 cm，革质，两面密被灰白色贴伏毛，叶脉明显，基部圆形，先端锐尖。花序近头状，具花 4 ~ 5 朵，总花梗长 5 ~ 12 cm。花长约 2.5 cm，小花梗长 3 ~ 6 mm，密被毛；花萼宽钟形，被白色短毛，萼齿三角状披针形，为萼筒的 1/3 ~ 1/2；花冠黄色，旗瓣长约 2.5 cm，圆形，具长约 4 mm 的爪，先端具齿，翼瓣长约 2.2 cm，龙骨瓣近等长于翼瓣，先端截形。雄蕊长 1.5 ~ 1.8 cm；子房长圆形，被贴伏毛。荚果矩圆状，长 1.5 ~ 4.5 cm，宽约 9 mm，密被白色短毛和腺毛，先端具喙。种子橄榄绿，椭圆状肾形，长约 3 mm，宽约 2 mm。

▶**花 果 期** 花期 5—6 月，果期 6—8 月。

▶**分　　布** 山西、内蒙古、河北。

▶**生　　境** 生于海拔 1100 ~ 1900 m 的山坡、山谷或荒地。

▶**用　　途** 作饲料；纤维发达，可作为造纸和纺织原料。

▶**致危因素** 分布区较小、人为干扰导致种群数量逐年减少。

黑黄檀

（豆科　Fabaceae）

Dalbergia cultrata Graham ex Benth.

国家重点保护级别	CITES 附录	IUCN 红色名录
二级	附录 II	易危（VU）

▶**形态特征**　高大乔木，木材暗红色。枝纤细，疏被贴伏毛，近光滑，具皮孔。羽状复叶长 10～20 cm；托叶早落；小叶（9～）11～13 枚，卵形或椭圆形，长 2～4 cm，宽 1.2～2 cm，革质，下面被贴伏毛，上面无毛，先端圆形或微凹，具小尖头。圆锥花序腋生或近腋生，长 4～5 cm。花多数；花梗长 1～2 mm，纤细，被毛；花萼钟形，5 齿，上面 2 齿圆锥形，近合生，侧面 2 齿宽三角形，最下面一齿最长，明显长于其他齿；花冠白色，花瓣爪较长，旗瓣宽倒卵形或近肾形，翼瓣椭圆形，龙骨瓣弧形；雄蕊 9 或 10 枚，一体；子房具柄，无毛，胚珠 3～4 粒。荚果矩圆状至带状，稍革质，对种子部分有细网状纹饰，两端钝。种子肾形，压扁。

▶**花 果 期**　花期 3—5 月，果期 6—11 月。

▶**分　　布**　云南；老挝、缅甸、越南、泰国、柬埔寨。

▶**生　　境**　生于海拔 500～1000 m 的沟谷或山坡林中。

▶**用　　途**　药用，作木材和香料。

▶**致危因素**　生境破碎化、天然种群数量极少。

海南黄檀

Dalbergia hainanensis Merr. & Chun

（豆科 Fabaceae）

国家重点保护级别	CITES 附录	IUCN 红色名录
二级	附录 II	易危（VU）

▶**形态特征** 乔木，高 10 ~ 20 m。树皮暗灰色，有槽纹，幼枝疏被短柔毛。羽状复叶长 10 ~ 15 cm；枝和叶柄被棕色毛；小叶 7 ~ 11 枚；小叶柄长 3 ~ 4 mm，被棕色柔毛，叶片卵形或椭圆形，长 4 ~ 7 cm，宽 2 ~ 3 cm，纸质，基部圆形或宽楔形，先端短渐尖。圆锥花序腋生，长（4 ~）6.5 ~ 10 cm，疏被棕色毛。花长 9 ~ 14 mm；小苞片卵形至近圆形；花萼长约 5 mm，被褐色毛，萼片 5 枚，最下一枚最长；花冠淡粉色，瓣片都有 2.5 ~ 3 mm 长的爪，旗瓣倒卵状矩圆形，长约 8 mm，翼瓣菱状矩圆形，长约 8 mm，龙骨瓣长约 5 mm，下部具耳；雄蕊二体，5+5；子房具短柄，线形，含胚珠 1 ~ 3 粒。荚果直或稍弯曲，矩圆状，倒披针状或带状，长 5 ~ 9 cm，宽 1.5 ~ 1.8 cm，被棕色毛，对种子部分不明显凸起，基部楔形，渐狭成短果颈，顶端锐尖。种子 1 ~ 2 枚，肾形，压扁。

▶**花 果 期** 花期 3—5 月，果期 6—11 月。

▶**分 布** 海南。

▶**生 境** 生于近海平面至海拔 700 m 的林中或山坡。

▶**用 途** 观赏、药用，还可作木材。

▶**致危因素** 生境破坏、种群过小。

降香

（豆科　Fabaceae）

Dalbergia odorifera T.C. Chen

国家重点保护级别	CITES 附录	IUCN 红色名录
二级	附录 II	极危（CR）

▶**形态特征**　乔木，高 10 ~ 15 m。树皮棕色或淡棕色，粗糙，纵裂；小枝具密而小的皮孔。羽状复叶长 15 ~ 27 cm；托叶早落；叶柄长 2 ~ 3.5 cm；小叶通常 9 ~ 11 枚，小叶柄长 3 ~ 5 mm，叶片卵形或椭圆形，长 4.5 ~ 6 cm，宽 2.5 ~ 3.5 cm，下面的叶小，约为上面叶的 2/3，近革质，基部圆形或宽楔形，先端渐尖，锐尖或钝。圆锥花序腋生，长 4 ~ 6 cm；总花梗长 3 ~ 5 cm。花长约 5 mm，初始聚集在花序分支顶端，后变疏散；花萼钟形，萼筒长约 2 mm，萼齿不等长，最下面的长于其他齿；花冠奶白色或淡黄色，花瓣近相等，具短爪，旗瓣倒心形，先端截形，具凹缺，翼瓣矩圆形，龙骨瓣半月形；雄蕊一体，9 枚；子房狭椭圆形。荚果舌状，长 4.5 ~ 6 cm，宽 1.5 ~ 1.8 cm，革质，对种子部分具明显网状凸起。种子肾形，扁。

▶**花 果 期**　花期 4—6 月，果期 6—8 月。

▶**分　　布**　海南。

▶**生　　境**　生于海拔 500 m 以下的林缘、荒地或疏林中。

▶**用　　途**　观赏、药用，还可作木材。

▶**致危因素**　自然分布区狭小、乱砍滥伐。

卵叶黄檀

（豆科 Fabaceae）

Dalbergia ovata Graham ex Benth.

国家重点保护级别	CITES 附录	IUCN 红色名录
二级	附录 II	

▶**形态特征** 乔木，高 8 ~ 12 m。羽状复叶长 15 ~ 25 cm，叶轴无毛；托叶小，早落；小叶 5 ~ 7（~9）枚，革质，椭圆形或卵状长圆形，6 ~ 9（~11）cm × 3.5 ~ 4.5（~6）cm，互生，有时近对生，先端渐尖，有时尾尖，基部圆形，两面无毛，边缘常加厚，二级脉 6 ~ 8 对，于两面稍突出，细脉于两面稍突出。圆锥花序腋生；总花序梗、花序分枝幼时被毛，后渐无毛，花梗及花序末级分枝被锈色短柔毛；基生小苞片和副萼状小苞片，早落；花长 5 ~ 7 mm；花萼钟状，萼筒长约 3 mm，无毛，萼齿 5 枚；花冠白色，旗瓣长圆形，有时倒卵状，先端凹缺，翼瓣阔卵形，龙骨瓣镰形，与翼瓣内侧同具向下耳，龙骨瓣耳更大；雄蕊 9 枚，单体，花丝上部 1/3 离生，近等长；子房具柄，几无毛，胚珠 3 枚，花柱前伸，柱头小。荚果长圆状至带状，顶端圆，常具小尖头，基部收狭，近圆形，果爿革质，对种子处有明显的网纹；种子 1 ~ 2（~3）枚，长圆状至肾状，扁平。

▶**花 果 期** 花期 1—2 月，果期 2—4 月。

▶**分 布** 云南（江城）；缅甸、泰国、老挝、越南。

▶**生 境** 生于海拔 1000 m 以下的落叶林中。

▶**用 途** 可作木材、绿化或工业用。

▶**致危因素** 自然分布区小、乱砍滥伐。

格木

（豆科　Fabaceae）

Erythrophleum fordii Oliv.

国家重点保护级别	CITES 附录	IUCN 红色名录
二级		易危（VU）

▶**形态特征**　乔木，高 10 ~ 40 m。树皮灰褐色。嫩枝被锈色毛。通常羽状复叶 3 对，对生或近对生，长 20 ~ 30 cm；小叶柄长 2.5 ~ 3 mm；小叶 8 ~ 12 枚，卵形至卵状椭圆形，长 5 ~ 8 cm，宽 2.5 ~ 4 cm，基部圆形，偏斜，全缘，先端渐尖，无毛。圆锥花序长 15 ~ 20 cm；总花梗被锈色毛。花小，密集；花萼外面被疏柔毛，萼裂片矩圆形，边缘密被毛；花瓣淡黄绿色，长于萼裂片，倒披针形，里面和边缘密被毛；雄蕊长约为花瓣的 2 倍，无毛；子房矩圆形，密被黄白色柔毛，含胚珠 10 ~ 12 粒。荚果扁，矩圆状，长 10 ~ 18 cm，宽 3.5 ~ 4 cm，具网状脉。种子黑褐色，稍扁，矩圆状，长 2 ~ 2.5 cm，宽 1.5 ~ 2 cm。

▶**花 果 期**　花期 5—6 月，果期 8—10 月。

▶**分　　布**　福建、广东、广西、台湾、浙江；越南。

▶**生　　境**　生于海拔 50 ~ 900 m 的山坡或林中。

▶**用　　途**　观赏，用作绿化或木材。

▶**致危因素**　人为砍伐、生境破坏、种子自然更新困难。

山豆根

（豆科　Fabaceae）

Euchresta japonica Hook. f. ex Regel

国家重点保护级别	CITES 附录	IUCN 红色名录
二级		易危（VU）

▶**形态特征**　攀缘灌木，几乎不分支。茎常具不定根。羽状 3 小叶；叶柄长 4 ~ 5.5 cm；顶生小叶叶柄长 0.5 ~ 1.3 cm，侧生小叶近无柄；小叶椭圆形，长 8 ~ 9.5 cm，宽 3 ~ 5 cm，厚纸质，干后褶皱，侧脉极不明显，基部楔形，先端渐尖至钝。总状花序长 6 ~ 10.5 cm。花萼杯状，长 3 ~ 5 mm，内外均被贴伏毛，萼齿钝三角形；花冠白色，旗瓣椭圆状矩圆形，长约 1 cm，宽 2 ~ 3 mm，先端钝或稍反卷，翼瓣矩圆形，长约 9 mm，龙骨瓣椭圆形，上部合生；子房长椭圆形或线形，长约 5 mm，珠柄长约 4 mm。荚果椭球状，长 1.2 ~ 1.7 cm，宽约 1.1 cm，光滑，先端钝，具小短尖；果柄长约 1 cm。

▶**花 果 期**　花期 6—7 月，果期 8—11 月。

▶**分　　布**　重庆、广东、广西、贵州、海南、湖南、四川、浙江；日本。

▶**生　　境**　生于海拔 600 ~ 1350 m 的山坡、林中、山谷或溪边。

▶**用　　途**　药用。

▶**致危因素**　生境破碎化或丧失。

绒毛皂荚

（豆科　Fabaceae）

Gleditsia japonica Miq. var. *velutina* L.C. Li

国家重点保护级别	CITES 附录	IUCN 红色名录
一级		极危（CR）

▶**形态特征**　乔木或小乔木。小枝具散生的白色皮孔，光滑无毛。枝刺紫褐色至褐黑色，稍扁，粗壮，长 2 ~ 15.5 cm。羽状复叶长 11 ~ 25 cm；小叶柄极短；小叶 3 ~ 10 对，卵状矩圆形或卵状披针形至矩圆形，长 2 ~ 9 cm，宽 1 ~ 4 cm，纸质至厚纸质，网状小脉不明显，基部宽楔形或圆形，稍偏斜，边缘全缘或浅波状，先端圆形，有时具齿。花序腋生或顶生，雄花序长 8 ~ 20 cm，雌花序长 5 ~ 16 cm。雄花直径 5 ~ 6 mm；萼片 3 或 4 枚，三角状披针形，长约 2 mm，两面被毛；花瓣 4 片，黄绿色，椭圆形，长约 2 mm；雄蕊 6 ~ 8（或 9）。雌花直径 5 ~ 9 mm；萼片和花瓣 4 或 5 枚，与雄花形态相似，长约 3 mm，两面密被毛；退化雄蕊 4 ~ 8 枚；子房无毛，含多数胚珠。荚果密被黄绿色茸毛，扁，带状，长 20 ~ 54 cm，宽 2 ~ 7 cm，不规则卷曲或镰刀状；果瓣革质，常膨大。种子多数，深棕色，椭球状，长 9 ~ 10 mm，宽 5 ~ 7 mm，光滑。

▶**花 果 期**　花期 6 月，果期 7 月。

▶**分　　布**　湖南（衡山）。

▶**生　　境**　生于海拔约 1000 m 的山坡、路边或疏林中。

▶**用　　途**　观赏、作木材和洗涤剂原料。

▶**致危因素**　野生植株极其稀少，仅见于模式产地且自然更新能力弱。

野大豆

Glycine soja Siebold & Zucc.

（豆科　Fabaceae）

国家重点保护级别	CITES 附录	IUCN 红色名录
二级		无危（LC）

▶**形态特征**　一年生缠绕草本，长 0.5 ~ 4 m。茎、小枝纤细，被褐色长硬毛。羽状 3 小叶长可达 14 cm；托叶卵状披针形，急尖，被黄色柔毛。顶生小叶卵圆形或卵状披针形，长 3.5 ~ 6 cm，宽 1.5 ~ 2.5 cm，基部近圆形，先端锐尖至钝圆，全缘，两面均被绢状的糙伏毛，侧生小叶斜卵状披针形。总状花序通常短，稀长达 13 cm；花小，长约 5 mm；花梗密被黄色长硬毛；花萼钟状，裂片 5 枚，三角状披针形，先端锐尖；花冠淡红紫色或白色，旗瓣近圆形，先端微凹，基部具短柄，翼瓣斜倒卵形，有明显的耳，龙骨瓣比旗瓣及翼瓣短小，密被长毛；花柱短而向一侧弯曲。荚果长球状，微弯，两侧稍扁，长 17 ~ 23 mm，宽 4 ~ 5 mm，密被长硬毛，种子 2 ~ 3 枚，椭球形，稍扁，褐色至黑色。

▶**花 果 期**　花期 7—8 月，果期 8—10 月。

▶**分　　布**　全国各省（新疆、青海和海南除外）；阿富汗、日本、朝鲜、俄罗斯。

▶**生　　境**　生于近海平面至海拔 2700 m 的田边、沟旁、河岸、湖边、沼泽、草甸、沿海和岛屿向阳的矮灌木丛或芦苇丛，稀见于沿河岸疏林下。

▶**用　　途**　药用、食用、作牧草及种质资源。

▶**致危因素**　生境受到人为干扰和破坏。

烟豆

（豆科　Fabaceae）

Glycine tabacina (Labill.) Benth.

国家重点保护级别	CITES 附录	IUCN 红色名录
二级		无危（LC）

▶**形态特征**　多年生匍匐草本。茎纤细，基部多分枝，节明显。羽状复叶具 3 小叶；托叶小，披针形，长约 2 mm，被柔毛；叶柄长 2 ~ 3 cm；茎下部的小叶倒卵形、卵圆形至长圆形，长 0.7 ~ 1.2 cm，宽 0.4 ~ 0.8 cm，基部圆形，先端钝圆、截平或微凹，具短尖，上部的小叶卵状披针形、长椭圆形或长圆形至线形，长 1.2 ~ 3.2 cm，宽 0.5 ~ 0.8 cm，基部圆形，先端具短尖；侧脉 5 ~ 7 对，弯曲。总状花序柔弱，长 1 ~ 5.5 cm。花疏散，长约 8 mm；花萼膜质，钟状，裂片长于萼管，上面 2 片合生至中部；花冠紫色，旗瓣大，圆形，直径约 15 mm，翼瓣与龙骨瓣较小；雄蕊二体；子房具短柄，胚珠多数。荚果长球状，直，种子间不缢缩，长 2 ~ 2.5 cm，宽约 2 mm，被白色贴伏柔毛。种子 2 ~ 7 枚，圆柱形，两端近截平，长约 2.5 mm，宽约 2 mm，深褐色，被星状凸起的颗粒状小瘤。

▶**花 果 期**　花期 3—7 月，果期 5—10 月。

▶**分　　布**　福建、广东、台湾；日本、澳大利亚、南太平洋群岛至斐济。

▶**生　　境**　生于海边岛屿的山坡或荒坡草地上。

▶**用　　途**　作种质资源。

▶**致危因素**　生境受干扰、野生种群数量少。

短绒野大豆

（豆科　Fabaceae）

Glycine tomentella Hayata

国家重点保护级别	CITES 附录	IUCN 红色名录
二级		易危（VU）

▶**形态特征**　多年生缠绕或匍匐草本。茎粗壮，基部多分枝，全株通常密被黄褐色的茸毛。羽状复叶具 3 枚小叶；托叶卵状披针形，长 2.5 ~ 3 mm；叶柄长约 1.5 cm；小叶纸质，椭圆形或卵形，被黄褐色茸毛，长 1.5 ~ 2.5 cm，宽 1 ~ 1.5 cm，基部圆形，先端钝圆，具短尖头；侧脉 5 对，下面较明显凸起。总状花序长 3 ~ 7 cm，被黄褐色茸毛；总花梗长约 4 cm。花长约 10 mm，单生或 2 ~ 7（~ 9）朵簇生于枝顶；花梗长约 1 mm；花萼膜质，钟状，长约 4 mm，5 裂；花冠淡红色、深红色至紫色，旗瓣大，翼瓣与龙骨瓣较小，具瓣柄；雄蕊二体；子房具短柄，胚珠多数。荚果扁平而直，开裂，长 18 ~ 22 mm，宽 4 ~ 5 mm，密被黄褐色短柔毛，种子间缢缩。种子 1 ~ 4 枚，扁圆状四边形，深褐色，种皮具蜂窝状小孔和颗粒状小瘤状突起。

▶**花　果　期**　花期 7—8 月，果期 9—10 月。

▶**分　　布**　广东、广西、福建、台湾；澳大利亚、菲律宾、巴布亚新几内亚。

▶**生　　境**　生于海边沙滩或近海岛屿。

▶**用　　途**　作种质资源。

▶**致危因素**　生境遭受破坏、野生种群数量少。

胀果甘草

（豆科　Fabaceae）

Glycyrrhiza inflata* Batalin*

国家重点保护级别	CITES 附录	IUCN 红色名录
二级		无危（LC）

▶**形态特征**　多年生草本。根与根状茎粗壮，外皮褐色，被黄色鳞片状腺体，里面淡黄色，有甜味。茎直立，多分枝，高 15～150 cm。羽状复叶长 4～20 cm；托叶早落；叶柄、叶轴均密被褐色鳞片状腺点；小叶 3～7（～9）枚，卵形、椭圆形或长圆形，长 2～6 cm，宽 0.8～3 cm，基部近圆形，先端锐尖或钝，两面被黄褐色腺点，边缘或多或少波状。总状花序腋生；总花梗与叶等长或短于叶，花后常延伸，密被鳞片状腺点。花多数，疏散；花萼钟状，密被橙黄色腺点及柔毛，萼齿 5 枚，与萼筒等长，上部 2 齿在 1/2 以下联合；花冠紫色或淡紫色，旗瓣长椭圆形，长 6～9（～12）mm，翼瓣与旗瓣近等长，龙骨瓣稍短。荚果椭球状或长球状，长 8～30 mm，宽 5～10 mm，膨胀，种子间具不同程度隔膜，被褐色的腺点和刺毛状腺体。种子 1～4 枚，球形，绿色，直径 2～3 mm。

▶**花 果 期**　花期 5—7 月，果期 6—10 月。

▶**分　　布**　内蒙古、甘肃、新疆；哈萨克斯坦、乌兹别克斯坦、土库曼斯坦、吉尔吉斯斯坦、塔吉克斯坦、蒙古。

▶**生　　境**　生于海拔 500～1200 m 的河滩沙地、水边、田边或荒地中。

▶**用　　途**　药用、作牧草。

▶**致危因素**　人工采挖、生境破坏。

甘草

（豆科　Fabaceae）

Glycyrrhiza uralensis Fisch. ex DC.

国家重点保护级别	CITES 附录	IUCN 红色名录
二级		无危（LC）

▶**形态特征**　多年生草本。根与根状茎粗壮，直径 1 ~ 3 cm，具甜味。茎直立，多分枝，高 25 ~ 120 cm，密被鳞片状腺点、刺毛状腺体及白色或褐色的茸毛。羽状复叶长 5 ~ 20 cm；叶柄密 被褐色腺点和短柔毛；小叶 5 ~ 17 枚，卵形、长卵形或近圆形，长 1.5 ~ 5 cm，宽 0.8 ~ 3 cm，两面 均密被黄褐色腺点及短柔毛，基部圆，顶端钝，具短尖。总状花序腋生，总花梗短于叶，密生褐色 的鳞片状腺点和短柔毛。花多数；花萼钟状，长 7 ~ 14 mm，密被黄色腺点及短柔毛，基部偏斜并 膨大呈囊状，萼齿 5 枚，与萼筒近等长，上部 2 齿大部分联合；花冠紫色、白色或黄色，长 10 ~ 24 mm，旗瓣长圆形，翼瓣短于旗瓣，龙骨瓣短于翼瓣；子房密被刺毛状腺体。荚果镰刀状或弯曲 呈环状，密生瘤状突起和刺毛状腺体。种子 3 ~ 11 枚，深绿色，圆形或肾形，长约 3 mm。

▶**花 果 期**　花期 5—8 月，果期 7—10 月。

▶**分　　布**　甘肃、河北、黑龙江、辽宁、内蒙古、宁夏、青海、陕西、山东、山西、新疆；阿富汗、 哈萨克斯坦、吉尔吉斯斯坦、蒙古、巴基斯坦、俄罗斯、塔吉克斯坦。

▶**生　　境**　生于海拔 400 ~ 2700 m 的草地、沙地、干河滩或干旱山坡。

▶**用　　途**　药用。

▶**致危因素**　人为采挖、生境破坏。

浙江马鞍树

（豆科　Fabaceae）

Maackia chekiangensis S.S. Chien

国家重点保护级别	CITES 附录	IUCN 红色名录
二级		濒危（EN）

▶**形态特征**　灌木，高 1～1.5 m。小枝灰褐色，有白色皮孔。羽状复叶长 17～20 cm；小叶 4～5 对，对生或近对生，卵状披针形或椭圆状卵形，长 2.1～6.3 cm，宽 1.1～3 cm，基部楔形，先端渐尖，边缘向下反卷；小叶柄长 1～2 mm。总状花序长 8～14 cm，总花梗被淡褐色短柔毛。花密集；花梗纤细，长 2～3.5 mm；花萼钟状，长 2～3 mm，萼齿 5 枚，其中 2 齿较短，被贴生锈褐色柔毛；花冠白色，旗瓣长圆形，长 3～5 mm，先端圆；龙骨瓣宽椭圆状长圆形，基部一侧有耳；雄蕊花丝基部联合；子房长圆形，有短柄，密被锈褐色毛。荚果椭球状、卵状或长球状，长 2.7～4 cm，宽 1.1～1.5 cm，先端圆，具短喙，基部无果颈，腹缝有窄翅，翅宽约 1 mm。

▶**花 果 期**　花期 6—7 月，果期 7—9 月。

▶**分　　布**　安徽、浙江、江西。

▶**生　　境**　生于海拔 1000 m 以下的林中、路边。

▶**用　　途**　观赏。

▶**致危因素**　生境受人为干扰、野生种群数量少。

喙顶红豆

（豆科　Fabaceae）

Ormosia apiculata H.Y. Chen

国家重点保护级别	CITES 附录	IUCN 红色名录
二级		数据缺乏（DD）

▶**形态特征**　常绿乔木，高达 20 m。树皮灰色，平滑。奇数羽状复叶长 14～24.5 cm；叶柄长 2～4 cm；叶轴在最上部一对小叶处延长 0.3～2.8 cm 生顶小叶；小叶 3 或 5 枚，革质，长椭圆形，长 6～14.5 cm，宽 2.5～3.7 cm，顶生小叶较大，基部楔形，先端渐尖，钝或微凹，两面光滑无毛，下面苍绿色，中脉上面凹陷，下面隆起，侧脉 7～11 对；小叶柄长 5～7 mm。圆锥花序顶生，果期长达 20 cm。荚果阔球形或斜椭球状，长 1.5～2.5 cm（不包括喙及果颈），宽 1.8～2.4 cm，稍膨胀，基部截平至近圆形，顶端急剧收缩成斜歪的喙；果瓣革质，厚约 1 mm；花萼宿存，密被贴伏黄褐色毛。种子 1 枚，稀 2 枚，常扁圆形，直径 1～1.3 cm，种皮暗红色，坚硬。

▶**花 果 期**　花期 4 月，果期 8—10 月。

▶**分　　布**　广西（凌云）。

▶**生　　境**　生于海拔约 1400 m 的山坡林中。

▶**用　　途**　作木材。

▶**致危因素**　天然种群数量极少、自然更新困难。

引自《中国植物志》，40卷，图5 1-3，葛克俭　绘

长脐红豆

（豆科　Fabaceae）

Ormosia balansae Drake

国家重点保护级别	CITES 附录	IUCN 红色名录
二级		近危（NT）

▶**形态特征**　常绿乔木。树干通直，高可达 30 m，胸径达 60 cm。小枝圆柱形，密生褐色短毡毛。奇数羽状复叶长 15～35 cm；叶柄长 2～6.3 cm；小叶 5 或 7 枚，近花序处通常 7 枚，革质或薄革质，长圆形或椭圆形，长 5～20 cm，宽 2.5～8.5 cm，基部圆或宽楔形，先端钝，微凹或急尖；小叶柄长 5～9 mm。大型圆锥花序顶生或腋生，长达 20 cm。花梗长 2～3 mm；花萼 5 裂，裂片不相等，密被褐色茸毛；花冠白色，旗瓣近圆形，具短柄，翼瓣与龙骨瓣长椭圆形，瓣柄细长；雄蕊 10 枚，不等长；子房密被灰褐色短茸毛，含胚珠 2 粒。荚果阔卵形、近球形或倒卵形，长 3～4.5 cm（不包括果颈），宽 2.4～3 cm，在种子处隆起，喙偏斜，果瓣薄革质，质脆，密被褐色短茸毛；花萼宿存。种子 1 枚，稀 2 枚，种皮红色或深红色，球形或椭球形，长 1.3～2 cm，宽 1.2～1.7 cm。

▶**花 果 期**　花期 6—7 月，果期 10—12 月。

▶**分　　布**　广西、海南、江西、云南；越南。

▶**生　　境**　生于海拔 300～1000 m 的山谷林中或溪边。

▶**用　　途**　作木材、用于园林绿化。

▶**致危因素**　天然分布区受限、人工采伐。

博罗红豆

（豆科　Fabaceae）

Ormosia boluoensis Y.Q. Wang & P.Y. Chen

国家重点保护级别	CITES 附录	IUCN 红色名录
二级		无危（LC）

▶**形态特征**　灌木或小乔木，高 2 ~ 4 m。小枝无毛。单叶互生，厚革质，长椭圆形，长 5 ~ 9 cm，宽 2 ~ 3.5 cm，基部楔形，先端渐尖，两面无毛；叶柄长 1.8 ~ 3 cm，两端稍膨大。花序顶生为圆锥花序，或生于上部叶腋为总状花序，长 3 ~ 13 cm，密被金黄色短茸毛。花长 1.2 ~ 1.5 cm；花梗长 1 ~ 3 mm；萼片密被金黄色短茸毛，5 裂至中部，顶端尖三角形；花冠白色，旗瓣阔卵形，长 1 ~ 1.2 cm，基部截形、圆形至宽楔形，顶端圆形，翼瓣狭倒卵形至宽匙形，长 1 ~ 1.2 cm，偏斜，龙骨瓣狭长卵形至椭圆形，长 1 ~ 1.2 cm，具 1 或 2 耳；雄蕊 10 枚，完全分离，不等长，内弯，5 枚发育而其余的退化为不育雄蕊；子房卵状椭圆形，被黄色柔毛，花柱弯曲。

▶**花　果　期**　花期 4—5 月，果未见。

▶**分　　　布**　广东。

▶**生　　　境**　生于海拔 800 ~ 900 m 的山谷疏林中。

▶**用　　　途**　未知。

▶**致危因素**　天然种群极小。

厚荚红豆

（豆科　Fabaceae）

Ormosia elliptica Q.W. Yao & R.H. Chang

国家重点保护级别	CITES 附录	IUCN 红色名录
二级		数据缺乏（DD）

▶**形态特征**　乔木，高 4~25 m。羽状复叶长 15~18 cm；叶柄长 2.3~3.2 cm；叶轴在最上部一对小叶处延长 1~1.5 cm 生顶小叶，略粗壮，无毛或在小叶着生处微有毛；小叶 5 或 7 枚，长圆形，长 3.3~9 cm，宽 1~3 cm，基部楔形，先端钝尖，上面无毛，下面仅中脉有疏毛或近无毛，侧脉 6~8 对，细脉成网状，干后两面明显凸起。总状果序顶生或腋生。荚果椭球形，长 4.5~5.6 cm，宽 2.5~3 cm；果瓣肥厚木质，厚 3~4 mm，有中果皮，果瓣外面平滑无毛，内壁无隔膜。种子通常 2~3 枚，椭球形，长约 1.6 cm，宽 1~1.3 cm。

▶**花　果　期**　花未见，果期 6—8 月。

▶**分　　　布**　福建、广东、广西。

▶**生　　　境**　生于海拔 300~400 m 的路边、河旁。

▶**用　　　途**　作木材。

▶**致危因素**　天然种群数量稀少、自然更新困难。

凹叶红豆

（豆科　Fabaceae）

Ormosia emarginata (Hook. & Arn.) Benth.

国家重点保护级别	CITES 附录	IUCN 红色名录
二级		无危（LC）

▶**形态特征**　常绿小乔木，有时呈灌木状，高 3～12 m，胸径通常 7～8 cm。小枝绿色，平滑无毛。奇数羽状复叶长 6.5～20.5 cm；叶柄长 2.3～4.8 cm；叶轴在最上部一对小叶处延长 6～15 mm 或不延长生顶小叶；小叶通常 5 或 7 枚，厚革质，倒卵形、倒卵状椭圆形、长倒卵形或长圆形，长 1.4～7 cm，宽 0.9～3.2 cm，基部圆或楔形，先端钝而有凹缺，侧脉 7～8 对；小叶柄长 3～5 mm。圆锥花序顶生，长 10～11.5 cm。花疏，有香气；花梗长 3～5 mm；花萼 5 裂达中部，萼齿等大；花冠白色或粉红色，旗瓣半圆形，长约 7 mm，翼瓣长圆形，有长柄，龙骨瓣长圆形，基部有纤细的柄；雄蕊 10 枚，不等长，3 长 7 短；子房无毛。荚果菱状或长球状，扁，长 3～5.5 cm，宽 1.7～2.4 cm；果瓣木质，内有隔膜。种子 1～4 枚，近球形或椭球形，微扁，长 7～10 mm，宽约 7 mm，种皮鲜红色。

▶**花 果 期**　花期 5—6 月，果期 8—12 月。

▶**分　　布**　广东、广西、海南；越南。

▶**生　　境**　生于海拔 150～700 m 的山坡、山谷或林中。

▶**用　　途**　作木材。

▶**致危因素**　生境受干扰、天然种群少。

蒲桃叶红豆

（豆科　Fabaceae）

Ormosia eugeniifolia Tsiang ex R.H. Chang

国家重点保护级别	CITES 附录	IUCN 红色名录
二级		极危（CR）

▶**形态特征**　常绿乔木，高 5～16 m。芽及小枝密被黄褐色短柔毛，老枝上有凸起皮孔。奇数羽状复叶长 8～12 cm；叶柄长 1～2.2 cm；叶轴在最上部一对小叶处延长 0.4～1.7 cm 生顶小叶；小叶 5 或 7 枚，厚革质，倒卵形、倒卵状匙形或椭圆形，长 3.6～6.3 cm，宽 1.6～2.8 cm，基部楔形，先端圆、钝尖或微凹，边缘微向下反卷，侧脉 5～8 对，不明显；小叶柄长 2～6 mm。圆锥花序顶生，或总状花序生于叶腋，有褐色短柔毛。果梗长 5～6 mm；荚果菱状或椭球状，长 2～4.1 cm，宽 2～2.4 cm，两端尖；果瓣深褐色，木质，厚 2～3 mm，外面近基部多少有褐色毛，内有横隔膜。种子 2～3 枚，椭球形，微扁，长 1～1.3 cm，宽 7～8 mm，种皮鲜红色。

▶**花　果　期**　花未见，果期 11 月。

▶**分　　　布**　广西（上思）。

▶**生　　　境**　生于海拔 200～800 m 的山谷、河边疏林中。

▶**用　　　途**　作木材。

▶**致危因素**　天然种群数量极少。

引自《中国植物志》，40卷，图16 1-3，葛克俭　绘

锈枝红豆

（豆科　Fabaceae）

Ormosia ferruginea R.H. Chang

国家重点保护级别	CITES 附录	IUCN 红色名录
二级		

▶**形态特征**　常绿小乔木或灌木，高约 2.5 m。小枝、芽、叶柄、叶轴均密被浓密锈色茸毛。奇数或偶数羽状复叶长 11 ~ 15.5 cm；叶柄长 1.3 ~ 2 cm；叶轴在最上部一对小叶处延长 2 mm 生顶小叶；小叶 13 ~ 19 枚，革质，椭圆形或倒卵状椭圆形，长 2.1 ~ 5.8 cm，宽 1.7 ~ 2 cm，基部圆形或楔形，先端圆钝或微凹，侧脉 6 ~ 8 对；小叶柄长约 2 mm，密被锈褐色茸毛。圆锥花序或总状花序，顶生或腋生。荚果椭球状，长 4 ~ 6.5 cm，宽 1.6 ~ 2 cm，成熟时暗蓝黑色；果瓣薄木质，光滑无毛，内壁有隔膜。种子 2 ~ 4 枚，椭球形，微扁，长 1.3 ~ 1.5 cm，宽 0.7 ~ 1.2 cm，种皮鲜红色。

▶**花 果 期**　花期 7 月，果期 9—10 月。

▶**分　　布**　广东（阳春）。

▶**生　　境**　生于山坡或林缘。

▶**用　　途**　具科研价值。

▶**致危因素**　天然种群极小、自然更新困难。

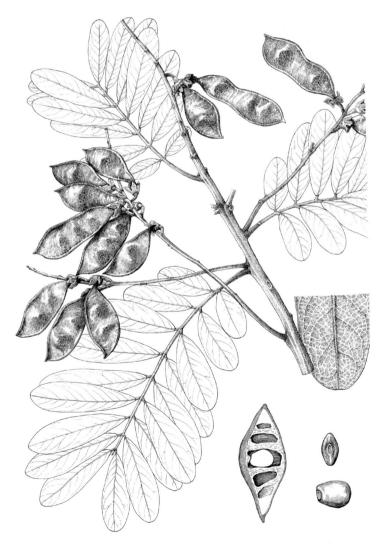

引自《中国植物志》，40卷，图13 1–5，葛克俭　绘

肥荚红豆

（豆科　Fabaceae）

Ormosia fordiana Oliv.

国家重点保护级别	CITES 附录	IUCN 红色名录
二级		无危（LC）

▶**形态特征**　乔木，高达 17 m，胸径可达 20 cm。树皮深灰色，浅裂。奇数羽状复叶长 19 ~ 40 cm；叶柄长 3.5 ~ 7 cm；叶轴在最上部一对小叶处延长 3 ~ 15 mm 生顶小叶；小叶 5 ~ 13 枚，薄革质，倒卵状披针形或倒卵状椭圆形，稀椭圆形，顶生小叶较大，长 6 ~ 20 cm，宽 1.5 ~ 7 cm，基部楔形或略圆，先端急尖或尾尖，侧脉约 11 对；小叶柄长 6 ~ 8 mm。圆锥花序顶生，长 15 ~ 26 cm。花大，长 2 ~ 2.5 cm，花萼长 1.5 ~ 2 cm，淡褐绿色，5 深裂；花冠紫红色，长约 1.5 cm，旗瓣圆形，上部边缘强烈内折，近基部中央有一黄色斑点，龙骨瓣与翼瓣相似，椭圆状倒卵形；雄蕊 10 枚，不等长，全部发育；子房扁，密被锈褐色绢毛，常含 4 粒胚珠。荚果半球形或长球状，长 5 ~ 12 cm，宽 5 ~ 6.8 cm；果瓣木质，开裂，厚约 2 mm，无隔膜；具宿存花萼。种子 1 ~ 4 枚，长球形，种皮鲜红色。

▶**花　果　期**　花期 6—7 月，果期 11 月。

▶**分　　布**　广东、广西、海南、云南；缅甸、孟加拉国、泰国、越南。

▶**生　　境**　生于海拔 100 ~ 1400 m 的山谷、山坡、路旁或溪边。

▶**用　　途**　观赏、作木材。

▶**致危因素**　生境受干扰、野生分布区狭窄、天然种群数量少。

台湾红豆

Ormosia formosana Kaneh.

（豆科 Fabaceae）

国家重点保护级别	CITES 附录	IUCN 红色名录
二级		濒危（EN）

▶**形态特征** 常绿乔木，高 5 ~ 15 m，胸径达 17 cm，稀 50 cm。树皮平滑，茶褐色。奇数羽状复叶长 9 ~ 11 cm；叶柄长 1.8 ~ 2.5 cm；叶轴在最上部一对小叶处延长 0.2 ~ 1.8 cm 或不延长生顶小叶；小叶通常 5 或 7 枚，薄革质，长圆状披针形或长圆形，长 3.5 ~ 4 cm，宽 1.1 ~ 2 cm，基部圆或宽楔形，先端渐尖，钝头或锐尖，边缘微呈波状，侧脉 5 ~ 7 对；小叶柄长约 5 mm。圆锥花序顶生，长 8 ~ 10 cm；总花梗被锈色柔毛。花较大，长约 1.8 cm；花萼短钟形，有锈褐色柔毛，深 5 裂；花冠黄白色，旗瓣近圆形，翼瓣长椭圆形，龙骨瓣长圆状椭圆形；雄蕊 10 枚，不等长；子房具硬毛，含胚珠 1 ~ 4 粒。荚果椭球状，长 1.2 ~ 4 cm，稍扁；瓣木质，外面具褐色短贴伏毛，内壁具横隔膜。种子 1 ~ 4 枚，近球形，直径约 1 cm，种皮鲜红色，有光泽。

▶**花 果 期** 花期 5 月，果期 10—11 月。

▶**分　　布** 台湾。

▶**生　　境** 生于近海平面至海拔 1300 m 的林中。

▶**用　　途** 观赏、作木材。

▶**致危因素** 天然种群分布受限、种群数量少。

光叶红豆

（豆科　Fabaceae）

Ormosia glaberrima Y.C. Wu

国家重点保护级别	CITES 附录	IUCN 红色名录
二级		易危（VU）

▶**形态特征**　常绿乔木，高 7 ~ 21 m，胸径 16 ~ 40 cm。树皮灰绿色，平滑。奇数羽状复叶长 12.5 ~ 19.7 cm；叶柄长 2.5 ~ 3.7 cm；叶轴在最上部一对小叶处延长 0.7 ~ 2.8 cm 生顶小叶；小叶通常 5 ~ 7 枚，革质或薄革质，卵形或椭圆状披针形，长 2.7 ~ 9.5 cm，宽 1.4 ~ 3.6 cm，基部圆，先端渐尖、钝或微凹，侧脉 9 ~ 10 对；小叶柄长 3 ~ 6 mm。圆锥花序顶生或腋生，长 9 ~ 12 cm。花长约 1 cm，具短梗；花萼钟形，5 齿裂达中部；花冠白色或粉红色，旗瓣近圆形，长、宽约 8 mm，翼瓣、龙骨瓣长圆形；雄蕊 10 枚，均发育，其中 3 ~ 4 枚较长，其余较短，内弯；子房无毛，含胚珠 5 粒。荚果椭球状或长球状，长 3.5 ~ 5 cm，宽 1.7 ~ 2 cm，扁，两端急尖；果瓣黑色，木质，内壁有横隔膜。种子 1 ~ 4 枚，扁球形或长球形，长约 1.1 cm，宽 8 ~ 9 mm，种皮鲜红色，有光泽。

▶**花　果　期**　花期 6 月，果期 7—10 月。

▶**分　　　布**　广东、广西、海南、湖南、江西。

▶**生　　　境**　生于海拔 200 ~ 900 m 的山坡或山谷林中。

▶**用　　　途**　作木材。

▶**致危因素**　生境受干扰、人为采伐、天然种群较少。

河口红豆

Ormosia hekouensis R.H. Chang

（豆科 Fabaceae）

国家重点保护级别	CITES 附录	IUCN 红色名录
二级		极危（CR）

▶**形态特征** 乔木，高 15～20 m。小枝有深褐色短柔毛，老时则逐渐脱落而无毛。奇数羽状复叶长 26～41 cm；叶柄长 3～5 cm；小叶 9 或 11 枚，倒卵状披针形或长圆形，长 6.5～18 cm，宽 2.7～6.4 cm，基部窄楔形，先端尖，中脉上面凹陷，侧脉 9 或 10 对，细而隆起，下面叶脉均隆起；小叶柄长 3～5 mm，无毛或稀具短柔毛。圆锥花序顶生，总花梗密被灰褐色柔毛。荚果大，果瓣肥厚，木质，近球形或长椭球形，长 4.5～9 cm，宽约 4 cm，喙长 6～8 mm，无果颈，果瓣厚 6～10 mm，外面灰褐色，内壁白色，种子间具膜质横隔，种子脱落后在着生处微染成淡红色。种子 1～3 枚，大，椭球形，长 2.5～3 cm，宽 1.7～2 cm，种皮鲜红色，质脆。

▶**花 果 期** 花未见，果期 11—12 月。

▶**分 布** 云南（河口、勐腊）。

▶**生 境** 生于海拔 200～700 m 的湿润的疏林中或河边。

▶**用 途** 作木材。

▶**致危因素** 天然种群数量极少。

恒春红豆

（豆科　Fabaceae）

Ormosia hengchuniana T.C. Huang, S.F. Huang & K.C. Yang

国家重点保护级别	CITES 附录	IUCN 红色名录
二级		无危（LC）

▶**形态特征**　常绿乔木，高约 8 m。小枝被金黄色柔毛。奇数羽状复叶长 7 ~ 10 cm；叶柄长 3.8 ~ 4.5 cm；叶轴在最上部一对小叶处延长 0.2 ~ 0.4 cm 或不延长生顶小叶；小叶 5 ~ 9 枚，长圆状披针形或长圆形，长 1.5 ~ 12 cm，宽 0.8 ~ 5 cm，薄革质，基部楔形至圆形，稀稍心形，先端锐尖或钝，稍凹，全缘或微呈波状，侧脉 7 ~ 12 对。总状花序顶生，稀腋生，长 8 ~ 10 cm，被金黄色柔毛。花长约 1 cm；花萼钟形，疏被锈褐色柔毛，萼齿宽三角形，长约 1 mm，萼筒长约 2 mm；花冠红紫色，旗瓣长圆状圆形或倒心形，长 0.9 ~ 1 cm，顶端深裂，翼瓣狭倒卵形，不对称，龙骨瓣狭倒卵形，不对称；雄蕊 10 枚，不等长，花丝长 0.7 ~ 1.2 cm；子房无毛，含胚珠 1 ~ 4 粒。荚果长球状，长 2 ~ 2.5 cm，稍扁，两端锐尖；果瓣木质，无毛，内壁具横隔膜。种子 1 ~ 3 枚，淡红色，球形带棱，直径约 1 cm，稍有光泽。

▶**花 果 期**　花期 5 月，果期 10 月。

▶**分　　布**　台湾南部。

▶**生　　境**　生于海拔 200 ~ 500 m 的林缘或溪边。

▶**用　　途**　作木材。

▶**致危因素**　天然分布区较小。

花榈木

（豆科　Fabaceae）

Ormosia henryi Prain

国家重点保护级别	CITES 附录	IUCN 红色名录
二级		易危（VU）

▶**形态特征**　常绿乔木，高 7～16 m，胸径 10～40 cm。树皮灰绿色，平滑，有浅裂纹。小枝、叶轴、花序密被茸毛。奇数羽状复叶长 13～35 cm；小叶通常 5 或 7 枚，革质，椭圆形或长圆状椭圆形，长 4.3～17 cm，宽 2.3～6.8 cm，基部圆或宽楔形，先端钝或短尖，叶缘微反卷。圆锥花序顶生或总状花序腋生，长 11～17 cm，密被淡褐色茸毛。花长约 2 cm；花梗长 7～12 mm；花萼钟形，5 裂至 2/3 处，内外均密被褐色茸毛；花冠中央淡绿色，边缘绿色微带淡紫，旗瓣近圆形，基部具胼胝体，半圆形，翼瓣倒卵状长圆形，淡紫绿色，龙骨瓣倒卵状长圆形；雄蕊 10 枚，分离，不等长，花丝淡绿色，花药淡灰紫色；子房扁，沿缝线密被淡褐色长毛，含胚珠 9～10 粒。荚果扁平，长球状，顶端有喙；果瓣革质，紫褐色，内壁有横隔膜。种子 4～8 枚，稀 1～2 枚，椭球形或卵形，种皮鲜红色，有光泽。

▶**花 果 期**　花期 7—8 月，果期 8—11 月。

▶**分　　布**　安徽、广东、广西、贵州、湖北、湖南、江西、四川、云南、浙江；越南、泰国。

▶**生　　境**　生于海拔 100～1300 m 的山坡或溪边。

▶**用　　途**　药用、作木材、用于园林绿化。

▶**致危因素**　人为砍伐、生境破坏。

红豆树

（豆科 Fabaceae）

Ormosia hosiei Hemsl. & E.H. Wilson

国家重点保护级别	CITES 附录	IUCN 红色名录
二级		濒危（EN）

▶**形态特征**　常绿或落叶乔木，高达 20～30 m，胸径可达 1 m。树皮灰绿色，平滑。小枝绿色，幼时有黄褐色细毛，后变光滑。奇数羽状复叶长 12.5～23 cm；叶柄长 2～4 cm；小叶通常 5 枚，薄革质，卵形或卵状椭圆形，稀近圆形，长 3～10.5 cm，宽 1.5～5 cm，基部圆形或阔楔形，先端急尖或渐尖；小叶柄长 2～6 mm，圆形。圆锥花序顶生或腋生，长 15～20 cm，下垂。花少，有香气；花梗长 1.5～2 cm；花萼宽钟形，浅裂，萼齿三角形，紫绿色；花冠白色或淡紫色，旗瓣倒卵形，长 1.8～2 cm，翼瓣与龙骨瓣均为长椭球形；雄蕊 10 枚，不等长，花药黄色；子房光滑，含胚珠 5～6 粒，花柱紫色，弯曲，柱头斜生。荚果近球形，扁平，长 3.3～4.8 cm，宽 2.3～3.5 cm；果瓣近革质，内壁无隔膜。种子 1～2 枚，近球形或椭球形，长 1.5～1.8 cm，宽 1.2～1.5 cm，种皮红色。

▶**花 果 期**　花期 4—5 月，果期 8—11 月。

▶**分　　布**　安徽、重庆、福建、甘肃、贵州、湖北、江苏、江西、陕西、四川、浙江。

▶**生　　境**　生于海拔 200～1200 m 的山坡、河谷林中或路旁。

▶**用　　途**　药用、作木材、用于园林绿化。

▶**致危因素**　自然更新能力差、采伐现象严重。

缘毛红豆

（豆科 Fabaceae）

Ormosia howii Merr. & Chun ex H.Y. Chen

国家重点保护级别	CITES 附录	IUCN 红色名录
二级		易危（VU）

▶**形态特征** 常绿乔木，高 9～10 m。树皮灰褐色。枝密被灰褐色短柔毛。奇数羽状复叶长 14.5～36 cm；叶柄长 4.2～5 cm；小叶 5 或 7 枚，厚革质，长椭圆状倒卵形或长椭圆形，长 6～17 cm，宽 2～6.5 cm，基部楔形或近圆形，先端短尖，钝头或微凹，侧脉约 12 对，稀达 17 对，细脉上面凹陷，下面隆起；小叶柄长 7～10 mm，上面微有凹槽。圆锥花序顶生，果序长达 15 cm，密被褐色柔毛。荚果斜椭球状卵形或卵状菱形，稍扁，长 2～2.5 cm，宽 1.5～2 cm；果瓣厚革质，淡褐色，幼果果瓣及边缘均被褐色毛，成熟时秃净或在边缘疏被淡褐色长毛；花萼宿存，密被锈褐色毛。种子 1～2 枚，近球形、略扁或三棱形，一面平，长、宽均 8～9 mm，种皮暗红色，有光泽。

▶**花 果 期** 花未见，果期 6—10 月。

▶**分 布** 海南。

▶**生 境** 生于海拔 100～900 m 的花岗岩山地山坡林中。

▶**用 途** 观赏、药用、作木材。

▶**致危因素** 天然种群数量极少、自然更新困难。

邓晶发 绘

韧荚红豆

（豆科　Fabaceae）

Ormosia indurata H.Y. Chen

国家重点保护级别	CITES 附录	IUCN 红色名录
二级		近危（NT）

▶**形态特征**　常绿乔木，高 4～9 m。老枝暗紫褐色或淡黄褐色，无毛，叶痕隆起，皮孔凸起。奇数羽状复叶长 8～15.5 cm；叶柄长 1.7～2.5 cm；小叶 5～9 枚，对生，革质，倒披针形或椭圆形，长 2.5～6 cm，宽 0.7～2 cm，基部楔形，先端钝，微凹，边缘稍反卷，侧脉 4～6 对，纤细，上面不明显，下面细脉微凸起；小叶柄长 3～5 mm，纤细，上面有凹槽。圆锥花序顶生，未开花时长约 5 cm，花蕾倒卵形，花序及花蕾贴生锈色绢状短毛。荚果倒卵状或长圆状，长 3～4.5 cm，宽 2～2.5 cm；果瓣厚木质，略肿胀，内有横隔膜；花萼宿存，密被灰褐色短毛。种子 1～2 枚，椭球形，微压扁，长约 1 cm，宽约 0.7 cm，种皮坚硬，红褐色，有光泽。

▶**花 果 期**　花未见，果期 9—11 月。

▶**分　　布**　福建（华安）、广东（罗浮山）。

▶**生　　境**　生于海拔 150～1000 m 林中、水沟旁。

▶**用　　途**　作木材。

▶**致危因素**　天然种群数量极少。

胀荚红豆

（豆科　Fabaceae）

Ormosia inflata Merr. & Chun ex H.Y. Chen

国家重点保护级别	CITES 附录	IUCN 红色名录
二级		易危（VU）

▶**形态特征**　常绿乔木，高 6～10 m，胸径达 30 cm。树皮褐色。枝、叶轴及花序密被锈褐色柔毛。奇数羽状复叶长 10.5～19.5 cm；叶柄长 1.5～2.1 cm；叶轴在最上部一对小叶处不延长；小叶 5 或 7 枚，长圆状披针形或长圆形，长 5～11 cm，宽 1.5～3.5 cm，基部窄楔形，先端尾尖，侧脉 10～15 对，上面不明显，下面弧曲；小叶柄长 2～5 mm。圆锥花序顶生，长 12～15 cm。花密集，长 1～1.2 cm；花梗短；萼齿 5 枚，卵形，外面密被褐色茸毛；花冠白色，旗瓣近圆形，长 7～8 mm，翼瓣与龙骨瓣长圆形，长约 8 mm；子房密被长柔毛，含胚珠 2～3 粒。荚果卵状或椭球状，褐色，肥厚，肿胀，长 3～5 cm，宽 2～2.5 cm；果瓣厚革质，外面密被褐色茸毛，里面光滑，无隔膜。种子 1～2 枚，近椭球形或近球形，稍扁，长约 1.5 cm，宽约 1.7 cm，种皮栗褐色，有光泽。

▶**花 果 期**　花期 5—6 月，果期 10—11 月。

▶**分　　布**　海南。

▶**生　　境**　生于海拔 300～1100 m 的溪边林中。

▶**用　　途**　作木材。

▶**致危因素**　天然种群极小、生境受干扰。

纤柄红豆

（豆科 Fabaceae）

Ormosia longipes H.Y. Chen

国家重点保护级别	CITES 附录	IUCN 红色名录
二级		极危（CR）

▶**形态特征** 乔木，高 4 ~ 30 m，胸径可达 50 cm。小枝褐色，光滑或疏被柔毛。奇数羽状复叶长 25 ~ 49 cm；叶柄长 6.5 ~ 7.5 cm；叶轴在最上部一对小叶处延长 3 ~ 17 mm 生顶小叶；小叶 7 或 9 枚，纸质，狭长圆形或阔长圆状披针形，长 12 ~ 24 cm，宽 2.5 ~ 6.2 cm，基部楔形，先端尾尖，侧脉 8 ~ 10 对；小叶柄长 5 ~ 8 mm，粗而皱。圆锥花序顶生，长达 26 cm，下部有几个分枝。花疏生；花梗长 5 ~ 6 mm；花萼长约 12 mm，萼齿长圆形，长约 7 mm，内外均被灰色短毛；花冠赤褐色，旗瓣近圆形，长约 1 cm，翼瓣倒卵状椭圆形，长约 1 cm，龙骨瓣椭圆形，长约 9 mm；雄蕊 10 枚，不等长；子房被淡黄色毛，后渐脱落。荚果椭球状或长圆状椭球形，长 3.5 ~ 4 cm，宽约 2.5 cm；果瓣革质，厚约 1 mm，内壁无隔膜。种子 1 ~ 3 枚，椭球形或卵形，长 2 ~ 2.3 cm，宽 1.7 ~ 2.3 cm，种皮褐色，易碎。

▶**花 果 期** 花期 7 月，果期 9—11 月。

▶**分　　布** 云南。

▶**生　　境** 生于海拔 1000 ~ 1600 m 的山谷或溪边。

▶**用　　途** 作木材。

▶**致危因素** 天然种群数量极少。

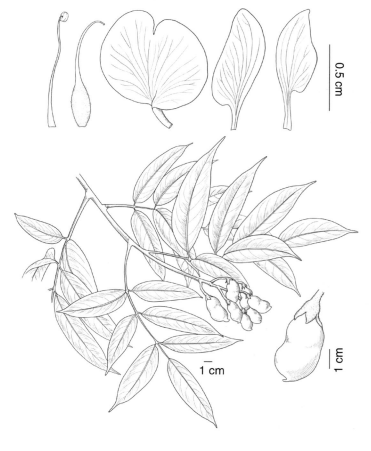

0.5 cm

1 cm

1 cm

李爱莉　绘

云开红豆

Ormosia merrilliana H.Y. Chen

国家重点保护级别	CITES 附录	IUCN 红色名录
二级		无危（LC）

▶**形态特征**　常绿乔木，高 8 ~ 20 m。树皮灰褐色，有较浅的纵裂纹，全体被黄褐色茸毛。奇数羽状复叶长 20 ~ 25 cm，密被黄褐色茸毛；叶柄长 4 ~ 5 cm，叶轴在最上部一对小叶处不延长；小叶 5 ~ 9 枚，革质，椭圆状倒披针形至倒披针形，长 5 ~ 12 cm，宽 3 ~ 7 cm，基部楔形，先端短急尖，侧脉 12 ~ 15 对，两面凸起；小叶柄粗，长 2 ~ 5 mm。圆锥花序顶生，长 17 ~ 30 cm。花梗长 2 ~ 5 mm；萼齿三角形，密被锈褐色柔毛；花冠白色，旗瓣阔圆形，长约 1.2 cm，翼瓣阔椭圆形，长约 9 mm，龙骨瓣长约 7 mm；雄蕊 10 枚，近等长；子房阔卵形，含胚珠 1 粒。荚果阔卵状或倒卵状，肿胀，长 3.5 ~ 4.5 cm，宽 2.5 ~ 3.5 cm；果瓣外面密被茸毛，内壁无隔膜。种子 1 枚，近球形或阔倒卵形，微扁，长 1.5 ~ 2.4 cm，宽 1 ~ 2.1 cm，暗栗色或黑色，有光泽。

▶**花　果　期**　花期 6—7 月，果期 8—10 月。

▶**分　　布**　广东、广西、云南。

▶**生　　境**　生于海拔 100 ~ 1200 m 的山坡、山谷或林缘。

▶**用　　途**　作木材。

▶**致危因素**　分布区小、生境受干扰。

小叶红豆

（豆科　Fabaceae）

Ormosia microphylla Merr.

国家重点保护级别	CITES 附录	IUCN 红色名录
二级		近危（NT）

▶**形态特征**　灌木或乔木，高 3～15 m。树皮灰褐色，不裂。老枝圆柱形，紫褐色，近光滑，小枝密被浅褐色短柔毛。奇数羽状复叶长 12～16 cm，近对生，叶柄长 2.2～3.2 cm，叶轴在最上部一对小叶处延长 5～7 mm 生顶小叶；小叶 11～17 枚，纸质，椭圆形，长 1.5～4 cm，宽 1～1.5 cm，基部圆，先端急尖，上面榄绿色，无毛或疏被柔毛，下面苍白色，被贴生短柔毛，中脉具黄色密毛，侧脉 5～7 对，纤细，下面隆起，细脉网状；小叶柄长 1.5～2 mm，密被黄褐色柔毛。花序顶生。荚果有梗，近菱状或矩圆状，长 5～6 cm，宽 2～3 cm，压扁；果瓣厚革质或木质，深褐色或黑色，有光泽，内壁有横隔膜。种子 3～4 枚，长约 2.2 cm，宽 6～8 mm，种皮红色，坚硬，微有光泽。

▶**花 果 期**　花未见，果期 6—11 月。

▶**分　　布**　福建、广东、广西、贵州。

▶**生　　境**　生于海拔 300～1000 m 林中、山谷、山坡或水边。

▶**用　　途**　药用、作木材。

▶**致危因素**　生境破坏、人为采伐、天然种群数量少、自然更新困难。

南宁红豆

Ormosia nanningensis H.Y. Chen

（豆科　Fabaceae）

国家重点保护级别	CITES 附录	IUCN 红色名录
二级		

▶**形态特征**　常绿乔木，高 8～18 m。小枝被灰褐色短毛。奇数羽状复叶长 13～28 cm；小叶 5 枚，薄革质，长圆形或长圆状披针形，长 6～15 cm，宽 1.5～4 cm，基部楔形或微圆，先端渐尖，有小尖头，稀微凹，上面绿色，光滑，下面色淡，幼叶密被灰色贴伏柔毛，老则脱落，侧脉 9～11 对，纤细，两面微隆起；小叶柄长 7～10 mm，纤细，叶轴、小叶柄均密被灰色短毛。荚果近球形或椭球状，稍膨胀，深褐色，长 2.4～4 cm，宽 2～2.8 cm，先端有急尖的喙；果瓣外面密被褐灰色短柔毛，内壁无隔膜；花萼宿存，密被灰色短毛。种子 1～2 枚，近球形，微扁，长 9～13 mm，宽 8～11 mm，种皮坚硬，鲜红色。

▶**花 果 期**　花未见，果期 10—11 月。

▶**分　　布**　广西（十万大山）。

▶**生　　境**　生于海拔 100～700 m 的山坡或山谷林中。

▶**用　　途**　作木材。

▶**致危因素**　天然种群数量极少，自然更新困难。

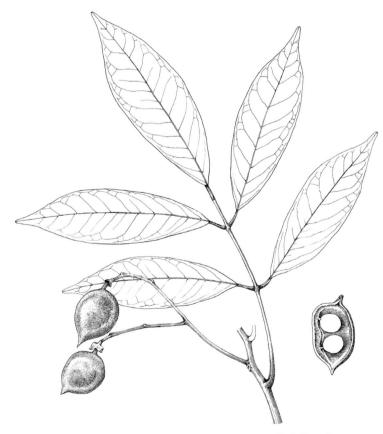

引自《中国植物志》，40卷，图1 8-9，葛克俭　绘

那坡红豆

（豆科　Fabaceae）

Ormosia napoensis Z. Wei & R.H. Chang

国家重点保护级别	CITES 附录	IUCN 红色名录
二级		

▶**形态特征**　小乔木，高 8~10 m，胸径达 25 cm。小枝被锈褐色短毛，后渐脱落，仅上部有毛。奇数羽状复叶长 8.3~19 cm；叶柄长 1.5~4.8 cm；叶轴在最上部一对小叶处延长 0.5~1.5 cm 生顶小叶；小叶 3 或 5 枚，长椭圆形，顶生小叶较大，下部渐小，顶生小叶长 6~13.2 cm，宽 1.5~4 cm，基部圆形或楔形，先端渐尖呈尾尖，小叶柄长约 2 mm，叶柄、小叶柄、叶两面无毛或近无毛。圆锥花序顶生。果序长 11~12 cm。荚果扁，近球形或椭球状，长 2.8~4.5 cm，宽 2.4~2.8 cm；果瓣木质，成熟时开裂，向外反卷，外面淡黄色，内壁粗糙，黄褐色。种子 1 枚，椭球形，长 1.4~1.8 cm，宽 1~1.2 cm，种皮鲜红色，稍带黏质，微硬但脆。

▶**花 果 期**　花未见，果期 12 月。

▶**分　　布**　广西（那坡）。

▶**生　　境**　生于海拔 500~900 m 的山坡林中或山顶。

▶**用　　途**　作木材。

▶**致危因素**　天然种群极小。

引自《中国植物志》，40卷，图4 1–3，葛克俭　绘

秃叶红豆

（豆科　Fabaceae）

Ormosia nuda (F.C. How) R.H. Chang & Q.W. Yao

国家重点保护级别	CITES 附录	IUCN 红色名录
二级		无危（LC）

▶**形态特征**　常绿乔木，高 7 ~ 30 m，胸径达 50 cm。树皮灰色或灰褐色。奇数羽状复叶长 11.5 ~ 25 cm；叶柄长 2 ~ 4.5 cm；叶轴在最上部一对小叶处不延长或延长 1.4 ~ 2.5 cm 生顶小叶，叶柄、叶轴疏被细毛或秃净；小叶 5 或 7 枚，革质，椭圆形，长 5 ~ 9.5 cm，宽 2 ~ 3.5 cm，基部楔形或微圆，先端渐尖或尾尖，侧脉 7 ~ 8 对，不明显；小叶柄长约 5 mm，圆形，疏被短毛。圆锥花序或总状花序腋生或顶生。花萼钟形，5 裂至近中部，密被褐色茸毛；花冠白色或淡粉色。荚果长球状或椭球状，长 4.3 ~ 6.6 cm，宽 2.6 ~ 3 cm；果瓣厚木质，厚 3 ~ 7 mm，黑色，外被淡黄褐色短刚毛，尤以顶端及基部最密，内有横隔膜。种子 1 ~ 5 枚，椭球形，长 8 ~ 10 mm，宽 5 ~ 7 mm，种皮暗红色。

▶**花　果　期**　花期 7—8 月，果期 10—11 月。

▶**分　　　布**　广东、贵州、湖北、云南。

▶**生　　　境**　生于海拔 500 ~ 2000 m 的山谷、林中。

▶**用　　　途**　作木材。

▶**致危因素**　生境破坏、人为砍伐。

榄绿红豆

（豆科　Fabaceae）

Ormosia olivacea H.Y. Chen

国家重点保护级别	CITES 附录	IUCN 红色名录
二级		近危（NT）

▶**形态特征**　乔木，高 8～25 m，胸径可达 1 m。小枝密被褐色柔毛。奇数羽状复叶长 17～38 cm；叶柄长 3～6 cm；叶轴在最上部一对小叶延长 7 mm 生顶小叶；小叶通常 15～17 枚，在叶轴下部的近对生，上部的对生，厚纸质，披针形、长圆状披针形或卵形，长 3.4～10.5 cm，宽 1.6～2.7 cm，基部圆，先端渐尖，侧脉 5～8 对，直伸不弧曲；小叶柄长 2～4 mm。总状花序或圆锥花序顶生，或总状花序腋生，密被褐色柔毛或近无毛。荚果椭球形或倒卵状披针形，扁，长 5.2～8.9 cm，宽 2.5～4 cm；果瓣内有木质横隔膜；宿存萼密被锈褐色柔毛。种子通常 2～4 枚，倒卵形或近肾形，长宽各约 10 mm，微扁，种皮鲜红色，坚硬，有光泽。

▶**花 果 期**　花期 4 月，果期 11—12 月。

▶**分　　布**　广西北部、云南南部。

▶**生　　境**　生于海拔 700～2100 m 的林缘或山坡。

▶**用　　途**　作木材。

▶**致危因素**　生境受干扰、天然种群数量少。

茸荚红豆

Ormosia pachycarpa Champ. ex Benth.

（豆科　Fabaceae）

国家重点保护级别	CITES 附录	IUCN 红色名录
二级		易危（VU）

▶**形态特征**　常绿乔木，高 8 ~ 20 m，胸径达 20 cm；树皮灰绿色。小枝、叶柄、叶下面、花序、花萼和荚果密被灰白色棉毛状毡毛，后变为灰色。奇数羽状复叶长 18 ~ 30 cm；叶柄长 3 ~ 6.2 cm；小叶 5 ~ 9 枚，革质，倒卵状长圆形，长 6.7 ~ 11.7 cm，宽 2.5 ~ 4.7 cm，基部楔形，略圆，先端急尖并具短尖头，侧脉 12 ~ 22 对；小叶柄长 4 ~ 9 mm。圆锥花序顶生，长达 20 cm。花近无柄；萼齿5 枚，外面被棉毛，里面疏被毛；花冠白色，旗瓣近圆形，长约 8 mm，翼瓣长圆形，长约 10 mm，瓣柄细，龙骨瓣镰状，近等长于翼瓣，基部一侧耳形；雄蕊 10 枚，近等长；子房密被毛，含胚珠3 粒。荚果椭球状或近球形，长 2.5 ~ 5 cm，宽 2.5 ~ 3 cm，肿胀，两端钝圆；果瓣厚约 2 mm，无隔膜。种子 1 ~ 2 枚，近菱状或球形，肥厚，基部不对称心形，长 1.8 ~ 2.5 cm，宽约 1.4 cm，种皮褐红色，有光泽。

▶**花　果　期**　花期 6—7 月，果期 6—11 月。

▶**分　　　布**　广东、广西。

▶**生　　　境**　生于近海平面至海拔 700 m 的山坡、山谷、溪边、林中。

▶**用　　　途**　作木材。

▶**致危因素**　生境受干扰、分布区狭窄、天然种群数量少。

▶**备　　　注**　薄毛茸荚红豆 *Ormosia pachycarpa* var. *tenuis* Chun ex R.H. Chang，小叶侧脉 18 ~ 22 对，弧曲，在叶缘网结，上面平坦，下面明显隆起，被弯曲褐色疏毛，全株无灰白色棉毛。

菱荚红豆

（豆科 Fabaceae）

Ormosia pachyptera H.Y. Chen

国家重点保护级别	CITES 附录	IUCN 红色名录
二级		濒危（EN）

▶**形态特征** 乔木，高约 8 m，胸径达 18 cm。树皮青灰色，光滑不裂。小枝无毛，叶脱落后叶痕隆起，叶痕圆形。奇数羽状复叶聚生枝梢，长 25 ~ 28.5 cm；叶柄长 5.8 ~ 6.4 cm；叶轴在最上部一对小叶处延长 2 ~ 5 mm 生顶小叶；小叶 15 ~ 19 枚，革质，长圆状倒披针形或长圆形，通常中部以上最宽，长 3.7 ~ 8.6 cm，宽 1.3 ~ 2.4 cm，基部楔形，先端尾尖，侧脉 6 ~ 7 对；小叶柄长 4 ~ 6 mm。圆锥状果序腋生，长 15 ~ 18 cm。荚果菱状至倒卵状，压扁，长 4 ~ 6.5 cm，宽 3.7 ~ 5.2 cm，基部宽圆形，先端尖；果瓣黑色，薄木质，外面密被淡灰色极短毛，腹背缝边缘内面有宽翅，翅宽 1 ~ 1.6 cm，内壁有隔膜。种子 1 ~ 2 枚，横椭球形，微扁，长 1.3 ~ 1.5 cm，宽 7 ~ 12 mm，种皮红色。

▶**花 果 期** 花期未见，果期 10 月。

▶**分 布** 广西西南部。

▶**生 境** 生于海拔 450 ~ 1000 m 的山坡疏林。

▶**用 途** 作木材。

▶**致危因素** 生境受干扰、天然种群极小。

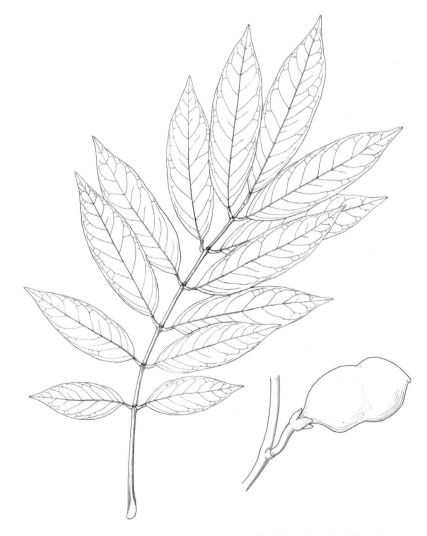

引自《中国植物志》，40卷，图12 1-2，葛克俭 绘，李爱莉 修订

屏边红豆

（豆科　Fabaceae）

Ormosia pingbianensis M. Cheng & R.H. Chang

国家重点保护级别	CITES 附录	IUCN 红色名录
二级		

▶**形态特征**　常绿乔木，高 12 ~ 20 m。一年生小枝被黄褐色伏贴细毛，老枝光滑，色暗。奇数羽状复叶长 15 ~ 17 cm，互生或稀近对生；叶柄长 2.5 ~ 3.5 cm；叶轴在最上部一对小叶处延长 1.4 ~ 2 cm 生顶小叶；小叶 5 或 7 枚，薄革质，长圆形，长 5.2 ~ 8.5 cm，宽 1.7 ~ 2.6 cm，基部楔形，稀微圆，先端渐尖或长渐尖，两面无毛，下面色淡，中脉上面微凹；小叶柄长约 3 mm，无毛，上面有凹沟。果序轴有淡褐色短柔毛。荚果长球状、椭球状倒卵形或长卵状，长 3.2 ~ 4.4 cm，宽 1.8 ~ 2 cm，基部圆或楔形，先端钝，有短尖，不成喙状；花萼宿存，密被黄褐色柔毛；果瓣薄革质，厚不足 1 mm，干时黑褐色，无毛，内壁无隔膜。种子 1 ~ 3 枚，近球形，稍扁，长约 1 cm，宽约 9 mm，种皮红色至紫红色。

▶**花 果 期**　花未见，果期 11—12 月。

▶**分　　布**　广西（宁明）、云南（屏边、金平）。

▶**生　　境**　生于海拔 900 ~ 1350 m 的山坡、山谷。

▶**用　　途**　作木材。

▶**致危因素**　天然种群数量极少。

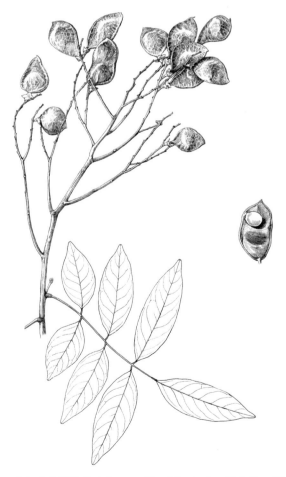

引自《中国植物志》，40卷，图7 1-2，葛克俭　绘

海南红豆

（豆科　Fabaceae）

Ormosia pinnata (Lour.) Merr.

国家重点保护级别	CITES 附录	IUCN 红色名录
二级		无危（LC）

▶**形态特征**　常绿乔木或灌木，高 3～20 m，稀达 25 m，胸径达 30 cm。树皮灰色或灰黑色；木质部有黏液。奇数羽状复叶长 16～22.5 cm；叶柄长 2～6.5 cm；叶轴在最上部一对小叶处延长 0.2～2.6 cm 生顶小叶；小叶 7 或 9 枚，薄革质，披针形或倒披针形，长 12～15 cm，宽 4～5 cm，先端钝或渐尖，两面均无毛，侧脉 5～7 对；小叶柄长 3～6 mm。圆锥花序顶生。花萼钟状，比花梗长，萼齿阔三角形；花冠粉红色带黄白色，各瓣均具柄，旗瓣瓣片基部有角质耳 2 枚，翼瓣匙状倒卵形，龙骨瓣宽匙状倒卵形；子房密被褐色短柔毛，含胚珠 4 粒。荚果含 1 枚种子时，其基部有明显的果颈，呈镰状，含数枚种子时，则肿胀而微弯曲，种子间缢缩；果瓣厚木质，成熟时橙红色。种子 1～4 枚，椭球形，种皮红色。

▶**花 果 期**　花期 7—8 月，果期 8—10 月。

▶**分　　布**　广东、广西、海南；泰国、越南。

▶**生　　境**　生于近海平面至海拔 1400 m 的山坡、山谷、路边。

▶**用　　途**　观赏、作木材。

▶**致危因素**　人为干扰、破坏生境。

柔毛红豆

（豆科　Fabaceae）

Ormosia pubescens R.H. Chang

国家重点保护级别	CITES 附录	IUCN 红色名录
二级		

▶**形态特征**　常绿乔木，高约 20 m，胸径达 40 cm。小枝有褐色短柔毛。奇数羽状复叶长 12 ~ 16 cm；叶柄长 1.5 ~ 4 cm；叶轴在最上部一对小叶处延长 1.2 ~ 1.5 cm 生顶小叶；小叶 5 枚，椭圆形或长圆形，长 4.5 ~ 11 cm，基部楔形，先端具急尖的短尖头；小叶柄长约 6 mm。圆锥花序顶生，长约 8 cm，下部分枝有总状花序生于叶腋；总花梗及花梗密被褐色短毛。花梗细长，长约 5 mm；花萼 5 浅裂，萼齿三角形；旗瓣扇形，长约 7.5 mm，翼瓣椭圆形，长约 9 mm，龙骨瓣长圆形，长约 8 mm；雄蕊 10 枚，长 5 ~ 10 mm，不等长；子房密被黄褐色毛。荚果菱状或椭球状，肿胀，长 3.3 ~ 5.6 cm，宽约 2.7 cm；果瓣木质，外面密被黄褐色短毛，内壁有隔膜。种子 1 ~ 4 枚，长椭球形，长约 1.4 cm，宽约 8 mm，种皮红色。

▶**花 果 期**　花期 5 月，果期 9—11 月。

▶**分　　布**　广西（东兴、那坡、上思）。

▶**生　　境**　生于海拔 1200 ~ 2100 m 的山坡、沟谷。

▶**用　　途**　作木材。

▶**致危因素**　天然种群数量极少、自然更新困难。

引自《中国植物志》，40卷，图14 1-2，葛克俭　绘

紫花红豆

Ormosia purpureiflora H.Y. Chen

国家重点保护级别	CITES 附录	IUCN 红色名录
二级		濒危（EN）

▶**形态特征**　灌木或小乔木，高 2 ~ 3 m。树皮平滑。奇数羽状复叶长 21 ~ 31 cm；叶柄长 3.3 ~ 9 cm；叶轴在最上部一对小叶处延长 6 ~ 10 mm 生顶小叶；小叶 11 或 13 枚，革质，卵状椭圆形或长圆状披针形，长 6 ~ 12 cm，宽 1.5 ~ 2.5 cm，最宽处在中部以下，基部圆形，先端钝尖，干时上面橄绿色，平滑无毛，下面苍白色，微有灰色极短毛，侧脉 5 ~ 8 对，向上微弯；小叶柄长 2 ~ 5 mm，有皱褶。圆锥花序顶生，长 12 ~ 20 cm，被紧贴灰色短柔毛。花较多，花梗长 5 ~ 6 mm；萼齿长圆状卵形，较萼筒稍长；花冠紫色，旗瓣阔卵形，宽约 1.5 cm，基部最宽，翼瓣基部具 2 耳，龙骨瓣外侧边缘有微柔毛；雄蕊 10 枚，不等长，分离；子房卵形，无毛，含胚珠 6 粒。荚果椭球状或长球状，长 3.5 ~ 7.2 cm，宽 2 ~ 2.3 cm；果瓣薄革质，无毛，内壁有海绵质横隔。种子 2 ~ 6 枚，椭球形，长约 1.1 cm，宽约 7 mm，种皮红色。

▶**花 果 期**　花期 6 月，果期 9 月。

▶**分　　布**　广东（龙门、罗定）。

▶**生　　境**　生于海拔约 700 m 的林中。

▶**用　　途**　观赏。

▶**致危因素**　天然种群极小。

引自《中国主要植物图说》，豆科图104，扫描图，李爱莉　修复

岩生红豆

（豆科　Fabaceae）

Ormosia saxatilis K.M. Lan

国家重点保护级别	CITES 附录	IUCN 红色名录
二级		极危（CR）

▶**形态特征**　常绿乔木，树干端直，高 6 ~ 15 m，胸径可达 44 cm。树皮灰绿色，幼时平滑，老则有圆形凸起皮孔或纵裂。小枝密被黄褐色茸毛。奇数羽状复叶长 14 ~ 23 cm，叶柄、叶轴密被黄褐色茸毛；小叶 17 ~ 23 枚，薄革质，长圆状披针形或卵状披针形，长 2.7 ~ 7 cm，宽 1.1 ~ 1.5 cm，基部圆形或宽楔形，先端渐尖，钝圆或微凹，上面微被毛或无毛，下面密被黄褐色茸毛，中脉上面凹陷，下面凸起，侧脉 5 ~ 7 对；小叶柄短，长约 2 mm。果序顶生或腋生。荚果长球状或菱状，扁，长 4 ~ 6 cm，宽 1.6 ~ 2.3 cm，无毛；果瓣厚木质，成熟时黑色。种子 1 ~ 3 枚，近球形，长约 10 mm，种皮鲜红色。

▶**花 果 期**　花未见，果期 3—6 月。

▶**分　　布**　贵州。

▶**生　　境**　生于海拔 900 ~ 1500 m 的石灰岩山地林中。

▶**用　　途**　观赏、药用、作木材。

▶**致危因素**　野生种群数量少、自然更新能力差、人类活动干扰。

软荚红豆

（豆科　Fabaceae）

Ormosia semicastrata Hance

国家重点保护级别	CITES 附录	IUCN 红色名录
二级		无危（LC）

▶**形态特征**　常绿乔木，高达 12 m。树皮褐色，皮孔凸起并有不规则的裂纹。奇数羽状复叶长 18.5 ~ 24.5 cm；叶轴在最上部一对小叶处延长 1.2 ~ 2 cm 生顶小叶；小叶通常 3 ~ 9 枚，革质，卵状长圆形、椭圆形或披针形，长 4 ~ 14.2 cm，宽 1 ~ 5.7 cm，基部圆形或宽楔形，先端渐尖或急尖，有小尖头或微凹，侧脉 10 ~ 11 对。圆锥花序顶生或下部的分枝腋生，与叶近等长。花小，长约 7 mm；花萼钟状，长 4 ~ 5 mm，萼齿近相等；花冠白色，约为萼长 2 倍，旗瓣近圆形，连柄长约 4 mm，翼瓣线状倒披针形，连柄长约 4.5 mm，龙骨瓣长圆形，长约 4 mm；雄蕊 10 枚，5 枚发育，5 枚短小退化，交互着生于花盘边缘；子房背腹缝密被黄褐色短柔毛，含胚珠 2 粒。荚果小，近球形，稍肿胀，革质，长 1.5 ~ 2 cm。种子 1 枚，扁球形，长和宽约 9 mm，种皮鲜红色至红褐色。

▶**花 果 期**　花期 4—5 月，果期 8—9 月。

▶**分　　布**　福建、海南、湖南、广东、广西、贵州、江西。

▶**生　　境**　生于海拔 100 ~ 1700 m 的溪旁、山谷、林中。

▶**用　　途**　作木材、纤维、装饰及园林绿化用。

▶**致危因素**　人为砍伐、生境破坏。

亮毛红豆

（豆科　Fabaceae）

Ormosia sericeolucida H.Y. Chen

国家重点保护级别	CITES 附录	IUCN 红色名录
二级		濒危（EN）

▶**形态特征**　常绿乔木，高 14～24 m，胸径达 34 cm。树皮灰褐色，有较浅的纵裂纹。奇数羽状复叶长 16～21 cm；叶柄长 3.5～4 cm；叶轴在最上部一对小叶处延长 3～7 mm 生顶小叶；小叶 5 或 7 枚，革质，长圆状倒披针形、倒卵状长圆形或长圆形，长 5.5～11.6 cm，宽 2.3～4.8 cm，基部楔形，先端尖或急尖，有尖头，边缘微反卷，上面榄绿色，有光泽，侧脉 10～12 对；小叶柄长 8～10 mm，较粗。圆锥花序顶生，长约 20 cm，分枝多。萼齿 5 枚，不等大，宿存；花冠白色。荚果略扁，椭球状或倒卵状，偏斜，长 3～5 cm，宽 2.2～2.6 cm；果瓣革质，厚约 1 mm，密被黄褐色短柔毛，内壁无隔膜。种子 1～2 枚，偏斜，近菱状方形或倒卵形，扁，长 1.6～1.8 cm，宽 1.2～2 cm，幼嫩时种皮红褐色，成熟时栗褐色，有光泽。

▶**花 果 期**　花期 7—8 月，果期 10—11 月。

▶**分　　布**　广东、广西。

▶**生　　境**　生于海拔 300～2400 m 的山谷、林中。

▶**用　　途**　作木材。

▶**致危因素**　天然分布区狭窄、种群数量少。

引自《中国植物志》，40卷，图3 8-14，葛克俭　绘

单叶红豆

Ormosia simplicifolia Merr. & Chun

国家重点保护级别	CITES 附录	IUCN 红色名录
二级		无危（LC）

▶**形态特征**　灌木或小乔木，高 2 ~ 5 m。单叶，互生或有时在顶端近对生；无托叶；叶革质，长圆形或披针形，长 4.7 ~ 25 cm，宽 1.4 ~ 6 cm，基部楔形或微圆，先端长尾尖，上面无毛，下面疏被红褐色粗毛，侧脉 8 ~ 10 对，不明显；叶柄长 4 ~ 8 mm，有极短毛。花序顶生或生于上部叶腋内，呈疏松的圆锥花序或总状花序，长 6 ~ 10 cm，具灰褐色茸毛或近无毛。花长约 1.5 cm；花梗纤细，长 0.7 ~ 1 cm；花萼被贴伏黄灰色短毛，萼齿三角形，较萼筒略长；花冠玫瑰红，旗瓣阔卵形，长约 1.5 cm，翼瓣和龙骨瓣长圆形至倒披针形，长 1.2 ~ 1.4 cm；雄蕊 10 枚；子房无毛，含胚珠 4 粒。荚果扁，长球状或倒卵状，长 3 ~ 6 cm，宽 2 ~ 2.5 cm；果瓣近木质，厚约 2 mm，内壁无隔膜。种子 1 ~ 3 枚，椭球形，长约 1.5 cm，宽约 1.2 cm，种皮红色，有光泽。

▶**花 果 期**　花期 6—7 月，果期 9—10 月。

▶**分　　布**　海南、广西；越南。

▶**生　　境**　生于海拔 100 ~ 1300 m 的山谷林中。

▶**用　　途**　观赏。

▶**致危因素**　天然种群数量少、生境受干扰。

引自《中国植物志》，40卷，图9，葛克俭　绘

槽纹红豆

（豆科　Fabaceae）

Ormosia striata Dunn

国家重点保护级别	CITES 附录	IUCN 红色名录
二级		

▶**形态特征**　乔木，高 7～30 m，胸径 30～50 cm。小枝无毛；顶芽大，密被锈褐色柔毛。奇数羽状复叶长 17～35.5 cm；叶柄长 4.2～9.5 cm；叶轴在最上部一对小叶处延长 1.4～2.3 cm 生顶小叶；小叶通常 7～9 枚，薄革质，长圆形或卵状披针形，上部小叶较大，长 5～15 cm，宽 1.9～6 cm，基部钝圆，先端尾状长尖，两面无毛；小叶柄无毛。总状花序生于上部叶腋内，花序与叶等长或稍短。花长约 1 cm，生于花序上部的为 2 朵近对生，下部单生；花萼外面无毛，内面密被柔毛，萼齿阔三角形；花冠黄色，长于萼 3 倍，旗瓣有条纹；子房具柄，无毛，含胚珠 2～4 粒。荚果菱状卵形或椭球状，长 2.3～4.8 cm，宽 1.7～2.3 cm，顶端具偏斜的喙；果瓣厚革质，无毛，内具横隔膜。种子 1～2 枚，椭球形，长 1.1～1.8 cm，宽 7～12 mm，种皮红色。

▶**花 果 期**　花期夏季，果期 10—12 月。

▶**分　　布**　云南；缅甸、泰国。

▶**生　　境**　生于海拔 1000～1500 m 的河边或山坡林中。

▶**用　　途**　作木材。

▶**致危因素**　天然种群数量极少、生境受干扰。

木荚红豆

(豆科 Fabaceae)

Ormosia xylocarpa Chun ex Merr. & H.Y. Chen

国家重点保护级别	CITES 附录	IUCN 红色名录
二级		无危（LC）

▶**形态特征** 常绿乔木，高 8 ~ 20 m，胸径 40 ~ 150 cm。树皮灰色或棕褐色，平滑。奇数羽状复叶长 8 ~ 24.5 cm；叶柄长 3 ~ 5 cm；叶轴在最上部一对小叶处延长 0.8 ~ 2.5 cm 生顶小叶；小叶通常 5 或 7 枚，厚革质，长椭圆形或长椭圆状倒披针形，长 3 ~ 14 cm，宽 1.3 ~ 5.3 cm，基部楔形或宽楔形，先端钝圆或急尖，边缘微向下反卷；小叶柄长 4 ~ 12 mm。圆锥花序顶生，长 8 ~ 14 cm。花大，长 2 ~ 2.5 cm，有芳香；花梗长约 8 mm；花萼长约 10 mm，5 齿裂；花冠白色或粉红色，各瓣近等长；子房密被褐黄色短绢毛，含胚珠 7 ~ 9 粒。荚果倒卵状、长球状或菱状，长 5 ~ 7 cm，宽 2 ~ 4 cm，压扁，稍隆起；果瓣厚木质，腹缝边缘向外反卷，外面密被黄褐色短绢毛，内壁有横隔膜。种子 1 ~ 5 枚，扁椭球形或近球形，长 0.8 ~ 1.3 cm，宽 6 ~ 8 mm，种皮红色，有光泽。

▶**花 果 期** 花期 6—7 月，果期 9—11 月。

▶**分 布** 福建、广东、广西、贵州、海南、湖南、江西。

▶**生 境** 生于海拔 200 ~ 1600 m 的山坡、山谷、路旁、溪边或林中。

▶**用 途** 观赏、作木材。

▶**致危因素** 生境破坏、人为干扰、乱砍滥伐。

云南红豆

（豆科 Fabaceae）

Ormosia yunnanensis Prain

国家重点保护级别	CITES 附录	IUCN 红色名录
二级		极危（CR）

▶**形态特征** 常绿乔木，高 6 ~ 25 m，胸径达 80 cm。树皮灰色。小枝、芽密被锈褐色茸毛。奇数羽状复叶长 14 ~ 31 cm；叶柄长 3.3 ~ 5.5 cm；叶轴在最上部一对小叶处延长 6 ~ 15 mm 或不延长；小叶通常 9 ~ 13 枚，对生或稀在上部互生，革质，长圆形、长圆状披针形，长 4.7 ~ 13.4 cm，宽 1.5 ~ 3.8 cm，基部圆，先端急尖或渐尖，侧脉 7 ~ 9 对；小叶柄长 2 ~ 3 mm。圆锥花序顶生或腋生，密集，长 14 ~ 25 cm。花长 0.9 ~ 1.1 cm；花萼钟形，长约 8 mm，萼齿 5 枚，裂至中部，内外均密被锈褐色茸毛，外面尤密；花冠粉红色或橙红色；子房边缘被锈褐色柔毛。荚果含 1 枚种子时呈倒卵状，偏斜，含 2 ~ 3 枚种子时呈长圆状，长 2.5 ~ 6 cm，宽 1.8 ~ 2.5 cm；果瓣薄革质，种子间缢缩。种子卵形或扁球形，种皮鲜红色，有光泽。

▶**花 果 期** 花期 3 月，果期 10—11 月。

▶**分 布** 云南南部。

▶**生 境** 生于海拔 500 ~ 1700 m 的林中、山坡、山谷或山顶干燥处。

▶**用 途** 作木材。

▶**致危因素** 天然种群数量少、自然更新困难、生境受干扰。

四川冬麻豆

（豆科　Fabaceae）

Salweenia bouffordiana H. Sun, Z.M. Li & J.P. Yue

国家重点保护级别	CITES 附录	IUCN 红色名录
二级		濒危（EN）

▶**形态特征**　常绿灌木，高 0.5 ~ 2 m，密被茸毛。奇数羽状复叶，对生，长 0.8 ~ 2.5 cm；托叶三角形，长 1 ~ 2 mm，宿存；小叶通常 3 ~ 17 枚，近线形，长 1 ~ 1.9 cm，宽 0.7 ~ 1.4 mm，幼时密被灰白色贴伏柔毛，成熟后光滑，先端锐尖或钝，对折。花 3 ~ 7 朵簇生于枝顶，苞片卵形，宿存；小苞片 2 枚，针形；花萼钟状，萼 5 齿，三角形；花瓣黄色，旗瓣倒卵形至宽倒卵形，长 16 ~ 18 mm，宽 13 ~ 15 mm，先端具齿，翼瓣长圆形，长约 12 mm，宽约 5 mm，龙骨瓣舟形，长约 14 mm；雄蕊二体；子房密被长茸毛。荚果线状长球形，果柄密被灰白色柔毛。种子扁，长约 1 mm，心形。

▶**花 果 期**　花期 5—6 月，果期 5—8 月。

▶**分　　布**　四川（新龙）。

▶**生　　境**　生于海拔 2700 ~ 3600 m 的干燥灌丛或砾石质山坡。

▶**用　　途**　中国特有植物，具有重要的科研、生态价值。

▶**致危因素**　自然种群数量少、生境受干扰。

冬麻豆

（豆科　Fabaceae）

Salweenia wardii Baker f.

国家重点保护级别	CITES 附录	IUCN 红色名录
二级		濒危（EN）

▶**形态特征**　常绿灌木，高 0.5～2 m。茎直立，绿黄色。奇数羽状复叶长 1.2～3 cm；托叶三角形，长 1～2 mm，被灰白色长柔毛，宿存；小叶 7～19 枚，线形至线状倒披针形，长 1～2.7 cm，宽 2～3.5 mm，先端急尖或钝形，全缘，内卷；无小叶柄。花 3～7 朵簇生于小枝顶端；苞片卵状三角形，长 3～5 mm，宿存。花较大，花梗长 5～7 mm；小苞片 2 枚，针状；花萼钟状，长 8～9 mm，萼齿 5 枚，三角形；花冠黄色，旗瓣倒卵形至宽倒卵形，长 16～18 mm，宽 13～15 mm，先端微凹，翼瓣长圆形，长约 12 mm，宽约 5 mm，龙骨瓣舟形，长约 11 mm；雄蕊二体；花丝长 14～18 mm；子房密被长柔毛。荚果绿色，后变棕色，线状长圆形，长 5.5～9 cm，宽 8～12 mm；果瓣纸质，花萼宿存。种子 3～7 枚，近心形，压扁，长约 1 mm。

▶**花 果 期**　花期 5—9 月，果期 7—10 月。

▶**分　　布**　四川西部、西藏东部。

▶**生　　境**　生于海拔 2700～4400 m 的河谷干旱山坡。

▶**用　　途**　古老的孑遗植物、中国特有种，具有重要的科研价值。

▶**致危因素**　天然分布受限、种群数量稀少。

168

油楠

（豆科　Fabaceae）

Sindora glabra Merr. ex de Wit

国家重点保护级别	CITES 附录	IUCN 红色名录
二级		易危（VU）

▶**形态特征**　乔木，高 8～20 m，胸径 30～60 cm。偶数羽状复叶长 10～20 cm；小叶 2～4 对，对生，革质，椭圆状长圆形，稀卵形，长 5～10 cm，宽 2.5～5 cm，基部钝圆，稍不对称，顶端钝、急尖或短渐尖；小叶柄长约 5 mm。圆锥花序生于小枝顶端叶腋，长 15～20 cm，密被黄色柔毛；苞片叶状。花梗长 2～4 mm，中部以上有线状披针形小苞片 1～2 枚；萼片 4 枚，两面均被黄色柔毛，2 型，最上面的一枚阔卵形，有软刺 21～23 枚，其他 3 枚椭圆状披针形，有软刺 6～10 枚；花瓣 1 枚，被包于最上面萼片内，长圆状圆形，长约 5 mm；能育雄蕊 9 枚，雄蕊管长约 2 mm；子房长约 3 mm，密被锈色粗伏毛，含胚珠 4～5 粒。荚果球形或椭球状，长 5～8 cm，宽约 5 cm，外面有散生硬直的刺，受伤时伤口常有胶汁流出。种子 1 枚，球形，黑色，直径约 1.8 cm。

▶**花果期**　花期 4—5 月，果期 6—8 月。

▶**分　　布**　福建、广东、海南、云南；越南、泰国、马来西亚、菲律宾。

▶**生　　境**　生于近海平面至海拔 800 m 的山坡、林中或河岸。

▶**用　　途**　观赏、作木材、提取树脂。

▶**致危因素**　野生种群数量少、生境受干扰。

越南槐

（豆科 Fabaceae）

Sophora tonkinensis Gagnep.

国家重点保护级别	CITES 附录	IUCN 红色名录
二级		易危（VU）

▶**形态特征**　灌木，茎纤细，有时攀缘状。根粗壮。枝绿色。奇数羽状复叶长 10 ~ 15 cm；叶柄长 1 ~ 2 cm，基部稍膨大；小叶 11 ~ 39 枚，革质或近革质，对生或近对生，椭圆形、长圆形或卵状长圆形，长 15 ~ 25 mm，宽 10 ~ 15 mm，叶轴下部的叶明显渐小，顶生小叶大，基部圆形或微凹成浅心形，先端钝，骤尖；小叶柄长 1 ~ 2 mm，稍肿胀。总状花序或基部分枝呈近圆锥状，顶生，长 10 ~ 30 cm；苞片小，钻状。花长 10 ~ 12 mm；花萼杯状，长约 2 mm，基部有脐状花托，萼齿小，尖齿状；花冠黄色，旗瓣近圆形，长约 6 mm，翼瓣比旗瓣稍长，长圆形或卵状长圆形，龙骨瓣最大，倒卵形，长约 9 mm，背部明显呈龙骨状；雄蕊 10 枚，基部稍联合；子房被丝质柔毛，含胚珠 4 粒。荚果串珠状，稍扭曲，长 3 ~ 5 cm。种子 1 ~ 3 枚，卵形，黑色。

▶**花 果 期**　花期 5—7 月，果期 8—12 月。

▶**分　　布**　广西、贵州、云南；越南北部。

▶**生　　境**　生于海拔 1000 ~ 2000 m 的石山或石灰岩山地的灌木林中。

▶**用　　途**　药用。

▶**致危因素**　野生种群数量少、生境受干扰。

海人树

Suriana maritima L.

国家重点保护级别	CITES 附录	IUCN 红色名录
二级		无危（LC）

▶**形态特征**　灌木或小乔木。茎干上叶痕明显，枝条散生；嫩枝密被毛。叶多少肉质，狭倒披针形，常聚生于小枝顶部。聚伞花序腋生，有 2～4 朵花；苞片披针形，被柔毛。萼片卵状披针形或卵状长圆形，有毛；花瓣黄色，覆瓦状排列，倒卵形、长圆形或卵状长圆形，具短爪。核果，有毛，近球形，具宿存花柱。

▶**花　果　期**　6—12 月。

▶**分　　布**　广东（东沙群岛）、海南（西沙群岛）；非洲东海岸至太平洋群岛和美洲的热带海岸。

▶**生　　境**　生于珊瑚礁、滨海沙滩和灌丛。

▶**用　　途**　盐生植物，可作为热带岛屿生态恢复的工具树种。

▶**致危因素**　本种主要生长在热带海岛和球礁上，属典型的热带植物，我国是此种自然地理分布的边缘，天然种群较小。

山楂海棠

（蔷薇科　Rosaceae）

Malus komarovii (Sarg.) Rehder

国家重点保护级别	CITES 附录	IUCN 红色名录
二级		濒危（EN）

▶**形态特征**　灌木或小乔木，高达 3 m。小枝圆柱形，幼时具柔毛，暗红色，老枝无毛，红褐色或紫褐色，有稀疏褐色皮孔。冬芽卵形，鳞片边缘具柔毛，暗红色。叶片宽卵形，稀长椭卵形，长 4 ~ 8 cm，宽 3 ~ 7 cm，先端渐尖或急尖，基部心形或近心形，边缘具有尖锐重锯齿，通常中部有显明 3 深裂，基部常具 1 对浅裂，上半部常具不规则浅裂或不裂，裂片长圆卵形，先端渐尖或急尖；叶柄长 1 ~ 3 cm，被柔毛。托叶膜质，线状披针形，边缘有腺齿，早落。伞房花序，具花 6 ~ 8 朵，花梗长约 2 mm，被长柔毛。花直径约 3.5 cm；萼筒钟状，外面密被茸毛；萼片三角披针形，先端渐尖，全缘，内面密被茸毛，外面近于无毛，比萼筒长；花瓣倒卵形，白色；雄蕊 20 ~ 30 枚；花柱 4 ~ 5 枚，基部无毛。果实椭球形，红色，果心先端分离，萼片脱落，果肉有少数石细胞，果梗长约 1.5 cm。

▶**花 果 期**　花期 5 月，果期 9 月。

▶**分　　布**　吉林（长白山）；朝鲜。

▶**生　　境**　生于海拔 1100 ~ 1300 m 的灌木丛中。

▶**用　　途**　科研、经济价值。

▶**致危因素**　直接采挖或砍伐。

丽江山荆子

（蔷薇科　Rosaceae）

Malus rockii Rehder

国家重点保护级别	CITES 附录	IUCN 红色名录
二级		

▶**形态特征**　乔木，高 8～10 m，枝多下垂。小枝圆柱形，嫩时被长柔毛，逐渐脱落，深褐色，有稀疏皮孔。冬芽卵形，先端急尖，近于无毛或仅在鳞片边缘具短柔毛。叶片椭圆形、卵状椭圆形或长圆卵形，长 6～12 cm，宽 3.5～7 cm，先端渐尖，基部圆形或宽楔形，边缘有不等的紧贴细锯齿，上面中脉稍带柔毛，下面中脉、侧脉和细脉上均被短柔毛；叶柄长 2～4 cm，有长柔毛；托叶膜质，披针形，早落。近似伞形花序，具花 4～8 朵，花梗长 2～4 cm，被柔毛；苞片膜质，披针形，早落；花直径 2.5～3 cm；萼筒钟形，密被长柔毛；萼片三角披针形，先端急尖或渐尖，全缘，外面有稀疏柔毛或近于无毛，内面密被柔毛，比萼筒稍长或近于等长；花瓣倒卵形，长 1.2～1.5 cm，宽 5～8 cm，白色，基部有短爪；雄蕊 25 枚，花丝长短不等，长不及花瓣之半；花柱 4～5 枚。基部有长柔毛，柱头扁圆，比雄蕊稍长。果实卵形或近球形，直径 1～1.5 cm，红色，萼片脱落很迟，萼洼微隆起；果梗长 2～4 cm，有长柔毛。

▶**花 果 期**　花期 5—6 月，果期 9 月。

▶**分　　布**　云南（大理、丽江）、四川（木里、盐源、越西）、西藏（林芝）；不丹。

▶**生　　境**　生于海拔 2400～3800 m 的山谷杂木林中。

▶**用　　途**　经济价值。

▶**致危因素**　生境破碎化或丧失。

174

新疆野苹果

（蔷薇科　Rosaceae）

Malus sieversii (Ledeb.) M. Roem.

国家重点保护级别	CITES 附录	IUCN 红色名录
二级		

▶**形态特征**　乔木，高达 2 ~ 10 m，稀达 14 m。树冠宽阔，常有多数主干。小枝短粗，圆柱形，嫩时具短柔毛，二年生枝微屈曲，无毛，暗灰红色，具疏生长圆形皮孔。冬芽卵形，先端钝，外被长柔毛，鳞片边缘较密，暗红色。叶片卵形、宽椭圆形、稀倒卵形，长 6 ~ 11 cm，宽 3 ~ 5.5 cm，先端急尖，基部楔形，边缘具圆钝锯齿，幼叶下面密被长柔毛，上面沿叶脉有疏生柔毛，深绿色，侧脉 4 ~ 7 对；叶柄长 1.2 ~ 3.5 cm，具疏生柔毛；托叶膜质，披针形，边缘有白色柔毛，早落。花序近伞形，具花 3 ~ 6 朵。花梗较粗，长约 1.5 cm，密被白色茸毛；花直径 3 ~ 3.5 cm；萼筒钟状，外面密被茸毛；萼片宽披针形或三角披针形，先端渐尖，全缘，长约 6 mm，两面均被茸毛，内面较密，萼片比萼筒稍长；花瓣倒卵形，长 1.5 ~ 2 cm，基部有短爪，粉色，含苞未放时带玫瑰紫色；雄蕊 20 枚，花丝长短不等；花柱 5 枚，基部密被白色茸毛，与雄蕊约等长或稍长。果实大，球形或扁球形，直径 3 ~ 4.5 cm，稀 7 cm，黄绿色有红晕，萼洼下陷，萼片宿存，反折；果梗长 3.5 ~ 4 cm，微被柔毛。

▶**花 果 期**　花期 5 月，果期 8—10 月。

▶**分　　布**　新疆；中亚。

▶**生　　境**　生于海拔 1250 m 的山顶、山坡或河谷地带。

▶**用　　途**　经济、科研价值。

▶**致危因素**　生境破碎化或丧失、虫害。

锡金海棠

Malus sikkimensis (Wenz.) Koehne

国家重点保护级别	CITES 附录	IUCN 红色名录
二级		易危（VU）

▶**形态特征**　落叶小乔木，高 6~8 m。小枝幼时被茸毛。叶卵形或卵状披针形，长 5~7 cm，先端渐尖，基部圆或宽楔形，有尖锐锯齿，上面无毛，下面被短茸毛，沿中脉和侧脉较密；叶柄长 1~3.5 cm，幼时有茸毛，后渐脱落；托叶钻形，早落；伞形花序生于枝顶，有 6~10 花；花梗长 3.5~5 cm，初被茸毛，后渐脱落；花径 2.5~3 cm；萼筒椭圆形，萼片披针形，初被茸毛，后渐脱落，花后反折；花瓣白色，近圆形，有短爪，外被茸毛；雄蕊 25~30 枚，花柱 5 枚，基部合生，无毛。果倒卵状球形或梨形，直径 1~1.8 cm，成熟时暗红色。

▶**花 果 期**　花期 5—6 月，果期 9 月。

▶**分　　布**　四川、西藏、云南；不丹、印度、尼泊尔。

▶**生　　境**　生于海拔 2500~3000 m 的山坡疏林或山谷混交林中。

▶**用　　途**　经济、科研价值。

▶**致危因素**　生境退化或丧失。

绵刺

（蔷薇科 Rosaceae）

Potaninia mongolica Maxim.

国家重点保护级别	CITES 附录	IUCN 红色名录
二级		易危（VU）

▶**形态特征** 小灌木，高 30~40 cm，各部有长绢毛。茎多分枝，灰棕色。复叶具 3 或 5 枚小叶片，稀只 1 枚小叶，长 2 mm，宽约 0.5 mm，先端急尖，基部渐狭，全缘，中脉及侧脉不显；叶柄坚硬，长 1~1.5 mm，宿存成刺状；托叶卵形，长 1.5~2 mm。花单生于叶腋，直径约 3 mm；花梗长 3~5 mm；苞片卵形，长 1 mm；萼筒漏斗状，萼片三角形，长约 1.5 mm，先端锐尖；花瓣卵形，直径约 1.5 mm，白色或淡粉红色；雄蕊花丝比花瓣短，着生在膨大花盘边上，内面密被绢毛；子房卵形，具 1 粒胚珠。瘦果长圆形，长 2 mm，浅黄色，外有宿存萼筒。

▶**花 果 期** 花期 6—9 月，果期 8—10 月。

▶**分　　布** 内蒙古；蒙古。

▶**生　　境** 生于砾石沙漠中。

▶**用　　途** 是单种属植物，系古老的孑遗种，具有一定的科研价值。它又是一种天然饲料。

▶**致危因素** 生境退化或丧失、直接采挖或砍伐。

新疆野杏

（蔷薇科　Rosaceae）

Prunus armeniaca L.

国家重点保护级别	CITES 附录	IUCN 红色名录
二级		数据缺乏（DD）

▶**形态特征**　落叶乔木。树皮灰褐色，纵裂；多年生枝浅褐色，皮孔大而横生，一年生枝浅红褐色，有光泽，具小皮孔。叶片宽卵形或圆卵形，长 5～9 cm，宽 4～8 cm，先端急尖至短渐尖，基部圆形至近心形，叶边有圆钝锯齿，两面无毛或下面脉腋间具柔毛；叶柄无毛，基部常具 1～6 枚腺体。花单生，先于叶开放；花梗短，被短柔毛；花萼紫绿色；萼筒圆筒形，外面基部被短柔毛；萼片卵形至卵状长圆形，先端急尖或圆钝，花后反折；花瓣圆形至倒卵形，白色或带红色，具短爪；雄蕊 20～45 枚，稍短于花瓣；子房被短柔毛，花柱稍长或几与雄蕊等长，下部具柔毛。果实球形，稀倒卵形，白色、黄色至黄红色，常具红晕，微被短柔毛；果肉多汁，成熟时不开裂；核卵形或椭球形，两侧扁平，顶端圆钝，腹棱较圆，常稍钝，背棱较直，腹面具龙骨状棱；种仁味苦或甜。

▶**花 果 期**　花期 3—4 月，果期 6—7 月。

▶**分　　布**　新疆（伊犁等）。

▶**生　　境**　生于海拔 700～3000 m 的林中。

▶**用　　途**　观赏、果实可食用、种仁（杏仁）可入药，作种质资源。

▶**致危因素**　过度砍伐、病虫害。

新疆樱桃李

（蔷薇科　Rosaceae）

Prunus cerasifera Ehrh.

国家重点保护级别	CITES 附录	IUCN 红色名录
二级		无危（LC）

▶**形态特征**　灌木或小乔木。枝条有时有棘刺。冬芽卵圆形。先端急尖，有数枚覆瓦状排列鳞片，紫红色。叶片椭圆形、卵形或倒卵形，边缘有圆钝锯齿，上面深绿色，无毛，下面颜色较淡，除沿中脉有柔毛或脉腋有髯毛外，其余部分无毛，中脉和侧脉均凸起，侧脉5～8对；叶柄通常无毛或幼时微被短柔毛，无腺；托叶，披针形，边有带腺细锯齿，早落。花1朵，稀2朵；花梗无毛或微被短柔毛；萼筒钟状，萼片长卵形，先端圆钝，边有疏浅锯齿，与萼片近等长，萼筒和萼片外面无毛，萼筒内面有疏生短柔毛；花瓣白色，长圆形或匙形，边缘波状，基部楔形，着生在萼筒边缘；雄蕊25～30枚，花丝长短不等，紧密地排成不规则2轮，比花瓣稍短；雌蕊1枚，心皮被长柔毛，柱头盘状，花柱比雄蕊稍长，基部被稀长柔毛。核果近球形或椭球形，黄色、红色或黑色，微被蜡粉，具有浅侧沟；核椭球形或卵球形，先端急尖，浅褐带白色，表面平滑或粗糙或有时呈蜂窝状，背缝具沟，腹缝有时扩大具2侧沟。

▶**花 果 期**　花期4月，果期8月。

▶**分　　布**　新疆（霍城）；中亚、天山、伊朗、小亚细亚、巴尔干半岛。

▶**生　　境**　生于海拔800～2000 m的山坡林中或多石砾的坡地以及峡谷水边。

▶**用　　途**　食用、药用。

▶**致危因素**　生境破碎化或丧失、过度砍伐或采摘。

甘肃桃

（蔷薇科　Rosaceae）

Prunus kansuensis Rehder

国家重点保护级别	CITES 附录	IUCN 红色名录
二级		无危（LC）

▶**形态特征**　乔木或灌木。小枝无毛；冬芽无毛。叶卵状披针形或披针形，长 5 ~ 12 cm，中部以下最宽，先端渐尖，基部宽楔形，上面无毛，下面近基部沿中脉具柔毛或无毛，疏生细锯齿；叶柄长 0.5 ~ 1 cm，无毛，常无腺体；花单生，先叶开放，直径 2 ~ 3 cm；花梗极短或几无梗；萼筒钟形，被柔毛，稀几无毛，萼片卵形或卵状长圆形，先端钝圆，被柔毛；花瓣近圆形或宽倒卵形，白或浅粉红色，边缘有时波状或浅缺刻状；核果卵球形或近球形，熟时淡黄色，密被柔毛，肉质，不裂；核近球形，两侧明显，扁平，顶端钝圆，基部近平截，两侧对称，具纵、横浅沟纹，无孔穴。

▶**花 果 期**　花期 3—4 月，果期 8—9 月。

▶**分　　布**　陕西、甘肃、湖北、四川。

▶**生　　境**　生于海拔 1000 ~ 2300 m 的山地。

▶**用　　途**　食用。

▶**致危因素**　生境退化或丧失。

蒙古扁桃

（蔷薇科　Rosaceae）

***Prunus mongolica** Maxim.*

国家重点保护级别	CITES 附录	IUCN 红色名录
二级		易危（VU）

▶**形态特征**　灌木，高 1 ~ 2 m。枝条开展，多分枝，小枝顶端转变成枝刺。嫩枝红褐色，被短柔毛，老时灰褐色。短枝上叶多簇生，长枝上叶常互生；叶片宽椭圆形、近圆形或倒卵形，长 8 ~ 15 mm，宽 6 ~ 10 mm，先端圆钝，有时具小尖头，基部楔形，两面无毛，叶边有浅钝锯齿，侧脉约 4 对，下面中脉明显凸起；叶柄无毛。花单生稀数朵簇生于短枝上。花梗极短；萼筒钟形，无毛；萼片长圆形，与萼筒近等长，顶端有小尖头，无毛；花瓣倒卵形，粉红色；雄蕊多数，长短不一致；子房被短柔毛；花柱细长，几与雄蕊等长，具短柔毛。果实宽卵球形，顶端具急尖头，外面密被柔毛；果梗短；果肉薄，成熟时开裂，离核；核卵形，顶端具小尖头，基部两侧不对称，腹缝压扁，背缝不压扁，表面光滑，具浅沟纹，无孔穴；种仁扁宽卵形，浅棕褐色。

▶**花 果 期**　花期 5 月，果期 8 月。

▶**分　　布**　内蒙古、甘肃、宁夏；蒙古。

▶**生　　境**　生于海拔 1000 ~ 2400 m 的荒漠区和荒漠草原区的低山丘陵坡麓、石质坡地及干河床。

▶**用　　途**　种仁榨油，可供药用。

▶**致危因素**　生境退化或丧失。

光核桃

（蔷薇科 Rosaceae）

Prunus mira Koehne

国家重点保护级别	CITES 附录	IUCN 红色名录
二级		无危（LC）

▶**形态特征** 乔木，高达 10 m。枝条细长，无毛，具紫褐色小皮孔。叶片披针形或卵状披针形，长 5 ~ 11 cm，宽 1.5 ~ 4 cm，先端渐尖，基部宽楔形至近圆形，上面无毛，下面沿中脉具柔毛，叶边有圆钝浅锯齿，近顶端处全缘，齿端常具小腺体；叶柄长 8 ~ 15 mm，无毛，常具紫红色扁平腺体。花单生，先于叶开放，直径 2.2 ~ 3 cm；花梗长 1 ~ 3 mm；萼筒钟形，紫褐色，无毛；萼片卵形或长卵形，紫绿色，先端圆钝，无毛或边缘微具长柔毛；花瓣宽倒卵形，长 1 ~ 1.5 cm，先端微凹，粉红色；雄蕊多数，比花瓣短得多；子房密被柔毛，花柱长于或几与雄蕊等长。果实近球形，直径约 3 cm，肉质，不开裂，外面密被柔毛。果梗长约 4 ~ 5 mm；核扁卵圆形，长约 2 cm，两侧稍压扁，顶端急尖，基部近截形，稍偏斜，表面光滑，仅于背面和腹面具少数不明显纵向浅沟纹。

▶**花 果 期** 花期 3—4 月，果期 8—9 月。

▶**分　　布** 四川、云南、西藏。

▶**生　　境** 生于海拔 2000 ~ 3400 m 的山坡杂木林中或山谷沟边。

▶**用　　途** 果实含糖量高，供食用；较耐寒，为培育抗寒桃的良好原始材料。

▶**致危因素** 生境退化。

矮扁桃（野巴旦、野扁桃）

（蔷薇科　Rosaceae）

Prunus tenella Batsch

异名：***Prunus nana***(L.)Stokes

国家重点保护级别	CITES 附录	IUCN 红色名录
二级		

▶**形态特征**　灌木，高 1~1.5 m。枝条直立开展，具大量缩短的小枝，一年生枝灰白色或浅红褐色，无毛，多年生枝浅红灰色或灰色。短枝叶多簇生，长枝叶互生；叶片狭长圆形、长圆披针形或披针形，长 2.5~6 cm，宽 0.8~3 cm，先端急尖或稍钝，基部狭楔形，两面无毛，叶边具小锯齿，齿端有腺体；叶柄长 4~7 mm，无毛。花单生，与叶同时开放；花梗被浅黄色短柔毛；花萼外面无毛，紫褐色；萼筒圆筒形；萼片卵形或卵状披针形，边缘具小锯齿；花瓣为不整齐的倒卵形或长圆形，先端圆钝或有浅凹缺，基部楔形，粉红色；雄蕊多数，短于花瓣；子房密被长柔毛，花柱与雄蕊近等长。果实卵球形，外面密被浅黄色长柔毛；果肉干燥，成熟时开裂；核卵球形或长卵球形，两侧扁平，腹缝肥厚而较弯，背缝龙骨状，顶端圆钝而有小突尖头，基部稍偏斜，两侧不对称，表面近光滑，有不明显的网纹。

▶**花 果 期**　花期 4—5 月，果期 6—7 月。

▶**分　　布**　新疆（塔城）。

▶**生　　境**　生于海拔 1200 m 的干旱坡地、草原、洼地和谷地。

▶**用　　途**　抗寒耐旱，适应性强，可作育种的原始材料，是早春美丽的观赏灌木；种仁含有苦扁桃油，可供医药上用。

▶**致危因素**　生境退化或丧失、直接采挖或砍伐、自然灾害。

政和杏

（薔薇科 Rosaceae）

Prunus zhengheensis(J.Y. Zhang & M.N. Lu)Y.H. Tong & N.H. Xia

国家重点保护级别	CITES 附录	IUCN 红色名录
二级		

▶**形态特征** 落叶高大乔木，树高达 35 ~ 40 m。皮孔密而横生；一年生枝红褐色，光滑无毛。叶片长椭圆形至倒卵状长圆形，长 7.5 ~ 15 cm，宽 3.5 ~ 4.5 cm，先端渐尖至长尾尖，基部截形或圆形，叶边缘具不规则的细小单锯齿，齿尖有腺体，上面绿色，脉上有稀疏柔毛，下面浅灰白色，密被灰白色长柔毛；叶柄长 1.3 ~ 1.5 cm，常无毛，中上部具 2 ~ 4 个腺体。花单生，直径 3 cm，先于叶开放；花梗长 0.3 ~ 1 cm，无毛；萼筒钟形，芽鳞片包被部分绿色，裸露部分紫红色；萼片舌状，紫红色，花后反折，边缘具淡黄色锯齿状腺体；花瓣椭圆形，长 1.5 cm，宽 0.8 ~ 0.9 cm，粉红色至淡粉红色，具短爪，先端圆钝；雄蕊 25 ~ 40 枚，长于花瓣；雌蕊 1 枚，略短于雄蕊。核果卵圆形，果皮黄色，阳面有红晕，微被柔毛；果肉多汁，味甜，黏核；核长椭圆形，长 2 ~ 2.5 cm，宽 1.8 cm，黄褐色，两侧扁平，顶端圆钝，基部对称，表面粗糙，有网状纹；仁扁椭圆形，饱满，味苦。

▶**花 果 期** 花期 3—4 月，果期 6—7 月。

▶**分　　布** 福建（政和）。

▶**生　　境** 生于海拔 700 ~ 1000 m 的山地。

▶**用　　途** 可以作为园林观赏树种；果实味甜微酸，可生食或制作"杏梅干"。

▶**致危因素** 生境破碎化或丧失。

银粉蔷薇

（蔷薇科 Rosaceae）

Rosa anemoniflora Fortune. ex Lindl.

国家重点保护级别	CITES 附录	IUCN 红色名录
二级		近危（NT）

▶**形态特征** 攀缘小灌木，枝条圆柱形，紫褐色。小枝细弱，无毛；散生钩状皮刺和稀疏腺毛。小叶 3 枚，稀 5 枚，连叶柄长 4 ~ 11 cm；小叶片卵状披针形或长圆披针形，长 2 ~ 6 cm，宽 0.8 ~ 2 cm，先端渐尖，基部圆形或宽楔形，边缘有紧贴细锐锯齿，上面中脉下陷，下面苍白色，中脉凸起，两面无毛；叶柄无毛，有散生皮刺和稀疏腺毛；托叶狭，极大部分贴生于叶柄，仅顶端分离，离生部分披针形，边缘有带腺锯齿。花单生或成伞房花序，稀有伞房圆锥花序；花直径 2 ~ 2.5 cm，花梗长 1 ~ 3.5 cm，无毛，有稀疏的腺毛；萼片披针形，先端渐尖，全缘，外面无毛，内面有短柔毛，边缘有稀疏腺毛，花后反折；花瓣粉红色，倒卵形，先端微凹，基部楔形；花柱结合成束，伸出，有柔毛，比雄蕊稍长。果实卵球形，直径约 7 mm，紫褐色，无毛。

▶**花 果 期** 花期 3—5 月，果期 6—8 月。

▶**分 布** 福建。

▶**生 境** 生于海拔 400 ~ 1000 m 的山坡、荒地、路旁、河边。

▶**用 途** 观赏。

▶**致危因素** 生境破碎化或丧失。

小檗叶蔷薇

（蔷薇科　Rosaceae）

Rosa berberifolia Pall.

国家重点保护级别	CITES 附录	IUCN 红色名录
二级		无危（LC）

▶**形态特征**　低矮铺散灌木，高 30～50 cm。小枝嫩时黄色，光滑，老时暗褐色，粗糙，无毛。皮刺黄色，散生或成对生于叶片基部，弯曲或直立，有时混有腺毛。单叶，叶片椭圆形、长圆形、稀卵形，长 1～2 cm，宽 5～10 mm，先端急尖或圆钝，基部近圆形稀宽楔形，边缘有锯齿，近基部全缘，两面无毛或下面在幼时有稀疏短柔毛；无柄或近无柄；无托叶。花单生，直径 2～2.5 cm；花梗长 1～1.5 cm，无毛或有针刺；萼片披针形，先端尾尖或长渐尖，外面有短柔毛和稀疏针刺，内面有灰白色茸毛；萼筒外被长针刺；花瓣黄色，基部有紫红色斑点，倒卵形，比萼片稍长；雄蕊紫色，多数，着生在坛状花托口部的周围；心皮多数，花柱离生，密被长柔毛，比雄蕊短。果实近球形，直径约 1 cm，紫褐色，无毛，密被针刺，萼片宿存。

▶**花 果 期**　花期 5—6 月，果期 7—9 月。

▶**分　　布**　新疆；俄罗斯。

▶**生　　境**　生于海拔 120～550 m 的山坡、荒地或路旁干旱地区。

▶**用　　途**　极好的垂直绿化材料，可作绿篱。

▶**致危因素**　生境破碎化或丧失。

单瓣月季花

（蔷薇科　Rosaceae）

Rosa chinensis var. *spontanea* (Rehder & E.H.Wilson) T.T.Yu et T.C.Ku

国家重点保护级别	CITES 附录	IUCN 红色名录
二级		濒危（EN）

▶**形态特征**　直立灌木。枝条圆筒状，有宽扁皮刺。小叶 3～5 枚，小叶片宽卵形至卵状长圆形，先端长渐尖或渐尖，基部近圆形或宽楔形，边缘有锐锯齿，两面近无毛，总叶柄较长，有散生皮刺和腺毛；托叶大部贴生于叶柄，仅顶端分离部分成耳状，边缘常有腺毛。萼片全缘，稀具少数裂片；花瓣红色、粉色或白色，单瓣，先端有凹缺，基部楔形；花柱离生，伸出萼筒口外，约与雄蕊等长。果卵球形或梨形，红色。

▶**花　果　期**　花期 4 月，果期 6—8 月。

▶**分　　布**　湖北（宜昌）、四川（雷波、北川、平武）、贵州、广西。

▶**生　　境**　生于林下或路边山坡。

▶**用　　途**　观赏。

▶**致危因素**　生境破碎化或丧失、物种内在因素。

广东蔷薇

（蔷薇科　Rosaceae）

Rosa kwangtungensis T.T. Yu & H.T. Tsai

国家重点保护级别	CITES 附录	IUCN 红色名录
二级		易危（VU）

▶**形态特征**　攀缘小灌木，有长匍枝。枝暗灰色或红褐色，无毛。小枝圆柱形，有短柔毛，皮刺小，基部膨大，稍向下弯曲。小叶 5 ~ 7 枚，连叶柄长 3.5 ~ 6 cm；小叶片椭圆形、长椭圆形或椭圆状卵形，长 1.5 ~ 3 cm，宽 8 ~ 15 mm，边缘有细锐锯齿，托叶大部贴生于叶柄，离生部分披针形，边缘有不规则细锯齿，被柔毛。顶生伞房花序，直径 5 ~ 7 cm，有花 4 ~ 15 朵；花梗长 1 ~ 1.5 cm，总花梗和花梗密被柔毛和腺毛。花直径 1.5 ~ 2 cm；萼筒卵球形，外被短柔毛和腺毛，逐渐脱落，萼片卵状披针形，先端长渐尖，全缘，两面有毛，边缘较密，外面混生腺毛；花瓣白色，倒卵形，比萼片稍短；花柱结合成柱，伸出，有白色柔毛，比雄蕊稍长。果实球形，直径 7 ~ 10 mm，紫褐色，有光泽，萼片最后脱落。

▶**花　果　期**　花期 3—5 月，果期 6—7 月。

▶**分　　布**　广东（鼎湖山）、广西、福建。

▶**生　　境**　生于海拔 100 ~ 500 m 的山坡、路旁、河边或灌丛中。

▶**用　　途**　观赏。

▶**致危因素**　生境破碎化或丧失。

亮叶月季

Rosa lucidissima H. Lév.

（蔷薇科　Rosaceae）

国家重点保护级别	CITES 附录	IUCN 红色名录
二级		极危（CR）

▶**形态特征**　常绿或半常绿攀缘灌木。小枝粗壮，老枝无毛，有基部压扁的弯曲皮刺，有时密被刺毛。小叶通常3枚，极稀5枚；连叶柄长6～11 cm；小叶片长圆状卵形或长椭圆形，长4～8 cm，宽2～4 cm，先端尾状渐尖或急尖，基部近圆形或宽楔形，边缘有尖锐或紧贴锯齿，两面无毛，老时常呈紫褐色，上面颜色深绿，有光泽，下面苍白色；顶生小叶柄较长，侧生小叶柄短，总叶柄有小皮刺和稀疏腺毛；托叶大部贴生，仅顶端分离，无毛，游离部分披针形，边缘有腺。花单生，直径3～3.5 cm，花梗短，长6～12 mm，花梗和萼筒无毛或幼时微有短柔毛，稀有腺毛，无苞片；萼片与花瓣近等长，长圆状披针形，先端尾状渐尖，全缘或稍有缺刻，外面近无毛，有时有腺，内面密被柔毛，花后反折；花瓣紫红色，宽倒卵形，顶端微凹，基部楔形；雄蕊多数，着生在坛状花托口周围的凸起花盘上；心皮多数，被毛，花柱紫红色，离生，比雄蕊稍短。果实梨形或倒卵球形，常呈黑紫色，平滑，果梗长5～10 mm。

▶**花　果　期**　花期4—6月，果期5—8月。

▶**分　　　布**　湖北、四川、贵州（印江、平坝）。

▶**生　　　境**　生于海拔400～1400 m的山坡杂木林中或灌丛中。

▶**用　　　途**　观赏。

▶**致危因素**　生境破碎化或丧失。

大花香水月季

Rosa odorata var. ***gigantea*** (Collett ex Crép.) Rehder & E.H. Wilson

国家重点保护级别	CITES 附录	IUCN 红色名录
二级		

▶**形态特征**　常绿或半常绿攀缘灌木，有长匍匐枝。枝粗壮，无毛，有散生而粗短钩状皮刺。小叶5～9枚；小叶片椭圆形、卵形或长圆卵形，先端急尖或渐尖，稀尾状渐尖，基部楔形或近圆形，边缘有紧贴的锐锯齿，两面无毛，革质；托叶大部贴生于叶柄，无毛，边缘或仅在基部有腺，顶端小叶片有长柄，总叶柄和小叶柄有稀疏小皮刺和腺毛。花单生或2～3朵，直径5～8 cm；花梗长2～3 cm，无毛或有腺毛；萼片全缘，稀有少数羽状裂片，披针形，先端长渐尖，外面无毛，内面密被长柔毛；花为单瓣，乳白色，芳香，倒卵形，直径8～10 cm；花柱离生，伸出花托口外，约与雄蕊等长。果实呈压扁的球形，稀梨形，外面无毛，果梗短。

▶**花　果　期**　花期6—9月。

▶**分　　　布**　云南；缅甸、泰国、越南。

▶**生　　　境**　生于海拔1400～2700 m的混交林、路旁、草坡。

▶**用　　　途**　观赏。

▶**致危因素**　生境破碎化或丧失。

中甸刺玫

（蔷薇科　Rosaceae）

Rosa praelucens Bijh.

国家重点保护级别	CITES 附录	IUCN 红色名录
二级		极危（CR）

▶**形态特征**　灌木，高 2 ~ 3 m。枝粗壮，弓形，紫褐色，散生粗壮弯曲皮刺。小叶 7 ~ 13 枚，连叶柄长 5 ~ 13（~ 20）cm；小叶片倒卵形或椭圆形，长 1 ~ 3.5（~ 6）cm，宽 7 ~ 12（~ 23）mm，先端圆钝或急尖，基部圆形或宽楔形，边缘上半部有单锯齿或不明显重锯齿，下半部全缘，上面暗绿色，上下两面密被短柔毛，下面在叶脉及边缘密被长柔毛；小叶柄和叶轴密被茸毛和散生小皮刺；托叶大部贴生于叶柄，离生部分三角形或披针形，两面被柔毛，边缘有腺毛。花单生，基部有叶状苞片；花梗短粗，长 3 ~ 6 cm，密被茸毛和散生腺毛；花直径（5 ~）8 ~ 9 cm；萼筒扁球形，外被柔毛和稀疏皮刺，萼片卵状披针形，顶端叶状，全缘，内外两面均密被茸毛状长柔毛或外面基部近无毛，比花瓣稍短；花瓣红色，宽倒卵形，长 3 ~ 4.5 cm，先端圆或微缺；雄蕊多数，长于花柱；花柱离生，密被长柔毛。果实扁球形，绿褐色，外面散生针刺，萼直立；宿存。

▶**花 果 期**　花期 6—7 月。

▶**分　　布**　云南（中甸）。

▶**生　　境**　生于海拔 2700 ~ 3000 m 的向阳山坡丛林中。

▶**用　　途**　观赏。

▶**致危因素**　生境破碎化或丧失。

玫瑰

（蔷薇科　Rosaceae）

Rosa rugosa Thunb.

国家重点保护级别	CITES 附录	IUCN 红色名录
二级		濒危（EN）

▶**形态特征**　直立灌木，高可达 2 m。茎粗壮，丛生；小枝密被茸毛，并有针刺和腺毛，有直立或弯曲、淡黄色的皮刺，皮刺外被茸毛。小叶 5 ~ 9 枚，连叶柄长 5 ~ 13 cm；小叶片椭圆形或椭圆状倒卵形，长 1.5 ~ 4.5 cm，宽 1 ~ 2.5 cm，先端急尖或圆钝，基部圆形或宽楔形，边缘有尖锐锯齿，上面深绿色，无毛，叶脉下陷，有褶皱，下面灰绿色，中脉凸起，网脉明显，密被茸毛和腺毛，有时腺毛不明显；叶柄和叶轴密被茸毛和腺毛；托叶大部贴生于叶柄，离生部分卵形，边缘有带腺锯齿，下面被茸毛。花单生于叶腋，或数朵簇生，苞片卵形，边缘有腺毛，外被茸毛；花梗长 5 ~ 25 mm，密被茸毛和腺毛；花直径 4 ~ 5.5 cm；萼片卵状披针形，先端尾状渐尖，常有羽状裂片而扩展成叶状，上面有稀疏柔毛，下面密被柔毛和腺毛；花瓣倒卵形，重瓣至半重瓣，芳香，紫红色至白色；花柱离生，被毛，稍伸出萼筒口外，比雄蕊短。果扁球形，砖红色，肉质，平滑，萼片宿存。

▶**花 果 期**　花期 5—6 月，果期 8—9 月。

▶**分　　布**　吉林（珲春）、辽宁、山东（烟台）；日本、朝鲜。

▶**生　　境**　生于海拔 100 m 以下的海岸山坡或近海岛屿。

▶**用　　途**　野生玫瑰是培育新品种的种质基因。花瓣为各种高级香水、香皂及化妆香精的原料；亦可入药，有理气活血、收敛的功效；果实含维生素 C，用于食品和医药；花大而艳丽、香气浓，具极高观赏价值和经济价值。

▶**致危因素**　生境退化或丧失、直接采挖或砍伐。

太行花

（蔷薇科　Rosaceae）

Geum rupestre (T.T. Yu & C.L. Li) Smedmark

国家重点保护级别	CITES 附录	IUCN 红色名录
二级		濒危（EN）

▶**形态特征**　多年生草本。根茎粗壮，根深长，伸入石缝中有时达地上部分 4 ~ 5 倍。花葶无毛或有时被稀疏柔毛，高 4 ~ 15 cm，葶上无叶，仅有 1 ~ 5 枚对生或互生的苞片，苞片 3 裂，裂片带状披针形，无毛。基生叶为单叶，稀有时叶柄上部有 1 ~ 2 极小的裂片，卵形或椭圆形，长 2.5 ~ 10 cm，宽 2 ~ 8 cm，顶端圆钝，基部截形或圆形，稀阔楔形，边缘有粗大钝齿或波状圆齿，上面绿色，无毛，下面淡绿色，几无毛或在叶基部脉上有极稀疏柔毛；叶柄长 2.5 ~ 10 cm，无毛或被稀疏柔毛。花雄性和两性同株或异株，单生花葶顶端，稀 2 朵，花开放时直径 3 ~ 4.5 cm；萼筒陀螺形，无毛，萼片浅绿色或常带紫色，卵状椭圆形或卵状披针形，顶端急尖至渐尖；花瓣白色，倒卵状椭圆形，顶端圆钝；雄蕊多数，着生在萼筒边缘；雌蕊多数，被疏柔毛，螺旋状着生在花托上，在雄花中数目较少，不发育且无毛；花柱被短柔毛（毛长约 0.2 mm），延长达 14 ~ 16 mm，仅顶端无毛，柱头略扩大；花托在果时延长，达 10 mm，纤细柱状，直径约 1 mm。瘦果长 3 ~ 4 mm，被疏柔毛。

▶**花 果 期**　5—8 月。

▶**分　　布**　河南、河北。

▶**生　　境**　生于海拔 1100 ~ 1200 m 的阴坡山崖石壁上。

▶**用　　途**　科研价值。

▶**致危因素**　生境退化或丧失。

翅果油树

（胡颓子科　Elaeagnaceae）

Elaeagnus mollis Diels

国家重点保护级别	CITES 附录	IUCN 红色名录
二级		濒危（EN）

▶**形态特征**　落叶直立乔木或灌木。幼枝灰绿色，密被灰绿色星状茸毛和鳞片，老枝茸毛和鳞片脱落，栗褐色或灰黑色；芽球形，黄褐色。叶纸质，稀膜质，卵形或卵状椭圆形，顶端钝尖，基部钝形或圆形，上面深绿色。散生少数星状柔毛，下面灰绿色，密被淡灰白色星状茸毛，侧脉 6 ~ 10 对，上面凹下，下面凸起；叶柄半圆形。花灰绿色，下垂，芳香，密被灰白色星状茸毛；常 1 ~ 3（~ 5）朵花簇生幼枝叶腋；花梗被星状柔毛；萼筒钟状，在子房上骤收缩，裂片近三角形或近披针形，内面疏生白色星状柔毛，包围子房的萼管短矩圆形或近球形，被星状茸毛和鳞片；雄蕊 4 枚，花药椭圆形；花柱直立，上部稍弯曲，下部密生茸毛。果实近球形或阔椭球形，具明显的 8 条棱脊，翅状，果肉棉质；果核纺锤形，内面具丝状棉毛。子叶肥厚，含丰富的油脂。

▶**花 果 期**　花期 4—5 月，果期 8—9 月。

▶**分　　布**　山西、陕西。

▶**生　　境**　生于海拔 700 ~ 1300 m 的山谷中。

▶**用　　途**　种子榨油可食用、药用或作肥料。

▶**致危因素**　生境退化或丧失、直接采挖或砍伐。

小勾儿茶

（鼠李科 Rhamnaceae）

Berchemiella wilsonii (C.K. Schneid.) Nakai

国家重点保护级别	CITES 附录	IUCN 红色名录
二级		

▶**形态特征** 落叶灌木，高 3 ~ 6 m。小枝无毛，褐色，具密而明显的皮孔，有纵裂纹，老枝灰色。叶纸质，互生，椭圆形，长 7 ~ 10 cm，宽 3 ~ 5 cm，顶端钝，有短突尖，基部圆形，不对称，上面绿色，无光泽，无毛，下面灰白色，无乳头状突起，仅脉腋微被髯毛，侧脉每边 8 ~ 10 条；叶柄长 4 ~ 5 mm，无毛，上面有沟槽；托叶短，三角形，背部合生而包裹芽。顶生聚伞总状花序，长 3.5 cm，无毛；花芽圆球形，直径 1.5 mm，短于花梗。花淡绿色；萼片三角状卵形，内面中肋中部具喙状突起；花瓣宽倒卵形，顶端微凹，基部具短爪，与萼片近等长，子房基部为花盘所包围，花柱短，2 浅裂。

▶**花 果 期** 花期 7 月，果期 8—9 月。

▶**分 布** 湖北（兴山等）。

▶**生 境** 生于海拔 1300 m 的林中。

▶**用 途** 未知。

▶**致危因素** 分布区狭窄。

长序榆

（榆科 Ulmaceae）

Ulmus elongata L.K. Fu & C.S. Ding

国家重点保护级别	CITES 附录	IUCN 红色名录
二级		濒危（EN）

▶**形态特征**　落叶乔木，高可达 30 m。树皮浅灰色，裂成不规则片状，一年生枝无毛或被疏柔毛，二年生枝基部有时有木栓层，叶椭圆形或披针状椭圆形，长 7～19 cm，宽 3～8 cm，边缘具粗大的重锯齿，锯齿先端尖而内弯，外缘有 2～5 小齿；托叶早落。花序轴明显伸长，被极疏的柔毛，呈下垂的总状聚伞花序。花被 6 浅裂，宿存；花梗无毛，较花被长 2～4 倍；柱头条形，基部具长子房柄，两面被疏毛，边缘密被白色长睫毛。
翅果窄，两端渐狭，似梭形。

▶**花 果 期**　花期 2 月，果期 3 月。

▶**分　　布**　安徽、浙江、江西、福建。

▶**生　　境**　生于海拔 200～900 m 的常绿阔叶林中。

▶**用　　途**　木材可供建筑、车辆、枕木、家具、农具等用；枝条、根皮可作造纸糊料；树皮可制绳索、麻袋。

▶**致危因素**　直接采挖或砍伐、物种内在因素。

奶桑

（桑科　Moraceae）

Morus macroura Miq.

国家重点保护级别	CITES 附录	IUCN 红色名录
二级		无危（LC）

▶**形态特征**　小乔木，高 7 ~ 12 m。小枝幼时被柔毛。冬芽卵状椭圆形或卵圆形，被白色柔毛。叶膜质，卵形或宽卵形，长 5 ~ 15 cm，宽 5 ~ 9 cm，先端渐尖至尾尖，基部圆形至浅心形或平截，边缘具细密锯齿，基生侧脉延长至叶片中部，侧脉 4 ~ 6 对，向上斜展；托叶细小，早落。花雌雄异株。雄花序穗状，单生或成对腋生；雄花具梗，花被片 4 枚，卵形，外面被毛，雄蕊 4 枚，退化雌蕊方形。雌花序狭圆筒形，总花梗与雄花总梗相等；雌花花被片 4 枚，被毛，子房斜卵圆形，微被毛，无花柱，柱头 2 裂，内面有乳头状突起。聚花果成熟时黄白色；小核果，卵球形。

▶**花 果 期**　花期 3—4 月，果期 4—5 月。

▶**分　　布**　云南、西藏；尼泊尔、不丹、印度、缅甸、泰国。

▶**生　　境**　生于海拔（300 ~）1000 ~ 1300（~ 2200）m 的山谷或沟边热带林中的向阳地区。

▶**用　　途**　树皮可造纸；木材及叶可提取桑色素。

▶**致危因素**　生境退化或丧失。

川桑

（桑科　Moraceae）

Morus notabilis C.K. Schneid.

国家重点保护级别	CITES 附录	IUCN 红色名录
二级		无危（LC）

▶**形态特征**　小乔木，高 7 ~ 12 m。树皮灰褐色。枝扩展，近无毛；冬芽卵圆形，光滑无毛。叶近圆形，长 5 ~ 15 cm，宽 5 ~ 9 cm，先端具短尖或钝，基部浅心形，边缘具窄三角形单锯齿，基生叶脉三出，侧生 2 条延长至叶片 2/3 处，侧脉 4 ~ 6 对，常沿边缘连接成边脉；叶柄近无毛。花雌雄异株，生叶腋。雄花花被片 4 枚，雄蕊 4 枚，与花被片对生，退化雌蕊方形，小；雌花序圆筒形，花密集，花柱长，柱头内面具乳头状突起。聚花果成熟时白色；小核果卵球形，微扁。

▶**花 果 期**　花期 4—5 月，果期 5—6 月。

▶**分　　布**　四川、云南。

▶**生　　境**　生于海拔 1300 ~ 2800 m 的常绿阔叶林中。

▶**用　　途**　未知。

▶**致危因素**　生境退化或丧失。

长穗桑

Morus wittiorum Hand.-Mazz.

国家重点保护级别	CITES 附录	IUCN 红色名录
二级		无危（LC）

▶**形态特征**　落叶乔木或灌木，高 4～12 m。树皮灰白色，幼枝亮褐色，皮孔明显；冬芽卵圆形。叶纸质，长圆形至宽椭圆形，长 8～12 cm，宽 5～9 cm，两面无毛，或幼时叶背主脉和侧脉上生短柔毛，边缘上部具粗浅牙齿或近全缘，先端尖尾状，基部圆形或宽楔形，基生叶脉三出，侧生 2 脉延长至中部以上；叶柄上面有浅槽；托叶狭卵形。花雌雄异株，穗状花序具柄。雄花序腋生，总花梗短，雄花花被片近圆形；雌花无梗，花被片黄绿色，覆瓦状排列，子房 1 室，花柱极短，柱头 2 裂。聚花果狭圆筒形，核果卵球形。

▶**花 果 期**　花期4—5月，果期5—
6月。

▶**分　　布**　湖南、湖北、贵州、
广东、广西。

▶**生　　境**　生于海拔 900～1400 m
的山坡疏林中或山脚沟边。

▶**用　　途**　树皮可造纸或做绳索；
嫩叶可饲蚕。

▶**致危因素**　生境退化或丧失。

光叶苎麻

（荨麻科　Urticaceae）

Boehmeria leiophylla* W.T. Wang*

国家重点保护级别	CITES 附录	IUCN 红色名录
二级		

▶**形态特征**　灌木，高 3 ~ 5 cm。小枝只在顶端有短伏毛，其他部分无毛。叶互生；叶片纸质，长椭圆形，长 7.5 ~ 20 cm，宽 2.8 ~ 6.5 cm，最宽处在中部，顶端渐尖，基部楔形或微钝，边缘有很小的钝牙齿，两面无毛，基出脉 3 条，在下面稍隆起，侧脉 2 对；叶柄疏被短糙伏毛，通常很快变无毛；托叶三角形。雌团伞花序单生叶腋，有多数花；苞片卵状船形。雌花花被结果时近倒正三角形，顶端有 2 小齿，疏被贴伏的短柔毛，柱头长约 1 mm。瘦果宽倒卵球形，不具柄，无翅，光滑。

▶**花 果 期**　花期 4 月，果期未知。

▶**分　　布**　云南（绿春）。

▶**生　　境**　生于海拔 700 m 的山谷中。

▶**用　　途**　未知。

▶**致危因素**　生境退化或丧失。

长圆苎麻

（荨麻科 Urticaceae）

Boehmeria oblongifolia W.T. Wang

国家重点保护级别	CITES 附录	IUCN 红色名录
二级		未予评估（NE）

▶**形态特征** 小灌木，高约1 m。小枝细，上部疏被短伏毛，下部无毛。叶互生；叶片草质，干时变黑色，长圆形，长7~15.5 cm，宽2~4.5 cm，最宽处在中部，顶端短渐尖，基部钝，边缘下部全缘，其他部分有很小的牙齿，上面无毛，下面沿叶脉疏被短柔毛或变无毛，基出脉3条，侧脉2对；叶柄疏被短糙伏毛，下部变无毛；托叶三角状披针形，顶端锐尖。雌团伞花序单生叶腋，直径约2 cm，约有10朵花；苞片狭三角形，顶端锐尖。雌花花被椭圆形或倒卵形，顶端具2小齿，中部之上疏被短柔毛；子房宽椭圆形，无柄，柱头长1~1.5 mm。

▶**花 果 期** 花期9月。

▶**分 布** 广西（龙州）。

▶**生 境** 未知。

▶**用 途** 未知。

▶**致危因素** 生境退化或丧失。

华南锥

（壳斗科　Fagaceae）

Castanopsis concinna (Champ. ex Benth.) A. DC.

国家重点保护级别	CITES 附录	IUCN 红色名录
二级		近危（NT）

▶**形态特征**　乔木。当年生枝及花序轴被黄或红棕色微柔毛及颇厚的细片状易抹落的蜡鳞层，三年生枝无或几无毛。叶革质，硬而脆，椭圆形或长圆形，有时兼有倒披针形，长 5～10 cm，宽 1.5～3.5 cm，稀更大，顶部短或渐尖，基部圆或宽楔形，通常两侧对称，少有稍不对称，边全缘，略向背卷，中脉在叶面明显凹陷，侧脉每边 12～16 条，支脉不显，有时隐约可见，叶背密被粉末状红棕色或棕黄色易刮落的鳞秕，嫩叶叶背及中脉叶缘有疏长毛；叶柄长 4～12 mm。雄穗状花序通常单穗腋生，或为圆锥花序，雄蕊 10～12 枚；雌花序长 5～10 cm，花柱 3 或 4 枚，少有 2 枚。果序长 4～8 cm，轴横切面直径 4～6 mm；壳斗有 1 枚坚果，壳斗圆球形，连刺直径 50～60 mm，整齐的 4 瓣开裂，刺长 10～20 mm，被微柔毛，下部合生成刺束，将壳壁完全遮蔽；坚果扁圆锥形，高约 10 mm，横径约 14 mm，密被短伏毛，果脐约占坚果面积的 1/3 或不到一半。

▶**花果期**　花期 4—5 月，果期次年 9—10 月。

▶**分　　布**　广东（广宁县）、广西（岑溪、防城）。

▶**生　　境**　生于海拔 500 m 以下的花岗岩风化的红壤丘陵坡地常绿阔叶林中。

▶**用　　途**　种仁富含淀粉及少量糖分，可作木本粮食。木材是家具、器械、建筑的优良用材。

▶**致危因素**　生境退化或丧失。

西畴青冈

（壳斗科　Fagaceae）

Quercus sichourensis (Y.C. Hsu) C.C. Huang et Y.T. Chang

国家重点保护级别	CITES 附录	IUCN 红色名录
二级		极危（CR）

▶**形态特征**　常绿乔木，高达 20 m。小枝粗壮，微有沟槽，微被毛和具凸起的淡棕色圆形皮孔。叶片厚革质，长椭圆形至卵状椭圆形，长 12～21 cm，宽 5～9 cm，顶端短骤尖，基部圆形或宽楔形，叶缘 1/4 以上有疏锯齿，中脉在叶面凹陷，侧脉每边 15～18 条，叶背支脉明显，叶面亮绿色，叶背粉白色，有疏毛，脉腋有簇毛；叶柄长 2.5～3.5 cm，初被棕色茸毛。壳斗扁球形，几全包坚果，直径 3.5～5 cm，高约 2.5 cm，壁薄，内壁被黄色丝状毛，外壁被黄色茸毛；小苞片合生成 9～10 条同心环带，环带边缘缺刻状。坚果扁球形，直径 3～4 cm，高约 2 cm，有黄色茸毛，顶端凹陷，中央有小尖头，果脐凸起，与坚果直径几等大。

▶**花 果 期**　花期未知，果期 11 月。

▶**分　　布**　云南（西畴、富宁）、贵州（册亨）。

▶**生　　境**　生于海拔 850～1500 m 的常绿阔叶林中。

▶**用　　途**　未知。

▶**致危因素**　生境退化或丧失、直接采挖或砍伐。

台湾水青冈

（壳斗科　Fagaceae）

Fagus hayatae Palib.ex Hayata

国家重点保护级别	CITES 附录	IUCN 红色名录
二级		无危（LC）

▶**形态特征**　乔木，高达 20 m。当年生枝暗红褐色，老枝灰白色，皮孔狭长圆形。新生嫩叶两面的叶脉有丝光质疏长毛，结果期变为无毛或仅叶背中脉两侧有稀疏长伏毛。叶棱状卵形，长 3～7 cm，宽 2～3.5 cm，顶部短尖或短渐尖，基部宽楔形或近圆形，两侧稍不对称，侧脉每边 5～9 条，叶缘有锐齿，侧脉直达齿端，叶背中脉与侧脉交接处有腺点及短丛毛，或仅有丛毛，中脉在近顶部略左右弯曲向上。总花梗被长柔毛，结果时毛较疏少；果梗长 5～20 mm，壳斗 4（3）瓣裂，裂瓣长 7～10 mm，小苞片细线状，弯钩，长 1～3 mm，与壳壁相同均被微柔毛；坚果与裂瓣等长或稍较长，顶部脊棱有甚狭窄的翅。

▶**花 果 期**　花期 4—5 月，果期 8—10 月。

▶**分　　布**　台湾（桃园县北插天山、宜兰县三星山）、浙江（永嘉、庆元）、湖北（兴山）、四川（南江、青川）。

▶**生　　境**　生于海拔 1300～2300 m 的山地林中。

▶**用　　途**　木材为建筑、车辆等优良用材。

▶**致危因素**　生境退化或丧失。

三棱栎

（壳斗科 Fagaceae）

Formanodendron doichangensis (A. Camus) Nixon & Crepet

其他常用学名：***Trigonobalanus doichangesis*** (A. Camus) Forman

国家重点保护级别	CITES 附录	IUCN 红色名录
二级		易危（VU）

▶**形态特征** 常绿乔木，高达 21 m。树皮深灰色，条状开裂。小枝幼时被锈色柔毛，老时暗褐色，密被灰白色圆形和椭圆形皮孔。叶互生，革质；叶片椭圆形或卵状椭圆形，长 7 ~ 12.5（~18）cm，宽 3 ~ 6 cm，顶端钝尖或凹缺，基部楔形并延伸至叶柄，全缘，侧脉每边 8 ~ 11 条，幼叶两面密被锈色星状毛，不久即脱落；叶柄长 5 ~ 12 mm；托叶分离，三角形，被短柔毛，早落，托叶痕不明显。雄花序呈之字形曲折，被锈色茸毛，雄蕊长 2.5 mm，无毛；雌花序穗状，长 8 ~ 10 cm。壳斗具长约 2 mm 的短柄，通常包着果 1 ~ 3 个。果的轮廓呈宽卵形，明显具 3 翅，顶端有宿存花被裂片和花柱，果外壁被锈色茸毛，果脐三角形。

▶**花 果 期** 花期 11 月，果期次年 3 月。

▶**分　　布** 云南（澜沧、孟连、西盟）；泰国。

▶**生　　境** 生于海拔 1000 ~ 1600 m 的常绿阔叶林。

▶**用　　途** 科研价值。

▶**致危因素** 生境退化或丧失；直接采挖或砍伐。

霸王栎

Quercus bawanglingensis C.C. Huang, Ze X. Li & F.W. Xing

国家重点保护级别	CITES 附录	IUCN 红色名录
二级		易危（VU）

▶**形态特征**　常绿乔木，高 6 ~ 8 m，胸径约 20 cm。叶略硬纸质，卵形或椭圆形，长 4 ~ 6 cm，宽 1.5 ~ 2.5 cm，顶端短尖至渐尖，基部宽楔形至圆形，两侧略不对称，中脉在叶面平坦或微凸起，叶缘有小锯齿，侧脉每边 6 ~ 9 条；叶柄长 5 ~ 8 mm。雄花序下垂或半下垂。果序长 3 ~ 6 mm，通常有成熟壳斗 1 个。壳斗浅碗形，包着坚果 1/3 ~ 1/4，高 3 ~ 5 mm，口径 9 ~ 12 mm，小苞片紧贴，被灰白色微柔毛及蜡鳞。坚果宽椭圆形，高 10 ~ 12 mm，无毛；果脐径 5 ~ 6 mm。

▶**花 果 期**　未知。

▶**分　　布**　海南（昌江）。

▶**生　　境**　生于海拔 900 m 的石灰岩山地。

▶**用　　途**　科研价值。

▶**致危因素**　生境退化或丧失、直接采挖或砍伐。

尖叶栎

（壳斗科　Fagaceae）

Quercus oxyphylla (E.H. Wilson) Hand.-Mazz.

国家重点保护级别	CITES 附录	IUCN 红色名录
二级		无危（LC）

▶**形态特征**　常绿乔木，高达 20 m。树皮黑褐色，纵裂。小枝密被苍黄色星状茸毛，常有细纵棱。叶片卵状披针形、长圆形或长椭圆形，长 5 ~ 12 cm，宽 2 ~ 6 cm，顶端渐尖或短渐尖，基部圆形或浅心形，叶缘上部有浅锯齿或全缘，幼叶两面被星状茸毛，老时仅叶背被毛，侧脉每边 6 ~ 12 条；叶柄长 0.5 ~ 1.5 cm，密被苍黄色星状毛。壳斗杯形，包着坚果约 1/2，连小苞片直径 1.8 ~ 2.5 cm，高 1.2 ~ 1.5 cm；小苞片线状披针形，长约 5 mm，先端反曲，被苍黄色茸毛。坚果长椭球形或卵形，直径 1 ~ 1.4 cm，高 2 ~ 2.5 cm，顶端被苍黄色短茸毛；果脐微凸起，直径 3 ~ 5 mm。

▶**花 果 期**　花期 5—6 月，果期次年 9—10 月。

▶**分　　布**　陕西、甘肃、安徽、浙江、福建、广西、四川、贵州、江西（浮梁县）。

▶**生　　境**　生于海拔 200 ~ 2900 m 的山坡、山谷地带及山顶阳处或疏林中。

▶**用　　途**　未知。

▶**致危因素**　生境退化或丧失。

喙核桃

（胡桃科　Juglandaceae）

Annamocarya sinensis (Dode) Leroy

国家重点保护级别	CITES 附录	IUCN 红色名录
二级		濒危（EN）

▶**形态特征**　落叶乔木，高 10 ~ 15 m，幼嫩部分被短柔毛、星状毛及橙黄色腺鳞。枝条髓部实心。奇数羽状复叶长 30 ~ 40 cm，叶柄棱形，长 5 ~ 7 cm；小叶 7 ~ 9（~ 11），全缘，侧生小叶长椭圆形或长椭圆状披针形，长 12 ~ 15 cm，先端渐尖，基部，歪斜；雌穗状花序具少数雌花；雌花苞片及小苞片愈合成顶端具 6 ~ 9 枚尖裂的壶状总苞，贴生于子房，无花被片，子房下位，花柱近球形，柱头 2 裂，裂片半圆形。果序短，直立。假核果近球形或卵球形，长 6 ~ 8 cm，顶端具渐尖头，果皮厚 5 ~ 9 mm，干后木质，常不规则 4 ~ 9 瓣裂，裂瓣先端具喙状渐尖头；果核球形或卵球形，不完全 4 室，顶端具喙状渐尖头，具 6 ~ 8 纵棱，连喙长 6 ~ 8 cm，基部常具线形痕，内果皮骨质。

▶**花　果　期**　花期 4—5 月，果期 11—12 月。

▶**分　　　布**　贵州南部、广西、云南东南部；越南。

▶**生　　　境**　生于河流两岸的森林。

▶**用　　　途**　作木材，种子可榨油。

▶**致危因素**　生境退化或丧失、直接采挖或砍伐、物种内在因素。

贵州山核桃

（胡桃科　Juglandaceae）

Carya kweichowensis Kuang et A.M. Lu

国家重点保护级别	CITES 附录	IUCN 红色名录
二级		极危（CR）

▶**形态特征**　乔木，高达 20 m。树皮灰白色至暗褐色，浅纵裂。小枝灰黑色，散布有稀疏的皮孔，幼时亦有盾状着生的橙黄色腺体。冬芽黑褐色，有树脂，并稍具黏性。奇数羽状复叶长 11 ~ 20 cm，叶柄及叶轴无毛，生稀疏腺体，5 小叶，上部 3 枚较大，长 6 ~ 14 cm，宽 2 ~ 5 cm，下部 2 枚较小，长 3 ~ 7 cm，宽 1.5 ~ 3.5 cm；顶生小叶柄长 5 ~ 10 mm，侧生小叶柄长 1 ~ 4 mm 或近无柄；小叶片纸质，椭圆形、长椭圆形或长椭圆状披针形，顶端钝至急尖，基部歪斜、钝圆至楔形，边缘有锯齿，上面无毛，下面仅侧脉腋内有 1 簇柔毛，两面均散生稀疏的腺体，后来逐渐脱落，中脉在下面隆起，侧脉 11 ~ 13 对，伸达近叶缘处相互网结。雄性葇荑花序 1 ~ 3 条 1 束。雄花无柄，苞片 1 枚和小苞片 2 枚几乎完全联合或仅成 3 个小裂片，无毛而生有腺体，雄蕊 6 ~ 8 枚，无花丝，花药无毛。雌性穗状花序顶生，直立，无毛。雌花无柄，子房椭圆形，长约 3 mm，有腺体。果实扁球形、稀扁倒卵形，疏生腺体，无纵棱，果核扁球形，淡黄白色，顶端凹陷，基部平圆，有 2 条纵凹线条。

▶**花 果 期**　花期 3—4 月，果期 10 月。

▶**分　　布**　贵州（安龙、望谟、册亨、兴义）。

▶**生　　境**　生于海拔 1300 m 的山坡林中。

▶**用　　途**　观赏、作木材。

▶**致危因素**　生境退化或丧失、直接采挖或砍伐。

普陀鹅耳枥

（ 桦木科　Betulaceae ）

Carpinus putoensis W.C. Cheng

国家重点保护级别	CITES 附录	IUCN 红色名录
一级		极危（CR）

▶**形态特征**　乔木，高达 15 m。小枝疏被长柔毛。叶椭圆形或宽椭圆形，长 5 ~ 10 cm，宽 3.5 ~ 5 mm，先端尖或渐尖，基部圆或宽楔形，上面幼时疏被长柔毛，下面疏被柔毛，脉腋具髯毛，具不规则刺毛状重锯齿，侧脉 11 ~ 14 对；叶柄长 0.5 ~ 1 cm，疏被柔毛。雌花序长 3 ~ 8 cm，序梗长 1.5 ~ 3 cm，疏被长柔毛或近无毛；苞片半宽卵形，长 2.8 ~ 3 cm，中裂片半卵形，外缘疏生齿，内缘全缘或微波状，内侧基部具内折卵形裂片。小坚果宽卵球形，长约 6 mm，顶端被长柔毛，有时疏被树脂腺体，具纵肋。

▶**花 果 期**　花期 3—4 月，果期 8—9 月。

▶**分　　布**　浙江（舟山群岛）。

▶**生　　境**　生于山坡林中。

▶**用　　途**　观赏。

▶**致危因素**　生境退化或丧失、物种内在因素。

天台鹅耳枥

（桦木科 Betulaceae）

Carpinus tientaiensis W.C. Cheng

国家重点保护级别	CITES 附录	IUCN 红色名录
二级		极危（CR）

▶**形态特征**　乔木，高 16～20 m。树皮灰色；小枝棕色，无毛或疏被长软毛。叶革质，卵形、椭圆形或卵状披针形，长 5～10 cm，宽 3～5.5 cm，顶端锐尖或渐尖，基部微心形或近圆形，边缘具短而钝的重锯齿，上面近无毛，下面除沿脉疏被长柔毛、脉腋间有簇生的髯毛外，其余无毛；侧脉 12～15 对；叶柄长 8～15 mm，上面沟槽内密被长柔毛。果序长 8～10 cm；序梗长约 2.5 cm，序梗、序轴初时密被长柔毛，后渐变无毛；果苞内、外侧的基部均具明显的裂片而呈 3 裂状，长 2.5～30 cm，宽 7～8 mm，内外侧基部的裂片均近卵形，长约 5 mm，边缘全缘或具 1～2 疏细齿，中裂片顶端钝或锐尖，外侧边缘具不明显的疏钝齿，内侧边缘全缘，有时微呈波状。小坚果宽卵球形或三角状卵球形，长与宽均为 5～6 mm，具 7～11 条肋，顶端疏被长柔毛，其余光滑。

▶**花 果 期**　花期 3—4 月，果期未知。

▶**分　　布**　浙江东部。

▶**生　　境**　生于海拔 850 m 的林中。

▶**用　　途**　观赏。

▶**致危因素**　物种内在因素。

天目铁木

（桦木科　Betulaceae）

Ostrya rehderiana Chun

国家重点保护级别	CITES 附录	IUCN 红色名录
一级		极危（CR）

▶**形态特征**　落叶乔木，高达 21 m。树皮深褐色，纵裂。一年生小枝灰褐色，有淡色皮孔，有毛。叶长椭圆形或椭圆状卵形，长 4.5～10 cm，先端长渐尖，基部宽楔形或圆，叶缘有不规则的锐齿，下面疏被硬毛至几无毛，脉上除短硬毛外有时有短柔毛，侧脉 13～16 对；叶柄长 2～6 mm，密生短柔毛；雄荑黄花序常 3 个簇生，长 6～11 cm；雌花序单生，直立，长 1.8～2.5 cm，有花 7～12 朵。果多数，聚生成稀疏的总状，果序长 3.5～5 cm，总梗长 1.5～2 cm，密被短硬毛。果苞膜质，囊状，长倒卵状，长 2～2.5 cm，最宽处 7～8 mm，顶端圆，有短尖，基部缢缩成柄状，上部无毛，基部有长硬毛，网脉显著。小坚果红褐色，有细纵肋。

▶**花 果 期**　花期 3—4 月，果期 8 月。

▶**分　　布**　浙江。

▶**生　　境**　生于海拔 400～500 m 的林中。

▶**用　　途**　观赏。

▶**致危因素**　生境退化或丧失。

野黄瓜（山黄瓜、大黄瓜）

（葫芦科　Cucurbitaceae）

Cucumis sativus var. *xishuangbannanesis* Qi & Yuan ex S.S. Renner

国家重点保护级别	CITES 附录	IUCN 红色名录
二级		

▶**形态特征**　一年生草本，茎枝有棱沟。区别其他种下等级在于果实为粗圆柱形，具 5 个或以上心皮，老熟果皮乳白、灰白、棕黄或橙黄色，果脐大，果肉橙红色，果肉不苦，外观多样化。

▶**花 果 期**　花期 7 月，果期 8 月。

▶**分　　布**　云南（西双版纳）。

▶**生　　境**　生于海拔 1000 m 的山区。

▶**用　　途**　种质资源。

▶**致危因素**　未知。

四数木

（四数木科　Tetramelaceae）

Tetrameles nudiflora R. Br.

国家重点保护级别	CITES 附录	IUCN 红色名录
二级		易危（VU）

▶**形态特征**　落叶大乔木，高达 45 m。树干通直，板状根高 2～4.5（～6）m。小枝粗壮，叶痕凸起。叶椭圆形或倒卵形，单叶互生，心形、心状卵形或近圆形，长 10～26 cm，先端尖或渐尖，具粗锯齿，幼树叶有 2～3 角状齿裂，掌状脉 5～7 条，上面近无毛，下面脉上疏被柔毛。花先叶开放，花单性异株，无花瓣；雄花成圆锥花序，长 10～20 cm，顶生，成簇，下垂，花序梗被淡黄色柔毛；苞片匙形。花梗极短或近无梗，花萼 4 枚深裂，基部杯状；雄蕊 4 枚，与萼片对生，花丝较萼片长，不育子房盘状。蒴果球状坛形，具 8～10 条脉，疏被褐色腺点，顶部开裂。种子细小，多数，卵球形，长不及 0.5 mm。

▶**花 果 期**　花期 3 月上旬—4 月中旬，果期 4 月下旬—5 月下旬。

▶**分　　布**　云南（西双版纳）。

▶**生　　境**　生于海拔 500～700 m 的石灰岩山雨林或沟谷雨林中。

▶**用　　途**　作木材用。

▶**致危因素**　生境退化或丧失。

蛛网脉秋海棠

（秋海棠科 Begoniaceae）

Begonia arachnoidea C. I Peng, Yan Liu & S.M. Ku

国家重点保护级别	CITES 附录	IUCN 红色名录
二级		

▶**形态特征** 常绿草本。根状茎粗短，节间短，长 0.5 ~ 1 cm，直径 1 ~ 2 cm。叶盾状，基生，2 ~ 5 片，叶柄长达 30 cm，被较长柔毛；叶片近圆形或宽卵形，薄纸质，被短糙毛，毛短于 1 mm，腹面绿色至深绿，或脉间区为白色，有的个体沿脉区为白色或灰白色，色斑十分漂亮，背面叶脉见多为紫红色；叶脉显著呈蜘蛛网状排列，背面显著凸起。雌雄同株，花葶被疏柔毛，近顶叶腋生，花序轴长达 30 cm，被柔毛。花 6 ~ 24 朵，白色或粉红色。雄花花柄长 1 ~ 3.7 cm，被片 4 枚，雄蕊 26 ~ 44 枚；雌花花柄长 4 ~ 6 cm，被片 3 枚，外被大，卵圆形，内轮 1 小；子房长圆形，稍被毛，1 室，侧膜胎座；花柱 3 枚，基部联合。果实下垂，具不等 3 翅。

▶**花 果 期** 花期 9—10 月，果期 10—11 月。

▶**分 布** 广西（大新）。

▶**生 境** 生于海拔 180 ~ 400 m 的石灰岩石壁、石穴或石缝。

▶**用 途** 观赏。

▶**致危因素** 生境退化或丧失、过度采集、自然种群过小、个体稀少。

阳春秋海棠

（秋海棠科　Begoniaceae）

Begonia coptidifolia H.G. Ye, F G. Wang, Y.S. Ye & C.I. Peng

国家重点保护级别	CITES 附录	IUCN 红色名录
二级		极危（CR）

▶**形态特征**　常绿草本，高 10～30 cm。根状茎不或少分支，节间极短，仅于开花时形成 1～3 节直立茎（花茎）。托叶三角形，宿存，光滑。叶多从地面根茎上长出，开花时有 1～3 朵叶茎生。叶柄长达 20 cm，有一纵沟，被疏毛；掌状复叶轮廓呈卵圆形至近圆形，（10～18）cm×（8～15）cm，小叶二回羽裂，裂片窄长椭圆至披针形，（1.4～5.1）cm×（0.4～1.1）cm，腹面绿色，被疏短糙毛，顶端急尖。雌雄同株，花葶顶生，花少数，白色。雄花花柄长约 1.5 cm，被片 4 枚，外被宽卵形，约 12 mm×13 mm，内被 2 小枚，长卵形或倒卵披针形，约 12 mm×18 mm，雄蕊多数，花丝基部联合成柱；雌花被片 5 枚，大小约 10 mm×7 mm，最内 1 小枚；子房长圆形，2 室，中轴胎座；花柱及柱头 2 枚，长约 4 mm。果实下垂，被短疏毛，具不等 3 翅，1 长而大，2 短狭窄。

▶**花果期**　花期 7—8 月，果期 8—10 月。

▶**分　　布**　广东（阳春）。

▶**生　　境**　生于海拔 360～600 m 的林下小溪石上或人工砌墙上。

▶**用　　途**　观赏、科研价值。

▶**致危因素**　生境退化或丧失、自然种群过小。

黑峰秋海棠（刺秋海棠）

（秋海棠科　Begoniaceae）

Begonia ferox C. I Peng & Yan Liu

国家重点保护级别	CITES 附录	IUCN 红色名录
二级		

▶**形态特征**　常绿草本。根茎较粗壮，长达 40 cm，节间短，长 1 ~ 1.5 cm，直径 1 ~ 2.5 cm。托叶长三角形，有明显凸起背脊，背面中脉有毛。叶从地面根茎上长出，无直立茎。叶柄圆柱形，长 10 ~ 27 cm，粗 4 ~ 7 mm，被毛；叶片绿色，偏卵形，（10 ~ 20）cm×（7 ~ 15）cm，幼时被毛，表面常生长许多墨绿色三角形山峰状突起，顶端锐尖，叶背面带紫色，对应腹面凸起基部显著凹陷。雌雄同株，花葶近顶叶腋生，花序轴长 5 ~ 13 cm，分支 3 ~ 4 次。雄花花柄长约 1.5 cm，被片 4 枚，外被粉红带淡黄色，宽卵形，内被 2 小枚，近白色，椭圆形；雄蕊群近球形，直径约 4 mm，雄蕊 65 ~ 85 枚，花丝基部联合成柱；雌花花柄长 15 ~ 16 mm，被片 3 枚，外 2 枚近圆形或宽卵形，粉白色，内 1 小枚；子房卵三角形或近椭圆形，1 室，侧膜胎座；花柱及柱头 3 枚，花柱基部联合。果实绿色或绿带红，具不等 3 翅。

▶**花 果 期**　花期 1—5 月，果期 2—7 月。

▶**分　　布**　广西（龙州）。

▶**生　　境**　生于海拔 130 m 的林下石上或石缝中。

▶**用　　途**　观赏。

▶**致危因素**　生境退化或丧失、观赏价值高而被过度采集、自然种群过小。

古林箐秋海棠

（秋海棠科　Begoniaceae）

Begonia gulinqingensis S.H. Huang et Y.M. Shui

国家重点保护级别	CITES 附录	IUCN 红色名录
二级		

▶**形态特征**　常绿草本。根茎较长，粗 4~6 mm。叶从地面根茎上长出，无直立茎。叶柄较长，5~15 cm，圆柱形，被褐色卷曲毛；叶片轮廓近圆形，（5~10）cm×（6~9）cm，先端圆，基部偏心形，腹面绿色至深绿色，少数个体部分叶片有大小不规则散生灰白色斑块，被极疏短硬毛，背面淡绿色或带紫红，沿脉散生硬毛。雌雄同株，花序二歧聚伞状，长约 10 cm，花序梗被短毛，有花 2~10 朵。雄花花梗长约 3.5 cm，被卷曲长毛；花被片 4 枚，粉红或淡红色，外面 2 枚近圆形，长约 18 mm，背面被毛，内 2 枚椭圆形，光滑，长约 13 mm，宽 6~7 mm；雄蕊多数，花丝长约 1.5 mm，基部合生，花药倒卵球形，顶端圆。雌花花梗长约 10 mm，花被片 5 枚，由外向内逐渐变小；子房 3 室，中轴胎座，每室胎座裂片 2 枚，花柱 3 枚。蒴果下垂，被疏短毛，具不等 3 翅。

▶**花 果 期**　花期 6—7 月，果期 7—9 月。

▶**分　　布**　云南（马关）。

▶**生　　境**　生于海拔 1600~1900 m 的林下坡地土表。

▶**用　　途**　观赏。

▶**致危因素**　生境退化或丧失、观赏价值高而被过度采集、自然种群过小。

古龙山秋海棠

（秋海棠科 Begoniaceae）

Begonia gulongshanensis Y.M. Shui & W.H. Chen

国家重点保护级别	CITES 附录	IUCN 红色名录
二级		

▶**形态特征** 小型草本。根茎细，直径 3～5 mm，无直立茎。叶从地面根茎上长出。叶柄长 5～9 cm，圆柱形，被毛；叶片长卵形，（12～18）cm×（5～9）cm，尾尖，基部心形，稍偏斜，腹面绿色至深绿色，中央常有灰白色环带或脉间有淡白色条斑，被毛，背面淡绿色或脉间区紫红色，腹脉凹，背脉凸，紫红色。雌雄同株，花序二叉聚伞状，花序轴被毛。雄花花柄长 1～2 cm，被毛，花被片 4 枚，粉红或淡红色，外面 2 枚宽圆形，背面被毛，内 2 枚狭椭圆或倒卵形，无毛；雄蕊多数，花丝基部合生，花药倒卵形。雌花花柄长约 10 mm，被毛，被片 3 枚，粉白或粉红色，外 2 枚宽卵形，内 1 小枚，倒卵披针形；子房 1 室，侧膜胎座，每室胎座裂片 2 条，花柱 3 枚。蒴果下垂，被疏短糙毛，具不等 3 翅，1 大翅近半圆形，2 小翅窄檐状。

▶**花 果 期** 花期 2—5 月，果期 3—6 月。

▶**分　　布** 广西（靖西）。

▶**生　　境** 生于海拔 280 m 的河谷悬崖湿润处或石穴阴凉处。

▶**用　　途** 观赏。

▶**致危因素** 因观赏价值高面临过度采集风险、自然种群过小。

海南秋海棠

（秋海棠科　Begoniaceae）

Begonia hainanensis Chun et F. Chun

国家重点保护级别	CITES 附录	IUCN 红色名录
二级		濒危（EN）

▶**形态特征**　多年生常绿矮小匍匐草本。茎暗红色，上部近直立或斜生，节间长 1.5 ~ 4 cm，粗约 3 mm，密被灰白或红褐色短毛（短于 1 mm）。叶多数，互生，叶柄长 1 ~ 3 cm，密被褐色短毛；叶片窄小，两侧不对称，轮廓卵状长圆形、长椭圆形或披针形，长 3.5 ~ 8 cm，宽 1.2 ~ 3.5 cm，先端渐尖，基部偏斜，边缘具不规则浅波状齿，上面深绿色，光滑，下面红褐色，被毛，毛沿脉较密。雄花花柄长 4 ~ 7 mm，光滑；花冠被片 4 枚，开放时显著后仰，外 2 枚稍大，卵形至卵圆形，粉红，两面红色脉纹清晰，内轮 2 小枚，倒披针形，近白色或白带粉晕；雄蕊群近头状，雄蕊 28 ~ 32 枚，花丝基部联合柱长约 1 mm。雌花花柄长约 8 mm，光滑，花被片 5 枚，粉红色，光滑，外 3 枚大，宽椭圆形，内 2 枚狭窄，倒长卵圆形；子房长椭圆形，3 室，中轴胎座，每室胎座裂片 2 条；花柱长约 3 mm，仅基部微合生。蒴果长卵球形，疏被毛或近无毛，具近等大 3 翅。

▶**花 果 期**　花期 3—5 月，果期 4—7 月。

▶**分　　布**　海南（保亭、陵水）。

▶**生　　境**　生于海拔 950 ~ 1050 m 的溪流石上或树干基部湿润处。

▶**用　　途**　观赏。

▶**致危因素**　生境脆弱、过度采集、自然种群过小。

香港秋海棠

（秋海棠科　Begoniaceae）

Begonia hongkongensis F.W. Xing

国家重点保护级别	CITES 附录	IUCN 红色名录
二级		

▶**形态特征**　常绿草本，根状茎粗 3 ~ 5 mm。有花茎常 2 ~ 3 节，叶多基生，少茎生；托叶披针形，长 1 ~ 2 cm，膜质；叶柄长 4 ~ 10 cm，先端疏生短毛；叶片长圆形、长卵形、近披针形或菱形，稍不对称，长 6 ~ 15 cm，宽 2 ~ 5 cm，正面光滑，背面疏生短糙毛，基部稍斜，楔形至宽楔形，边缘不规则，具圆锯齿，极浅裂，先端急尖、渐尖至尾状。花序轴光滑。雄花花柄长 7 ~ 14 mm，被片 4 枚，白色，光滑，外 2 枚宽卵形或长圆形，内 2 枚卵形；雄蕊多数；花丝下部融合。雌花花柄淡粉红色或近白色，长 2 ~ 2.5 cm，被片 5 枚，白色，光滑；子房卵形，光滑，2 室，中轴胎座，每室胎座裂片 2，花柱 2 枚，离生。蒴果具不等 3 翅。

▶**花 果 期**　花期 6—7 月，果期 7—9 月。

▶**分　　布**　香港。

▶**生　　境**　生于海拔 100 ~ 400 m 的山谷溪流及旁潮湿岩石上。

▶**用　　途**　观赏。

▶**致危因素**　生境脆弱、自然种群过小。

永瓣藤

（卫矛科　Celastraceae）

Monimopetalum chinense Rehder

国家重点保护级别	CITES 附录	IUCN 红色名录
二级		濒危（EN）

▶**形态特征**　藤状灌木，高达 6 m。小枝梢 4 棱，基部常宿存多数芽鳞。叶互生，纸质，卵形、窄卵形或椭圆形，长 5 ~ 9 cm，先端长渐尖或尖尾状，基部圆或宽楔形，边缘具浅细锯齿，侧脉 4 ~ 5 对；叶柄细长，长 0.8 ~ 1.2 cm，托叶细丝状，宿存。聚伞花序有 2 ~ 3 次分枝；花序梗长 0.2 ~ 1.2 cm；苞片及小苞片锥形，宿存，具缘毛状齿缘。蒴果 4 深裂至果基部，常仅 1 ~ 2 室发育，宿存花瓣明显增大呈 4 翅状；种子每室 1 枚，稀 2 枚，黑褐色，基部有细小环状假种皮。

▶**花 果 期**　花期 5 月中旬至 6 月中旬，果期 7—10 月。

▶**分　　布**　安徽（祁门）、江西（景德镇）、湖北、浙江。

▶**生　　境**　生于山坡、路边及山谷杂林中。

▶**用　　途**　作木材。

▶**致危因素**　生境退化或丧失、物种内在因素。

斜翼

（卫矛科　Celastraceae）

Plagiopteron suaveolens Griff.

国家重点保护级别	CITES 附录	IUCN 红色名录
二级		极危（CR）

▶**形态特征**　落叶蔓性灌木。嫩枝被褐色茸毛。单叶，对生，卵形或卵状长圆形，长 8～15 cm，宽 4～9 cm，先端急锐尖，基部圆形或微心形，上面脉上有稀疏茸毛，下面密被褐色星状茸毛，全缘，侧脉 5～6 对；叶柄长 1～2 cm，被毛。花两性，聚伞花序排成圆锥花序，生枝顶叶腋，通常比叶片为短，花序轴被茸毛；花柄长 6 mm；小苞片针形，长 2～3 mm；萼片 3 枚，披针形，长约 2 mm，被茸毛；花瓣 3 片，呈萼片状，反卷，镊合状排列，长卵形，长 4 mm，两面被茸毛；雄蕊多数，长 5 mm，花药球形，2 室，纵裂；子房 3 室，被褐色长茸毛。蒴果三角状陀螺形，顶端有 3 条斜上直伸的翅。

▶**花 果 期**　花期 5 月，果期 6 月。

▶**分　　布**　广西（龙州）。

▶**生　　境**　生于海拔 220 m 的丘陵灌木林里。

▶**用　　途**　科研、文化价值。

▶**致危因素**　人为干扰、分布点少、自然种群过小。

膝柄木

（安神木科　Centroplacaceae）

Bhesa robusta (Roxb.) Ding Hou

国家重点保护级别	CITES 附录	IUCN 红色名录
一级		极危（CR）

▶**形态特征**　乔木，高 10 m 以上。小枝粗，紫棕色，粗糙，有较大叶痕和芽鳞痕。叶长圆状窄椭圆形或窄卵形，长 11～20 cm，先端尖或短渐尖，基部圆或宽楔形，稀平截或浅心形，侧脉 14～18 对，中脉和侧脉在叶下面极明显凸起；叶柄圆柱状，粗壮，长 2～3 cm，先端与叶基部连接处增大呈膝状弯曲。聚伞圆锥花序侧生于小枝上部，呈假顶生状；花序梗短或近无梗；花序轴有 3～5 分枝；花 5 朵，直径约 5 mm，黄绿色；萼片线状披针形，长约 1.5 mm；花瓣窄倒卵形或长圆状披针形，长约 2 mm；花盘浅盘状，雄蕊插生其外缘；子房近扁球形，上部近花柱处有疏毛丛。蒴果窄长卵形，长约 3 cm，顶端喙状。种子 1 枚，椭圆状卵圆形，长约 1.5 cm，棕红或棕褐色；假种皮淡棕色，包被种子基部以上 2/3 处，并有条状或丝状延伸部分上达种子顶部。

▶**花 果 期**　花期 7 月，果期 3 月。

▶**分　　布**　广西。

▶**生　　境**　生于海拔 50 m 的近海岸坡地杂木林中。

▶**用　　途**　科研价值。

▶**致危因素**　自然灾害、物种内在原因。

合柱金莲木

（金莲木科　Ochnaceae）

Sauvagesia rhodoleuca Diels

国家重点保护级别	CITES 附录	IUCN 红色名录
二级		易危（VU）

▶**形态特征**　直立小灌木，高约 1 m。茎常单生或近顶部分叉，暗紫色，光滑。叶薄纸质，狭披针形或狭椭圆形，长 7 ~ 15 cm，宽 1.5 ~ 3 cm，两端渐尖，边缘有密而不相等的腺状锯齿，两面光亮无毛，中脉两面隆起，侧脉多数，近平行，小脉明显；叶柄长 3 ~ 5 mm，腹面有槽。圆锥花序较狭，长 6 ~ 10 cm，花少数，具细长柄；萼片卵形或披针形，长 3 ~ 4 mm，浅绿色；花瓣椭圆形，长 4.5 ~ 6.5 mm，白色，微内拱；退化雄蕊宿存，白色，外轮的腺体状，基部联合成短管，中轮和内轮的长圆形，中轮的较大，顶端截平而有数小齿，内轮的略小，顶端微尖而具 3 齿裂；雄蕊长 2.5 ~ 3.5 mm，花丝短，花药箭头形，2 室；子房卵形，长约 2 mm，花柱圆柱形，柱头小，不明显。蒴果卵球形，长和宽约 5 mm，熟时 3 瓣裂；种子椭球形，长约 1.7 mm，种皮暗红色，有多数小圆凹点。

▶**花　果　期**　花期 4—5 月，果期 6—7 月。

▶**分　　布**　广西、广东。

▶**生　　境**　生于海拔 1000 m 的山谷水旁密林。

▶**用　　途**　药用。

▶**致危因素**　生境破坏、过度采集。

华南飞瀑草

（川苔草科　Podostemaceae）

Cladopus austrosinensis M. Kato & Y. Kita

国家重点保护级别	CITES 附录	IUCN 红色名录
二级		极危（CR）

▶**形态特征**　水生小草本。根近圆柱形，扁平，背腹式，肉质，深绿色，多回羽状分枝，宽 0.5～ 1.3 mm，通常约 1 mm。茎短，着生于根分枝的枝腋，互生。叶生于不育枝上为线形，长可达 6 mm，排成莲座状，开花时脱落；叶生于能育枝上为掌状，中部具 1 深裂，有 5 指状裂片。花两性，单生于能育枝顶端，幼时包藏于暗红色的佛焰状联合苞片内；花梗长约 1.5 mm。花被 2 枚，薄膜质，线形，长 1～1.5 mm；雄蕊 1 枚，长约 1.5 mm；花药椭圆形，2 室；子房球形，带红色；柱头 2，叉状，线形，红色。蒴果球形，长 1.3 mm，2 瓣裂。

▶**花 果 期**　花期 9—12 月，果期 1—3 月。

▶**分　　布**　广东、福建、香港。

▶**生　　境**　生于海拔 200～400 m 急流中的岩石上。

▶**用　　途**　观赏。

▶**致危因素**　生境退化或丧失。

川苔草

（川苔草科　Podostemaceae）

Cladopus doianus Koidz. Kôriba

国家重点保护级别	CITES 附录	IUCN 红色名录
二级		濒危（EN）

▶**形态特征**　根深绿色至淡黄色绿色，扁平，宽 1 ~ 3 mm。不育茎上的叶线形，簇生，长 3 ~ 3.5 mm；可育茎的叶长 1 ~ 2 mm，宽 1 ~ 3 mm，通常具指状分裂，覆瓦状排列。佛焰苞高约 2 mm，顶部和横向开裂；花被片线形，长约 0.8 mm；雄蕊 1 或 2 枚，花丝长 0.8 ~ 1.3 mm，雄蕊 2 枚时基部合生；花药卵球形至球状，长约 0.5 mm；子房多少球状，长 1 ~ 1.5 mm；柱头菱形，长约 0.5 mm。蒴果近球状，直径 1 ~ 2 mm；果柄长 1.5 ~ 2.5 mm。

▶**花　果　期**　花期 9—12 月，果期次年 1—3 月。

▶**分　　布**　福建。

▶**生　　境**　生于海拔 200 ~ 400 m 的急流中的岩石上。

▶**用　　途**　观赏。

▶**致危因素**　生境退化或丧失、直接采挖或砍伐。

福建飞瀑草

（川苔草科　Podostemaceae）

Cladopus fukienensis (H.C. Chao) H.C. Chao

国家重点保护级别	CITES 附录	IUCN 红色名录
二级		

▶**形态特征**　水生小草本。根狭窄，扁平，背腹式，肉质，深绿色，多回羽状分枝，宽 0.58 ~ 1.3 mm，通常约 1 mm。茎短，着生于根分枝的枝腋，互生；能育枝倒塔形，高 3.5 ~ 6 mm，通常约 5 mm。叶生于不育枝上为线形，排成莲座状，开花时脱落；叶生于能育枝上为掌状，中部具 1 深裂，有 2 ~ 9 指状裂片，2 列，对生，通常上部掌状叶较大，向下的渐小。花两性，单生于能育枝顶端，幼时包藏于暗红色的佛焰状联合苞片内，有短梗，花瓣小，2 枚，薄膜质，线形；雄蕊 1 枚，花药椭球形，2 室，无变异；子房卵形，绿色或带红色，柱头短，线形，红色。蒴果球形，直径 0.8 ~ 1.3 mm，平滑。

▶**花 果 期**　未知。

▶**分　　布**　福建（长汀）、广东。

▶**生　　境**　生于水底岩石上。

▶**用　　途**　未知。

▶**致危因素**　生境退化或丧失。

鹦哥岭川苔草

（川苔草科　Podostemaceae）

Cladopus yinggelingensis Q.W. Lin, Gang Lu & Z.Y. Li

国家重点保护级别	CITES 附录	IUCN 红色名录
二级		

▶**形态特征**　根匍匐，附着于岩石表面，带状，交替分枝，宽 4~8 mm，深绿色，干燥时变为灰白色，在根分枝的窦部背面有一簇叶子。每丛叶 4~6 片，线形，扁平，先端渐尖，长 4~6 mm。在根分枝的窦状的背面上有花枝，单生，直立，长 3~5 mm。苞片 15~20 枚，宽 1~2 mm，覆瓦状，指状；裂片 5~10 根，线性，（0.2~0.5）mm ×（0.1~0.2）mm，坚硬，粗糙，表面有二氧化硅。佛焰苞包围幼花，球状，短尖。花单生，顶生；花梗短，长约 1 mm。花被片 2 枚，每侧有一个雄蕊，线形，长 1~1.5 mm。雄蕊 2 枚（花丝合生），很少 1 枚，长 1.3~1.5 mm，与雌蕊等长或稍长于雌蕊；花丝很短，压扁，长 0.5~0.7 mm；花药 4 枚，很少 2 枚，椭圆形，黄色，长约 0.8 mm。子房单个，无梗，绿色，球状，直径 1~1.5 mm。子房 2 个，近垂直，凹槽紫红色；柱头 2 枚，在基部分叉，红色，长约 0.5 mm，向花药弯曲，加宽，钝三角形；胚珠椭球形，每室 30~40 个，生于整个胎座表面。果柄长 1~2 mm。蒴果棕色，球状，直径约 1.5 mm，光滑，干燥时 2 瓣裂；种子小，棕色，压扁，狭卵球形，长 0.3~0.4 mm。

▶**花 果 期**　2—4 月。

▶**分　　布**　海南（鹦哥岭）。

▶**生　　境**　生于海拔 365 m 的无污染的山谷溪流岩石上。

▶**用　　途**　未知。

▶**致危因素**　生境退化或丧失。

中华叉瀑草

（川苔草科　Podostemaceae）

Polypleurum chinense B. Hua Chen & Miao Zhang

国家重点保护级别	CITES 附录	IUCN 红色名录
二级		

▶**形态特征**　水生小草本。根状茎贴生河底岩石上，宽 0.6 ~ 0.8 mm，带状，分支。叶针状，沿根状茎两侧成两排丛生，6 ~ 12 枚一丛，长 17.6（12.4 ~ 23.1）mm，宽 0.2 ~ 0.4 mm。花序从根状茎两侧发出；花苞片 2 ~ 6 枚，针状，长 5 ~ 6 mm，花期前脱落。花单生，幼时包藏于暗红色的佛焰状联合苞片；佛焰苞椭圆形；花梗长 0.7 mm。花被片 2 枚，位于雄蕊两侧，线形，长约 0.3 mm；雄蕊 1 枚，长约 2.9 mm；子房暗绿色，椭球形，长 1.8 mm，宽 0.9 mm，1 室；柱头 2 个，针状，长约 0.9 mm。蒴果具 12 ~ 15 条肋，种子黄色。

▶**花 果 期**　花期从河流枯水期开始，果期 12 月至次年 2 月。

▶**分　　布**　福建（云霄）、诏安。

▶**生　　境**　生于水底岩石上。

▶**用　　途**　未知。

▶**致危因素**　生境退化或丧失。

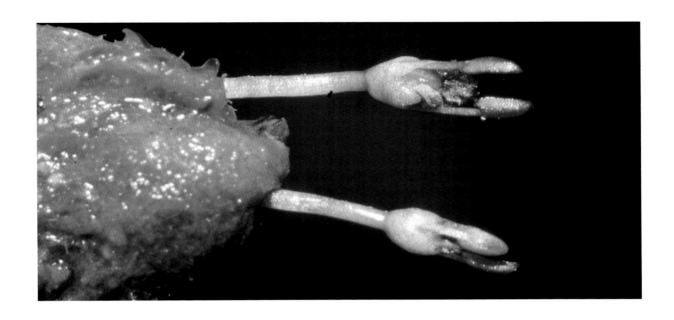

道银川藻

（川苔草科 Podostemaceae）

Terniopsis daoyinensis Q.W. Lin, Gang Lu & Z.Y. Li

国家重点保护级别	CITES 附录	IUCN 红色名录
二级		

▶**形态特征** 水生植物。根匍匐，单轴分枝，扁平，宽 1～3 mm，厚约 1 mm。根两侧有分枝，通常长 3～30 mm，在基部附近单个分枝或多个分枝，具 2～3 小枝。叶近 2 列，3 棱，斜上，具单脉，长枝上的叶分离，椭圆形或长圆形，长 0.5～1 mm，宽 0.3～0.6 mm，短枝上的叶覆瓦状，肾形或卵形，长 0.2～0.5 mm，宽 0.3～0.4 mm，基生叶退化，短于上部叶。花枝非常短，与 2 个或单个多叶不育枝（分枝）合生；花单生，生于小枝的分叉处；花梗长 4～10 mm，苞片 2 个生于基部，长约 1 mm。花被膜质，花萼长 1.5～2 mm，浅裂；裂片 3，半圆形，长 0.5～1 mm。雄蕊 3 枚，雄蕊先熟，雄蕊包括花药长 2～4 mm，明显长于子房；花丝纤细，花药枯萎时下垂；花药长约 1 mm，紫色，箭头形。子房单个，长圆状椭圆形，长 1.5～2 mm，厚约 1 mm，3 室；每室 5～7 胚珠；柱头 3 个，分离，花药枯萎后完全开放，长大 1 mm，紫色，明显多分叉，小枝丝状。蒴果有柄（柄长 5～10 mm），暗褐色，长圆状倒卵球形，长 1.5～2 mm，厚约 1 mm，三棱形，具 9 棱；萼裂片宿存。

▶**花 果 期** 3—4 月。

▶**分　　布** 海南（鹦哥岭）。

▶**生　　境** 生于山谷溪流中的岩石上，通常与鹦哥岭川苔草一起生长。

▶**用　　途** 未知。

▶**致危因素** 未知。

▶**备　　注** 本种与 *Terniopsis filiformis* 近似，是否为同一种有待研究。

永泰川藻

（川苔草科　Podostemaceae）

Terniopsis yongtaiensis X.X. Su, Miao Zhang & Bing-Hua Chen

国家重点保护级别	CITES 附录	IUCN 红色名录
二级		

▶**形态特征**　多年生小草本。根带状、扁平至近圆柱形。贴生于岩石表面，遇水呈深绿色，开花时或水浅时呈紫红色或砖红色。叶 48（39～55）枚，椭圆形或匙形，扁平，无梗，全缘，近 2 列，通常顶部的叶片较基部的为大。花两性，小，单生，无柄；苞片 2 枚，盔状，薄膜质，粉红或淡红色，长 1.27（1.08～1.61）mm，宽 1.09（0.80～1.45）mm；花被片浅裂，裂片 3 条，红紫色，半圆形，下部瓶状，开花时变为白色；雄蕊 2 枚，花丝短，基部与子房相连；花药 4 个，椭圆形，内向，基部圆形；子房椭圆状，3 室，胚珠每室 34 枚；柱头 3 个，垫状或鸡冠状。蒴果倒卵球形，具 9 棱，成熟时裂成相等的 3 片；种子约 25 枚，绿色，泪滴状，顶部略凹。

▶**花 果 期**　花期 12 月至次年 1 月，果期 1—2 月。

▶**分　　布**　福建（永泰）。

▶**生　　境**　生于海拔 95 m 的河流中的岩石上。

▶**用　　途**　未知。

▶**致危因素**　生境退化或丧失。

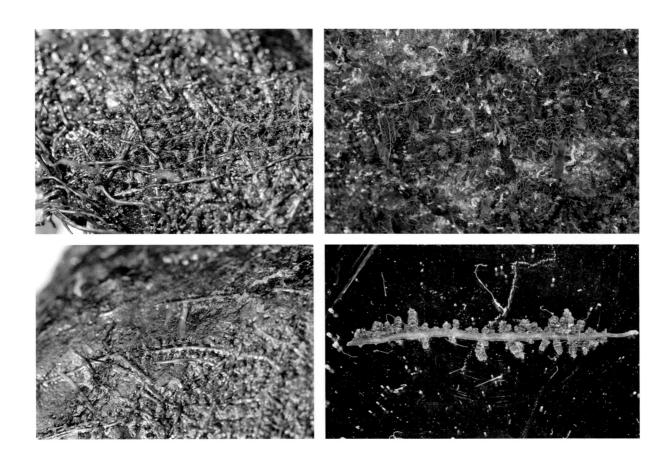

川藻

Terniopsis sessilis H.C. Chao

国家重点保护级别	CITES 附录	IUCN 红色名录
二级		

▶**形态特征** 多年生小草本。根肉质，粉红色或紫红色，长 12 cm，宽 1 ~ 1.4 mm，具羽状分枝，贴生于水底石块、木桩上；吸器丝状，形如根毛。茎多数，分布于根的边缘，长 7 ~ 9 mm，有 5 ~ 10 枚叶片。叶为单叶，扁平，无柄，全缘，3 列，上面一列较大，直立，侧面两列较小，向外开展，通常顶部的叶片较基部的为大，长 0.5 ~ 1 mm，宽 0.4 ~ 0.5 mm。花两性，小，单生或成对，无柄，生于茎基部第一片叶的腋内；苞片 2 枚，盔形，薄膜质，深紫色，长约 1 mm；花被裂片 3 枚，紫色或紫绿色，略呈覆瓦状排列，下部管状；雄蕊 2 ~ 3 枚，花丝短，分离，基部与子房相连，长 0.9 ~ 2.5 mm，花药卵形，内向，4 室，基部箭形；子房椭圆状，3 室，长 0.7 ~ 0.8 mm，柱头 3 个，垫状。蒴果椭球状，裂成相等的 3 片；种子多数，卵球形，长 0.2 ~ 0.24 mm。

▶**花 果 期** 花期冬季。

▶**分　　布** 福建（长汀）。

▶**生　　境** 生于海拔 100 ~ 400 m 的水流湍急的水底岩石、木桩上。

▶**用　　途** 未知。

▶**致危因素** 生境退化或丧失。

水石衣

（川苔草科　Podostemaceae）

Hydrobryum griffithii (Wall. ex Griff.) Tul.

国家重点保护级别	CITES 附录	IUCN 红色名录
二级		易危（VU）

▶**形态特征**　多年生小草本。根呈叶状体状，固着于石头上，外形似地衣，直径达 2.5 cm。叶鳞片状，2 列，每 4～6 枚一簇，覆瓦状排列，有时基部叶为 6 mm 的丝状体或有时全为丝状体，每 2～6 枚一簇，不规则散生于叶状体状的根上。佛焰苞长约 2 mm，花被片 2 枚，线形，生于花丝基部两侧；雄蕊与子房近等长，花药长圆形；子房椭球形；花柱极短，柱头 2 个，楔形。蒴果椭球形，长 2.2 mm，果爿有纤细纵脉；种子椭球形，种皮有颗粒。

▶**花 果 期**　花期 8—10 月，果期次年 3—4 月。

▶**分　　布**　云南。

▶**生　　境**　生于山脚溪流中的石上。

▶**用　　途**　观赏。

▶**致危因素**　生境退化或丧失、直接采挖或砍伐。

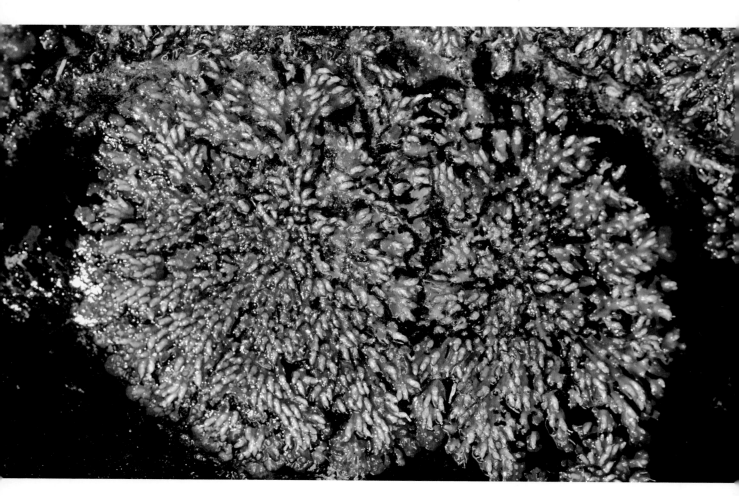

金丝李

Garcinia paucinervis Chun et F.C. How

（藤黄科 Clusiaceae）

国家重点保护级别	CITES 附录	IUCN 红色名录
二级		易危（VU）

▶**形态特征** 乔木，高 3～15 m。树皮具白斑块，幼枝压扁状四棱形。叶片嫩时紫红色，椭圆形至卵状椭圆形，长 8～14 cm，宽 2～6 cm，顶端急尖，基部宽楔形，中脉在下面凸起，侧脉两面隆起，至边缘处弯拱网结，叶柄长 8～15 mm，幼叶叶柄基部两侧各具托叶 1 枚。花杂性同株，雄花排成聚伞花序，腋生或顶生，总花梗短，粗壮，基部具小苞片 2 枚，花萼裂片 4 枚，近圆形，长约 3 mm，花瓣卵形，长约 5 mm，雄蕊多数，合生成 4 裂的环；雌花通常单生于叶腋，比雄花大，退化雄蕊比子房短，柱头盾形，中间隆起。成熟果椭球形，长 3～3.5 cm，直径 2～2.5 cm，顶端宿存的柱头半球形，种子 1 枚。

▶**花 果 期** 花期 6—7 月，果期 11—12 月。

▶**分　　布** 广西、云南。

▶**生　　境** 生于海拔 300～800 m 的石灰岩山干燥林中。

▶**用　　途** 珍贵用材。

▶**致危因素** 生境丧失、生境质量下降、过度采集。

双籽藤黄

（藤黄科　Clusiaceae）

Garcinia tetralata C.Y. Wu ex Y.H. Li

国家重点保护级别	CITES 附录	IUCN 红色名录
二级		易危（VU）

▶**形态特征**　乔木，高 5 ~ 8 m。分枝通常下垂，枝条有纵棱。叶椭圆形或狭椭圆形，长 8 ~ 13 cm，宽 3 ~ 6 cm，顶端急尖，基础部楔形，中脉上凹下凸，侧脉斜伸至边缘处网结，叶柄长约 1 cm。果单生，圆球形，直径 2 ~ 2.5 cm，近无柄，柱头宿存，4 裂，每裂片具乳头状瘤突 4 ~ 5 个。种子 2 枚。

▶**花 果 期**　花期未知，果期 5 月。

▶**分　　布**　云南（景洪、沧源、耿马）。

▶**生　　境**　生于海拔 800 ~ 1000 m 的低丘、平坝杂木林。

▶**用　　途**　庭院绿化。

▶**致危因素**　生境破碎化、生境质量下降。

海南大风子

（青钟麻科　Achariaceae）

Hydnocarpus hainanensis (Merr.) Sleumer

国家重点保护级别	CITES 附录	IUCN 红色名录
二级		易危（VU）

▶**形态特征**　乔木，高 6~9 m。小枝圆柱形，无毛。叶长圆形，长 9~13 cm，宽 3~5 cm，先端短渐尖，基部楔形，边缘有不规则浅波状锯齿，两面无毛，网脉明显，叶柄长约 1.5 cm。总状花序具 15~20 朵花，腋生或顶生，长 1.5~2.5 cm，花序梗短，萼片 4 枚，椭圆形，直径约 4 mm，花瓣 4 枚，肾状卵形，长 2~2.5 mm，宽 3~3.5 mm，边缘有睫毛，内面基部有肥厚鳞片，鳞片不规则 4~6 齿裂，被长柔毛；雄花花丝基部有疏短毛；雌花子房密生黄棕色茸毛，柱头 3 裂，裂片三角形，顶端 2 浅裂。果球形，直径 4~5 cm，密生棕褐色茸毛，果梗粗壮，种子约 20 枚。

▶**花 果 期**　花期 4—5 月。

▶**分　　布**　海南、广西；越南。

▶**生　　境**　生于常绿阔叶林中。

▶**用　　途**　未知。

▶**致危因素**　生境破碎化、生境质量下降。

额河杨

（杨柳科　Salicaceae）

Populus × irtyschensis Ch. Y. Yang

国家重点保护级别	CITES 附录	IUCN 红色名录
二级		

▶**形态特征**　落叶乔木。树皮淡灰色，基部不规则开裂，树冠开展；小枝淡黄褐色，被毛，稀无毛，微有棱。叶卵形、菱状卵形或三角状卵形，长 5 ~ 8 cm，宽 4 ~ 6 cm，先端渐尖或长渐尖，基部楔形、阔楔形、稀圆形或截形，边缘半透明，具腺圆锯齿，上面淡绿色，两面沿脉有疏茸毛，下面较密；叶柄先端微侧扁，被毛，稀无毛，略与叶片等长。雄花序长 3 ~ 4 cm，雄蕊 30 ~ 40 枚，花药紫红色；雌花序长 5 ~ 6 cm，有花 15 ~ 20 朵，轴被疏毛，稀无毛。蒴果卵球形，2（~ 3）瓣裂。

▶**花 果 期**　花期 5 月，果期 6 月。

▶**分　　布**　新疆（阿勒泰地区）。

▶**生　　境**　生于额尔齐斯河及克朗河流域河滩及岸边林地中。

▶**用　　途**　种质资源、生态建群种。

▶**致危因素**　生境丧失、自然种群过小。

寄生花

（大花草科　Rafflesiaceae）

Sapria himalayana Griff.

国家重点保护级别	CITES 附录	IUCN 红色名录
二级		易危（VU）

▶**形态特征**　寄生草本，寄生于崖爬藤植物的根部，花期生在由寄主根皮构成的杯状托上。叶鳞片状，约 10 枚，外部的较小，三角形，内部的较大，卵形。花单生，雌雄异株，花被钟状，裂片10 枚，阔三角形，长 6～8 cm，宽 4～6 cm，粉红色，被黄色疣点；花被管长 6～8 cm，外白色，内紫色，有乳突状柔毛及约 20 条纵棱，喉部有一圈紫色的副花冠，其上有许多线形的突起。雄花：顶部杯状体底部凸起，雄蕊无花丝，生于杯状体的下方；雌花：顶部杯状体具 6 条不明显的辐射线，底部凹陷。果球形。

▶**花　果　期**　花期 8—11 月。

▶**分　　布**　西藏、云南。

▶**生　　境**　生于海拔 500～1300 m 的热带和亚热带常绿阔叶林下，寄生在葡萄科崖爬藤植物的根上。

▶**用　　途**　种质资源、科学研究价值。

▶**致危因素**　生境破碎化导致寄主植物生境质量下降、种子传播困难。

东京桐

（大戟科　Euphorbiaceae）

Deutzianthus tonkinensis Gagnep.

国家重点保护级别	CITES 附录	IUCN 红色名录
二级		濒危（EN）

▶**形态特征**　乔木。高达 12 m，胸径达 30 cm；嫩枝密被星状毛，很快变无毛，枝条有明显叶痕。叶椭圆状卵形至椭圆状菱形，长 10～15 cm，宽 6～11 cm，顶端短尖至渐尖，基部楔形、阔楔形至近圆形，全缘，上面无毛，下面苍灰色，仅脉腋具簇生柔毛；侧脉每边 5～7 条，在近叶缘处弯拱消失；叶柄长 5～15（～20）cm，无毛，顶端有 2 枚腺体。雌雄异株，花序顶生，密被灰色柔毛，雌花序长约 10 cm，宽 6～12 cm，苞片近丝状，宿存；雄花序长约 15 cm，宽约 20 cm。雄花：花萼钟状，具短裂片，萼裂片三角形，长约 1 mm，花瓣长圆形，舌状，两面被毛；花盘 5 深裂；雄蕊 7 枚，花药伸出，花丝被毛。雌花：花萼、花瓣与雄花同，花萼长 2～5 mm；花盘杯状，5 裂；子房被绢毛，花柱顶端 2 次分叉。果稍扁球形，直径约 4 cm，被灰色短毛，外果皮厚壳质，内果皮木质种子椭球状，长约 2.5 cm，宽约 1.8 cm，种皮硬壳质，平滑、有光泽。

▶**花 果 期**　花期 4—6 月，果期 7—9 月。

▶**分　　布**　广西、云南；越南。

▶**生　　境**　生于海拔 900 m 以下的密林中。

▶**用　　途**　可作油料植物。

▶**致危因素**　生境退化或丧失、直接采挖或砍伐。

萼翅藤

（使君子科　Combretaceae）

Getonia floribunda Roxb.

国家重点保护级别	CITES 附录	IUCN 红色名录
一级		

▶**形态特征**　木质藤本。枝密被柔毛。叶对生，卵形，两端钝圆，长 5～12 cm，宽 3～6 cm，叶面被柔毛或无毛，背面密被鳞片和柔毛，侧脉和网脉在两面明显。总状花序腋生和顶生而形成大型聚伞花序。花小，花萼杯状，外面被柔毛，长 5～7 mm，5 裂，裂片三角形，两面密被柔毛，花瓣缺，雄蕊 10 枚，排成 2 轮，5 枚与花萼对生，5 枚生于萼裂片之间。假翅果，长约 8 mm，被柔毛，5 棱；萼裂片 5 枚，增大，翅状，长 10～14 mm，被毛。

▶**花 果 期**　花期 3—4 月，果期 5—6 月。

▶**分　　布**　云南。

▶**生　　境**　生于海拔 300～900 m 的热带季雨林或沟谷雨林。

▶**用　　途**　药用、观赏。

▶**致危因素**　生境破碎化、生境质量下降。

红榄李

（使君子科　Combretaceae）

Lumnitzera littorea (Jack) Voigt

国家重点保护级别	CITES 附录	IUCN 红色名录
一级		易危（VU）

▶**形态特征**　小乔木至乔木。有细长的膝状出水面呼吸根。树皮黑褐色，纵裂；幼枝淡红色或绿色，有叶痕。叶互生，聚生于枝顶，叶片厚肉质，倒卵形，长 6 ~ 8 cm，宽 1.5 ~ 3 cm，先端钝圆，基部渐狭成一不明显的柄，叶脉不明显。总状花序顶生，长 3 ~ 5 cm，花多数。萼片 5 枚，扁圆形，边缘具腺毛，花瓣 5 片，红色，长圆状椭圆形，长 5 ~ 6 mm。雄蕊常为 7 枚，子房基部渐狭成一短柄。果纺锤形，长 1.6 ~ 2 cm，直径 4 ~ 5 mm，顶端具宿存的萼肢。

▶**花 果 期**　花期 5 月，果期 6—8 月。

▶**分　　布**　海南。

▶**生　　境**　生于热带海崖边。

▶**用　　途**　观赏。

▶**致危因素**　生境质量下降。

千果榄仁

Terminalia myriocarpa Van Huerck et Muell.Arg.

国家重点保护级别	CITES 附录	IUCN 红色名录
二级		易危（VU）

▶**形态特征**　乔木，高可达 40 m，具板根。小枝圆柱形，被褐色短茸毛。叶对生，长椭圆形，长 10 ~ 18 cm，宽 5 ~ 8 cm，全缘，顶端具一短而偏斜的尖头，基部钝圆，除中脉两侧被黄褐色毛外，其余无毛，侧脉两面明显，叶柄顶端具 1 对具柄的腺体。大型圆锥花序顶生或腋生，长 18 ~ 26 cm，总轴密被黄色茸毛。花小，极多数，白色，萼筒杯状，5 齿裂，具花盘。瘦果细小，极多数，红色，具 3 翅，翅被疏毛，其中 2 翅等大，对生，1 翅特小，位于两大翅之间。

▶**花 果 期**　花期 8—9 月，果期 10 月至次年 1 月。

▶**分　　布**　广西、云南、西藏；越南、泰国、印度、缅甸、老挝。

▶**生　　境**　生于海拔 100 ~ 1500 m 的热带和亚热带的沟谷边或阴湿的半山。

▶**用　　途**　优质木材，观赏。

▶**致危因素**　生境破碎化、生境质量下降。

小果紫薇

Lagerstroemia minuticarpa Debb. ex P.C. Kanjilal

国家重点保护级别	CITES 附录	IUCN 红色名录
二级		

▶**形态特征**　落叶乔木，高可达40 m。树皮灰白色或棕色，光滑。叶对生或近对生，薄革质，椭圆形、长圆形或卵状披针形，先端渐尖，基部稍偏斜，楔形或圆形，叶下面中脉和脉腋上被微柔毛，老时脱落；叶柄短。圆锥花序顶生，密被柔毛；苞片叶状，小苞片披针形或钻形，早落。花萼宽钟形，苍白色，裂片5～6枚，先端尖；花瓣6片，白色，长圆形，褶皱，边缘卷曲，基部具爪；雄蕊12枚；花柱弯曲，外伸。蒴果椭球形或长球形，3～4瓣裂，果皮灰黑色。

▶**花 果 期**　花期6—10月，果期8月至次年春季。

▶**分　　布**　云南（贡山）、西藏（墨脱、藏南地区）；印度东北部（锡金）。

▶**生　　境**　生于喜马拉雅山脉东段海拔800～1400 m的山地阔叶林中或河边湿地处。

▶**用　　途**　具木材坚硬、纹理通直等优良品质，是珍贵的建筑和家具用材；花量较多、花期较长、树形美观且耐修剪，具有较高的观赏价值。

▶**致危因素**　生境受干扰、过度砍伐、自然种群更新困难。

毛紫薇

（千屈菜科 Lythraceae）

Lagerstroemia villosa Wall. ex Kurz

国家重点保护级别	CITES 附录	IUCN 红色名录
二级		易危（VU）

▶**形态特征** 乔木，高可达 15 m。树皮黑色；小枝、花序及叶片两面均被灰色短柔毛。叶纸质至近革质，对生或近对生，卵形至宽披针形或椭圆形，顶端渐尖或短渐尖，基部阔楔形至近圆形。圆锥花序顶生，球状或塔状；花小，密集。花萼管具波状翅肋，裂片 5~6 枚；花瓣白色，披针形，长 1.5~3 mm；雄蕊约 25 枚，二型，常有 5~6 枚较长；子房近球形，无毛。蒴果近球形至狭卵状长球形，果皮灰黑色。种子具翅。

▶**花 果 期** 花期 5—8 月，果期 9—12 月。

▶**分　　布** 云南（勐海）；老挝、缅甸、泰国、越南。

▶**生　　境** 生于海拔 700~1000 m 的杂木林中。

▶**用　　途** 观赏。

▶**致危因素** 分布狭窄、种群更新困难。

水芫花

（千屈菜科　Lythraceae）

Pemphis acidula J.R. Forst. & G. Forst.

国家重点保护级别	CITES 附录	IUCN 红色名录
二级		无危（LC）

▶**形态特征**　常为小灌木，多分枝。小枝、幼叶和花序均被灰色短柔毛。叶对生，肉质，狭椭圆形至披针形；无柄或近无柄。花单生或孪生，腋生，花柱异长。花萼筒杯状，宿存，具12棱，顶部裂片6枚，三角形，裂片间有6枚短小的角状附属体；花瓣6片，白色或淡粉色，倒卵形至近圆形，辐射对称，褶皱状；雄蕊12枚，6长6短，间隔生长在萼筒中下部，几乎不为2轮；短柱花的6枚长雄蕊可伸出萼筒之外，6枚短雄蕊仅至花萼筒口；长柱花的6枚长雄蕊可至花萼筒口，而6枚短雄蕊仅至萼筒

中上部；子房3室，顶平，成熟时仅有1室发育为特立中央胎座；花柱宿存，在短柱花中内藏，在长柱花中伸出。蒴果革质，倒卵形，几乎全部萼管包围，周裂。种子约20枚，为不规则倒金字塔形。

▶**花果期**　全年开花结果。

▶**分　布**　台湾南部、海南（西沙群岛）；非洲东部向东经印度洋至太平洋群岛、琉球群岛。

▶**生　境**　生于热带海岸礁石或沙滩上。

▶**用　途**　海岸带生态恢复树种。

▶**致危因素**　生境退化或丧失。

细果野菱（野菱）

（千屈菜科　Lythraceae）

Trapa incisa Siebold & Zucc.

国家重点保护级别	CITES 附录	IUCN 红色名录
二级		无危（LC）

▶**形态特征**　浮水草本。根二型，叶二型，浮水叶互生，聚生于茎顶，斜方形或三角状菱形，表面深绿色，背面绿色或有时紫色，基部宽楔形，常有 2 个棕色或黑色斑块，边缘有缺刻状的锐锯齿；叶柄长 5～15 cm，稍膨大成海绵质气囊。沉水叶小，早落。花小，两性，单生于叶腋。萼筒 4 裂；花瓣 4 片，粉色至淡紫色或白色；雄蕊 4 枚，排成 1 轮；子房半下位，2 室，但仅 1 胚珠发育。果实为坚果状，狭菱形，具 4 个刺状角，表面具纵肋纹或平滑；果喙细圆锥形，无果冠；角不等长，下面的角往下，上部的角水平或向上，顶端有硬刺毛。

▶**花 果 期**　花期 5—10 月，果期 7—11 月。

▶**分　　布**　安徽、福建、广东、贵州、海南、河北、黑龙江、河南、湖南、湖北、江苏、江西、吉林、辽宁、陕西、四川、台湾、云南、浙江；印度、印度尼西亚、日本、朝鲜、老挝、马来西亚、俄罗斯（远东地区）、泰国、越南。

▶**生　　境**　生于水体流动缓慢的沼泽地、池塘等。

▶**用　　途**　果可食用。

▶**致危因素**　本种对湿地生境的依赖性较大，当湿地受到破坏和污染后，就会导致其消失。

虎颜花

（野牡丹科　Melastomataceae）

Tigridiopalma magnifica C. Chen

国家重点保护级别	CITES 附录	IUCN 红色名录
二级		濒危（EN）

▶**形态特征**　草本。根状茎短粗，稍木质化。茎极短，被红色粗硬毛。叶片大，膜质，心形，顶端近圆形，基部心形，边缘具不整齐啮蚀状细齿，具缘毛；叶柄圆柱形，肉质，被红色粗硬毛。聚伞花序腋生，蝎尾状，总花梗长 24～30 cm，钝四棱形；苞片极小，早落；花梗具棱，有狭翅。花萼漏斗状至杯形，具 5 棱，棱上有翅；萼片极短，三角状半圆形；花瓣暗红色，广倒卵形，一侧偏斜，几成菱形；雄蕊 10 枚，5 长 5 短；子房卵形，顶端具膜质冠，5 裂，具缘毛。蒴果漏斗状杯形，孔裂，膜质冠木质化，伸出宿存萼外。

▶**花 果 期**　花期约 11 月，果期次年 3—5 月。

▶**分　　布**　广东（信宜、阳春）。

▶**生　　境**　生于海拔 480 m 的山谷密林下阴湿处的溪旁、河边或岩石上。

▶**用　　途**　观赏、具科研价值。

▶**致危因素**　本种的自然生境潮湿、荫蔽，对自然条件具有很强的依赖性，对环境变化的适应力也很弱，当环境受到破坏和干扰后就会影响其种群的生存。

林生杧果

(漆树科 Anacardiaceae)

Mangifera sylvatica Roxb.

国家重点保护级别	CITES 附录	IUCN 红色名录
二级		濒危（EN）

▶**形态特征** 乔木，高可达 30 m。树皮灰褐色，小枝无毛。叶披针形，长 15 ~ 24 cm，宽 3 ~ 5.5 cm，先端渐尖，基部楔形，全缘，无毛，侧脉两面凸起，叶柄长 3 ~ 7 cm，基部增粗。圆锥花序长 15 ~ 33 cm，花稀疏，分枝纤细，花白色。萼片卵状披针形，长约 3.5 mm，内凹；花瓣披针形，里面中下部具 3 ~ 5 条暗褐色纵脉，中间 1 条粗而隆起，近基部会合。雄花花瓣较狭，开花时外卷，雄蕊仅 1 枚发育，不育雄蕊 1 ~ 2 枚，钻形。核果斜长卵形，先端伸长呈向下弯曲的喙，果核大，球形，不压扁，坚硬。

▶**花 果 期** 花期 3—4 月，果期 7 月。

▶**分　　布** 云南。

▶**生　　境** 生于海拔 500 ~ 1900 m 的山坡常绿阔叶林中。

▶**用　　途** 庭院绿化、可作为种质资源。

▶**致危因素** 生境破碎化、生境质量下降、更新困难。

梓叶槭

（无患子科　Sapindaceae）

Acer amplum subsp. *catalpifolium* (Rehder) Y.S. Chen

国家重点保护级别	CITES 附录	IUCN 红色名录
二级		无危（LC）

▶**形态特征**　落叶乔木。树皮平滑，深灰色或灰褐色。皮孔圆形。冬芽小，卵圆形；鳞片6枚，近于无毛。叶纸质，卵形或长圆卵形，长 10 ~ 20 cm，宽 5 ~ 9 cm，基部圆形，先端钝尖具尾状尖尾，不分裂或在中段以下具 2 枚微发育的裂片；上面深绿色，无毛，下面除脉腋具黄色丛毛外，其余均无毛；初生脉和次生脉均在上面微凹下，在下面显著；叶柄无毛，长 5 ~ 14 cm。伞房花序长 6 cm，直径 20 cm，具长 2 ~ 3 mm 的总花梗。花黄绿色，杂性，雄花与两性花同株，4 月于叶初生时开放。萼片 5 枚，长圆卵形，先端钝形，现凹缺，无毛；花瓣 5 片，长圆倒卵形或倒披针形，长 4 ~ 5 mm，宽 1.5 ~ 2 mm，无毛；雄蕊 8 枚，在雄花中长 3 ~ 3.5 mm，两性花中的雄蕊较短，花丝细瘦，无毛，花药黄色，近于球形；花盘无毛，位于雄蕊的外侧；子房无毛，花柱细瘦，2 裂柱头反卷。小坚果压扁状，卵形，淡黄色；具翅，嫩时绿色，成熟时淡黄色，展开成锐角或近于直角。

▶**花 果 期**　花期 4 月，果期 8—9 月。

▶**分　　布**　四川。

▶**生　　境**　生于海拔 400 ~ 1000 m 的阔叶林中。

▶**用　　途**　庭院绿化、作行道树。

▶**致危因素**　生境破碎化或丧失。

庙台槭

(无患子科　Sapindaceae)

Acer miaotaiense P.C. Tsoong

国家重点保护级别	CITES 附录	IUCN 红色名录
二级		易危（VU）

▶**形态特征**　高大落叶乔木，高 20 ~ 25 m。树皮深灰色、稍粗糙。小枝近于圆柱形，当年生枝紫褐色、无毛，多年生枝灰色。叶纸质，外貌近于阔卵形，长 7 ~ 9 cm，宽 6 ~ 8 cm，基部心脏形或近于心脏形、稀截形，常 3 ~ 5 裂，裂片卵形，先端短急锐尖，边缘微呈浅波状，裂片间的凹块钝形，上面无毛，下面沿叶脉有较密短柔毛；初生脉 3 ~ 5 条和次生脉 5 ~ 7 对均在下面，较在上面为显著；叶柄基部膨大，无毛。雄花与雌花同株，总状伞形花序顶生，长 4 ~ 4.5 cm。花黄绿色，萼片 5 枚，花瓣 5 片，雄蕊 8 枚，花药黄色。果序伞房状，连同长 8 ~ 10 mm 的总果梗在内约长 5 cm，无毛；果梗细瘦，约长 3 cm。小坚果扁平，长与宽均约 8 mm，被很密的黄色茸毛；翅长圆形，宽 8 ~ 9 mm，连同小坚果长 2.5 cm，张开几成水平。

▶**花 果 期**　花期 5 月，果期 9 月。

▶**分　　布**　陕西、甘肃、河南、湖北、浙江。

▶**生　　境**　生于海拔 700 ~ 1600 m 的阔叶林中。

▶**用　　途**　庭院绿化。

▶**致危因素**　生境破碎化或丧失。

五小叶槭（五小叶枫，五叶槭）

（无患子科　Sapindaceae）

Acer pentaphyllum Diels

国家重点保护级别	CITES 附录	IUCN 红色名录
二级		易危（VU）

▶**形态特征**　落叶乔木，高达 10 m。树皮深褐色，常裂成不规则的薄片脱落，小枝圆柱形，当年生枝紫色，有椭圆的皮孔。冬芽圆锥状，鳞片卵形，紫色。掌状复叶，叶柄长 6~7 cm，有小叶 4~7 枚，通常为 5 枚，小叶狭披针形，长 5~9 cm，宽 1.4~1.7 cm，先端锐尖，基部楔形，全缘，小叶柄长 5~8 mm，淡黄色，下面略被白粉。伞房花序从有叶的小枝顶端生出，无毛。花淡绿色。雄花与两性花同株；萼片 5 枚，长圆状卵形，长 2.2~2.5 mm；花瓣 5 片，长圆形，长 3.5~4 mm；雄蕊 8 枚，在两性花中雄蕊较短；花盘位于雄蕊的外侧，子房疏被淡黄色柔毛，柱头反卷。小坚果淡紫色，凸起，略被柔毛，翅宽 1 cm，连同小坚果长 2.5~2.8 cm，张开近于锐角。

▶**花　果　期**　花期 4 月，果期 9 月。

▶**分　　　布**　四川。

▶**生　　　境**　生于海拔 2300~2900 m 的疏林中。

▶**用　　　途**　庭院绿化。

▶**致危因素**　生境破碎化、生境质量下降。

漾濞槭（漾濞枫）

（无患子科　Sapindaceae）

Acer yangbiense Y.S. Chen & Q.E. Yang

国家重点保护级别	CITES 附录	IUCN 红色名录
二级		极危（CR）

▶**形态特征**　落叶乔木，高可达 20 m。当年生小枝绿色，被毛，头年生枝绿色至棕色，被灰白色毛，多年生枝棕色，无毛，具棕黄色皮孔，冬芽卵形，被柔毛。叶卵圆形，基部心形，基生掌状 5 脉，背面脉上密被毛，长 10 ~ 20 cm，宽 11 ~ 25 cm；叶片浅 5 裂，裂片先端渐尖，基部裂片常较小，中间的裂片三角状卵形，边缘全缘。总状花序下垂，生于无叶的 2 ~ 3 年枝上，花两性，黄绿色。萼片 5 枚，卵状长圆形，长约 4.5 mm，宽 4 mm；花瓣 5 片，卵形，基部渐狭；雄蕊 8 枚，花柱 2 个，基部联合，上部向下弯曲。果序下垂，翅果长 4.7 ~ 5 cm，翅张开几成直角。

▶**花 果 期**　花期 4 月，果期 9 月。

▶**分　　布**　云南西部。

▶**生　　境**　生于海拔 2400 m 的沟谷。

▶**用　　途**　庭院绿化。

▶**致危因素**　生境破碎化、生境质量下降。

255

龙眼

（无患子科 Sapindaceae）

Dimocarpus longan Lour.

国家重点保护级别	CITES 附录	IUCN 红色名录
二级		易危（VU）

▶**形态特征** 乔木，具板根。小枝粗壮，被微柔毛，散生苍白色皮孔。羽状叶连柄长 15～30 cm，小叶 4～5 对，长圆状椭圆形，两侧掌不对称，长 6～15 cm，宽 2.5～5 cm，顶端短尖，基部极不对称，上侧阔楔形，下侧窄楔形，背面粉绿色，侧脉仅在背面凸起。花序多分枝，顶生或近顶生，密被星状毛。萼片三角状卵形，长约 2.5 mm，两面均被黄褐色茸毛和成束的星状毛，花瓣白色，披针形，仅外面被微柔毛。果近球形，直径 1.2～2.5 cm，通常黄褐色，外面稍粗糙。种子茶褐色，全部被肉质的假种皮包裹。

▶**花 果 期** 花期 3—4 月，果期 7 月。

▶**分　　布** 云南、广东、广西。

▶**生　　境** 生于疏林中。

▶**用　　途** 庭院绿化，果可食用。

▶**致危因素** 生境破碎化、生境质量下降。

云南金钱槭（云南金钱枫）

（无患子科　Sapindaceae）

Dipteronia dyeriana A. Henry

国家重点保护级别	CITES 附录	IUCN 红色名录
二级		濒危（EN）

▶**形态特征**　落叶乔木，高 7～13 m。小枝灰色。奇数羽状复叶连同叶柄长 50～60 cm，小叶通常 11 枚，卵状披针形，顶生小叶具 2～3 cm 的柄，基部楔形，侧生小叶对生，基部通常长圆形；叶片卵状披针形，长 9～13 cm，宽 2.4～4 cm，脉上密被短柔毛，边缘具锯齿。花序顶生，密被毛。萼片 5 枚，外面被毛；花瓣 5 片，与萼片互生，白色，宽卵形；雄花中花丝比花瓣长，两性花中则短。子房压扁，具长硬毛，花柱短。小坚果基部合生，并被环状的翅包裹，直径 5～6 cm。

▶**花 果 期**　花期 4—6 月，果期 9 月。

▶**分　　布**　云南。

▶**生　　境**　生于海拔 2000～2500 m 的林中。

▶**用　　途**　庭院绿化。

▶**致危因素**　生境破碎化、生境质量下降。

伞花木

（无患子科 Sapindaceae）

Eurycorymbus cavaleriei (H. Lév.) Rehder. et Hand.-Mazz.

国家重点保护级别	CITES 附录	IUCN 红色名录
二级		无危（LC）

▶**形态特征** 落叶乔木，高可达 20 m。树皮灰色。小枝圆柱形，被短茸毛。羽状复叶连叶柄长 15 ~ 45 cm，叶轴被皱曲柔毛，小叶 4 ~ 10 对，近对生，长圆状披针形，长 7 ~ 11 cm，宽 2.5 ~ 3.5 cm，顶端渐尖，基部阔楔形，正面仅中脉上被毛，背面无毛或仅沿中脉两侧被微柔毛，小叶柄长约 1 cm。花序半球状，稠密而具极多花，主轴和分枝均被短茸毛。萼片卵形，长 1 ~ 1.5 mm，外面被短茸毛，花瓣稍长，外面被长柔毛，子房被茸毛。蒴果被茸毛。种子黑色，种脐朱红色。

▶**花 果 期** 花期 5—6 月，果期 10 月。

▶**分　　布** 云南、贵州、广西、湖南、广东、福建、台湾。

▶**生　　境** 生于海拔 300 ~ 1400 m 的阔叶林中。

▶**用　　途** 庭院绿化。

▶**致危因素** 生境破碎化、生境质量下降。

掌叶木

（无患子科　Sapindaceae）

Handeliodendron bodinieri (H. Lév.) Rehd.

国家重点保护级别	CITES 附录	IUCN 红色名录
二级		

▶**形态特征**　落叶乔木，高可达 20 m。树皮灰色，小枝圆柱形，褐色，散生圆形皮孔。羽状复叶，叶柄长 4 ~ 11 cm，小叶 4 或 5 枚，椭圆形，长 3 ~ 12 cm，宽 1.5 ~ 6.5 cm，顶端常尾状，基部阔楔形，背面散生黑色腺点。花序长约 10 cm，多花，花梗散生圆形小鳞秕。萼片长椭圆形，长 2 ~ 3 mm，两面被微毛，边缘有缘毛；花瓣长约 9 mm，外面被贴伏柔毛。蒴果长 2.2 ~ 3.2 cm，其中柄状部分长 1 ~ 1.5 cm。

▶**花　果　期**　花期 5 月，果期 7 月。

▶**分　　　布**　贵州、广西。

▶**生　　　境**　生于海拔 500 ~ 800 m 的林中。

▶**用　　　途**　观赏。

▶**致危因素**　生境破碎化、生境质量下降。

爪耳木

（无患子科　Sapindaceae）

Lepisanthes unilocularis Leenh.

国家重点保护级别	CITES 附录	IUCN 红色名录
二级		极危（CR）

▶**形态特征**　灌木，高约 3 m。小枝圆柱形，密被锈色茸毛。奇数羽状复叶，长 22～30 cm，叶轴密被短茸毛，小叶 12～14 对，第一对托叶状，卵形，较小，长约 1.5 cm，宽约 1 cm，其余的披针形，长 5～7 cm，宽 1～1.5 cm，顶端渐尖，基部偏斜，上侧楔形，下侧钝圆，两面散生小腺点，中脉在上面被糙伏毛，小叶柄被茸毛。大型圆锥花序，萼片和花瓣紫红色，长约 5 mm，宽约 2 mm。果顶生，主轴下部有少数与中轴垂直的分枝，果椭球形，长 10～12 mm，平滑。种子褐色，种脐圆形。

▶**花　果　期**　果期 3 月。

▶**分　　布**　海南。

▶**生　　境**　生于林中。

▶**用　　途**　观赏、种质资源。

▶**致危因素**　生境破碎化、生境质量下降。

野生荔枝

Litchi chinensis var. *euspontanea* H.H. Hsue

（无患子科　Sapindaceae）

国家重点保护级别	CITES 附录	IUCN 红色名录
二级		濒危（EN）

▶**形态特征**　乔木，树皮灰黑色。小枝圆柱形，密生白色皮孔。羽状复叶连叶柄长 10 ~ 25 cm，小叶 2 ~ 3 对，披针形，长 6 ~ 15 cm，宽 2 ~ 4 cm，顶端骤尖，全缘，背面粉绿色，无毛。花序顶生，多分枝。萼片被金黄色短茸毛，子房密被小瘤体和硬毛。果卵球形或球形，直径 2 ~ 3.5 cm，成熟时红色，种子全部被肉质假种皮包裹。

▶**花 果 期**　花期 3—4 月，果期 6—7 月。

▶**分　　布**　云南、海南、广西。

▶**生　　境**　生于海拔 200 ~ 1700 m 的林中。

▶**用　　途**　庭院绿化、药用、作为种质资源。

▶**致危因素**　生境破碎化、生境质量下降。

韶子（野红毛丹）

（无患子科　Sapindaceae）

Nephelium chryseum Blume

国家重点保护级别	CITES 附录	IUCN 红色名录
二级		

▶**形态特征**　常绿乔木，高 10～20 m。小枝有直纹，嫩部被锈色短柔毛。叶连柄长 20～40 cm；小叶通常 4 对，长圆形，长 6～18 cm，宽 2.5～7.5 cm，两端近短尖，全缘，背面被柔毛；侧脉在腹面近平坦或微凹陷，在背面凸起。花序多分枝。萼片长 1.5 mm，密被柔毛；花盘被柔毛；雄蕊 7～8 枚，花丝被长柔毛；子房 2 裂，2 室，被柔毛。果椭球形，红色，具刺，长 4～5 cm，宽 3～4 cm；刺长 1 cm，两侧扁，基部阔，顶端尖，弯钩状。

▶**花　果　期**　花期 4 月，果期 7 月。

▶**分　　布**　云南、广西、广东。

▶**生　　境**　生于海拔 500～1500 m 的密林中。

▶**用　　途**　木材可做家具，果可食用。

▶**致危因素**　生境破碎化、生境质量下降。

海南假韶子

（无患子科　Sapindaceae）

Paranephelium hainanense H.S. Lo

国家重点保护级别	CITES 附录	IUCN 红色名录
二级		极危（CR）

▶**形态特征**　常绿乔木，高 3～9 m。小枝红棕色，具紧密的椭圆形皮孔，幼时具短柔毛；小叶 3～7 枚；小叶柄膨胀，叶片长圆形，长 8～20 cm，宽 3～7 cm，基部楔形，边缘具稀疏的锯齿，先端锐尖。花序顶生，具多花，被锈色短柔毛。萼片三角形，长约 1 mm，两面被茸毛。花瓣 5 片，卵形。花盘 5 浅裂；雄蕊通常 8 枚；子房具糙伏毛。蒴果近球形，具刺，直径 2.5～3 cm。

▶**花 果 期**　花期 4—5 月，果期 7—8 月。

▶**分　　布**　海南（三亚）。

▶**生　　境**　生于海拔 700 m 的密林中。

▶**用　　途**　优质木材。

▶**致危因素**　生境破碎化、生境质量下降，种子难扩散。

宜昌橙

Citrus cavaleriei H. Lév. ex Cavalier

国家重点保护级别	CITES 附录	IUCN 红色名录
二级		

▶**形态特征**　小乔木或灌木状，树高约 10 m，胸围达 1.6 m。嫩枝被疏毛，徒长枝和隐芽枝有刺。叶身卵状披针形，长 3 ~ 5.5 cm，宽 1.5 ~ 2 cm，顶部短狭尖，翼叶比叶身长 1 ~ 3 倍，狭长圆形，长 6 ~ 16 cm，宽 2.5 ~ 4 cm，顶端圆、基部沿叶柄下延，叶缘有细浅钝裂齿。总状花序有花 5 ~ 9 朵，很少同时有单花腋生。花蕾阔椭圆形，淡紫红色，长 1.5 cm；花白色，花径 3 ~ 3.5 cm；花瓣 4 或 5 片；花丝分离，被细毛；子房近椭圆形，淡绿色，花柱长约 6.5 mm，柱头甚大，淡黄色。果椭球形、圆球形或扁球形，纵径 8 ~ 10 cm，横径 10 ~ 12 cm，两端圆，顶部微凹，有浅放射沟，淡黄或黄绿色，果皮厚 1.5 ~ 2 cm，油胞大，凸起，果心实，瓤囊 10 ~ 13 瓣，果肉淡黄白色，汁胞长短不等，较长的长 2.4 cm，沿一侧有深黄色条纹。种子味甚酸，微带苦；种皮平滑，单胚。

▶**花 果 期**　花期 3—4 月，果期 10—11 月。

▶**分　　布**　湖北（宜昌）。

▶**生　　境**　生于海拔 800 ~ 2000 m 的山坡杂木林中。

▶**用　　途**　食用、嫁接、作为种质资源。

▶**致危因素**　直接采挖或砍伐、生境遭到破坏。

道县野橘

Citrus daoxianensis S.W. He & G.F. Liu

国家重点保护级别	CITES 附录	IUCN 红色名录
二级		

▶**形态特征**　小乔木，高 7 ~ 8 m。枝上有短刺。叶宽披针形，叶长 6 ~ 7.2 cm，叶宽 2.3 ~ 3 cm；翼叶短窄，线形，与叶交接处具有明显的关节。花单生叶腋，花径 1.1 ~ 2 cm，花瓣少于 9 片；雄蕊 13 ~ 19 枚。果实圆球形，横径 2.8 ~ 3.2 cm，果皮黄色或橙色，汁囊结构为长纺锤形，果胶较多，具酸味，具 8 ~ 20 枚种子；果柄长 0.3 ~ 0.5 cm。种子卵球形，有短嘴，胚多数，浅绿色，子叶绿色。

▶**花 果 期**　花期 5 月，果期 11 月。

▶**分　　布**　湖南（道县）。

▶**生　　境**　生于海拔 500 ~ 550 m 的山区。

▶**用　　途**　食用、作为种质资源。

▶**致危因素**　生境遭到破坏。

红河橙

（芸香科　Rutaceae）

Citrus hongheensis Y. Ye, X. Liu, S.Q. Ding & M. Liang

国家重点保护级别	CITES 附录	IUCN 红色名录
二级		

▶**形态特征**　树高约 10 m，胸围达 1.6 m。嫩枝被疏毛，徒长枝和隐芽枝有刺。叶身卵状披针形，长 3 ~ 5.5 cm，宽 1.5 ~ 2 cm，顶部短狭尖，翼叶比叶身长 1 ~ 3 倍，狭长圆形，长 6 ~ 16 cm，宽 2.5 ~ 4 cm，顶端圆、基部沿叶柄下延，叶缘有细浅钝裂齿。总状花序有花 5 ~ 9 朵，很少同时有单花腋生；花蕾阔椭圆形，淡紫红色，长 1.5 cm；花白色，花径 3 ~ 3.5 cm；花瓣 5 或 4 片；花丝分离，被细毛；子房近椭圆形，淡绿色，花柱长约 6.5 mm，柱头甚大，淡黄色，细伐裂。果椭球形、圆球形或扁球形，纵径 8 ~ 10 cm，横径 10 ~ 12 cm，两端圆，顶部微凹，有浅放射沟，淡黄或黄绿色，果皮厚 1.5 ~ 2 cm；油胞大，凸起，果心实，瓢囊 10 ~ 13 瓣；果肉淡黄白色，汁胞长短不等，较长的长 2.4 cm，沿一侧有深黄色条纹。种子味甚酸，微带苦。种子长 12 mm，宽 10 ~ 12 mm，厚 6 ~ 8 mm，种皮平滑，单胚。

▶**花　果　期**　花期 3—4 月，果期 10—11 月。

▶**分　　　布**　云南（红河）。

▶**生　　　境**　生于海拔 800 ~ 2000 m 的山坡杂木林中。

▶**用　　　途**　具经济价值和研究价值。

▶**致危因素**　分布范围狭小。

莽山野橘

（芸香科　　Rutaceae）

Citrus mangshanensis S.W. He & G.F. Liu

国家重点保护级别	CITES 附录	IUCN 红色名录
二级		

▶**形态特征**　小乔木或灌木状，高 8 ~ 9 m。分支弯曲，小枝具刺。叶宽椭圆形或卵形，长 4.2 ~ 5.3 cm，宽 2.4 ~ 2.7 cm，顶端急尖，基部楔形，具细圆齿；叶柄长约 9 mm。花单生或者簇生，直径 1.8 ~ 2.3 cm；花梗长 5 mm。花萼绿色，花瓣白色；雄蕊 20 ~ 24 枚，花丝分离或基部合生；子房近梨形或球形，花柱粗短。柑果近梨形或扁球形，果皮粗糙，直径 6 ~ 7.5 cm，果顶部具短硬尖，富含果胶，汁胞球形或卵形，含油腺点，味极酸微苦。

▶**花　果　期**　果期 10 月。

▶**分　　　布**　湖南南部。

▶**生　　　境**　生于海拔 700 m 的山区中。

▶**用　　　途**　作种质资源。

▶**致危因素**　生境遭到破坏。

山橘

（芸香科　Rutaceae）

Fortunella hindsii (Champ. ex Benth.) Swingle

国家重点保护级别	CITES 附录	IUCN 红色名录
二级		

▶**形态特征**　灌木，高达 2 m，多枝，刺短。单小叶或兼有单叶，小叶椭圆形或倒卵状椭圆形，长 4～6 cm，先端圆，稀短钝尖，基部圆或宽楔形，近顶部具细钝齿，稀全缘，叶柄长 6～9 mm，与叶片连接处具关节。花单生或少数簇生叶腋；花梗甚短。花萼（4）5 浅裂；花瓣 5 片，长不及 5 mm；雄蕊约 20 枚，花丝合生成 4～5 束；子房 3～4 室。果球形或稍扁球形，直径 0.8～1 cm，橙黄或朱红色，果皮平滑，果肉味酸。本种是四倍体，$2n=36$，很可能是自然的同源四倍体。

▶**花 果 期**　花期 4—5 月，果期 10—12 月。

▶**分　　布**　安徽南部、江西、福建、湖南、广东、广西。

▶**生　　境**　生于低海拔疏林中。

▶**用　　途**　作种质资源。

▶**致危因素**　过度砍伐。

金豆

（芸香科 Rutaceae）

Fortunella venosa (Champ. ex Benth.) C.C. Huang

国家重点保护级别	CITES 附录	IUCN 红色名录
二级		

▶**形态特征** 灌木，高 0.25 ~ 1 m。单叶，叶片椭圆形，稀倒卵状椭圆形，通常长 2 ~ 4 cm，宽 1 ~ 1.5 cm，较小的长不及 1 cm，宽约 4 mm，顶端圆或钝；叶柄长 1 ~ 3 mm。单花腋生，常位于叶柄与刺之间。花萼杯状，裂片三角形，5 ~ 4（~ 3）裂，淡绿色；花瓣白色，长 3 ~ 4（~ 5）mm，卵形，顶端尖，扩展；雄蕊为花瓣数的 2 ~ 3 倍，花丝合生呈筒状，少数为两两合生，白色，花药淡黄色，花盘短小；子房 2 ~ 4 室。果球形或椭球形，直径 6 ~ 8 mm，果顶稍浑圆，有短凸柱（柱头及花柱），果皮熟透时橙红色，厚 0.5 ~ 1 mm，瓤囊 3 ~ 4 瓣。种子 2 ~ 4 枚；种子阔卵形或扁球形，平滑无棱；端尖或钝，子叶及胚均绿色，多胚（可达 8 枚）。

▶**花 果 期** 花期 4—5 月，果期 11 月至次年 1 月。

▶**分 布** 福建（南平）、江西（永丰）、湖南（宁远）。

▶**生 境** 未知。

▶**用 途** 食用、作种质资源。

▶**致危因素** 过度砍伐。

黄檗

（芸香科　Rutaceae）

Phellodendron amurense Rupr.

国家重点保护级别	CITES 附录	IUCN 红色名录
二级		易危（VU）

▶**形态特征**　落叶乔木，高达 20（~30）m，胸径 1 m。枝扩展，成年树的树皮有厚木栓层，浅灰或灰褐色，深沟状或不规则网状开裂，内皮薄，鲜黄色，味苦，黏质，小枝暗紫红色，无毛。奇数羽状复叶对生，叶轴及叶柄均细；小叶 5~13 枚，薄纸质至纸质，卵状披针形或卵形，长 6~12 cm，先端长渐尖，基部宽楔形或圆，具细钝齿及缘毛，上面无毛或中脉疏被短毛，下面基部中脉两侧密被长柔毛，后脱落。萼片宽卵形，长约 1 mm；花瓣黄绿色，长 3~4 mm；雄花雄蕊较花瓣长。果圆球形，具 5~8（~10）浅纵沟。

▶**花 果 期**　花期 5—6 月，果期 9—10 月。

▶**分　　布**　黑龙江、吉林、辽宁、内蒙古、河北、山西、山东、河南、安徽、台湾。

▶**生　　境**　多生于山地杂木林中或山区河谷沿岸；适应性强，喜阳光，耐严寒，宜于平原或低丘陵坡地、路旁、住宅旁及溪河附近水土较好的地方种植。

▶**用　　途**　工业用、药用。

▶**致危因素**　过度砍伐。

川黄檗

（芸香科　Rutaceae）

Phellodendron chinense Schneid.

国家重点保护级别	CITES 附录	IUCN 红色名录
二级		

▶**形态特征**　落叶乔木，高达 15 m，胸径 1 m。成年树有厚纵裂木栓层，内皮黄色。奇数羽状复叶对生，叶轴及叶柄较粗，密被褐锈色或褐色柔毛；小叶 7 ~ 15 枚，纸质，长圆状披针形或卵状椭圆形，长 8 ~ 15 cm，宽 3.5 ~ 6 cm，先端渐尖，基部宽楔形或圆，全缘或浅波状，上面中脉被短毛或嫩叶被疏短毛，下面密被长柔毛，叶脉毛密；小叶柄长 1 ~ 3 mm，被毛；花序顶生，花密集，花序轴粗，密被柔毛。果多数密集成团，椭球形或近球形，直径 1 ~ 1.5 cm，蓝黑色，小核 5 ~ 8(~ 10)枚。

▶**花　果　期**　花期 5—6 月，果期 9—11 月。

▶**分　　布**　湖北、湖南西北部、四川东部。

▶**生　　境**　生于海拔 900 m 以上的杂木林中。

▶**用　　途**　药用。

▶**致危因素**　过度砍伐。

富民枳

（芸香科　Rutaceae）

Poncirus polyandra S.Q. Ding, X.N. Zhang, Z.R. Bao & M.Q. Liang

国家重点保护级别	CITES 附录	IUCN 红色名录
二级		

▶**形态特征**　常绿小灌木，高约 2.5 m。新梢呈三棱形，绿色，老枝浑圆。叶腋有 1 芽 1 短尖刺。指状三出叶。单花，腋生，花白色，直径 6.4 ~ 7 cm，花梗长短不一，长 3 ~ 7 mm，粗 2 mm；萼片 5 枚，宽卵形，长 7 mm，宽 5 mm；花瓣 5 ~ 9 片，阔椭圆形，被茸毛，以边缘为多，长 3.2 ~ 3.4 cm，宽 1.6 ~ 1.9 cm；雄蕊 35 ~ 43 枚，花丝分离，长 4 mm，花药黄色，顶端尖，具乳白色半透明突起；子房扁球形，直径 6 mm，被茸毛，10 室，柱头头状，微凹，绿黄色，高 2 mm，直径 3 mm，花柱长 2 mm。果幼嫩时扁圆球形，绿色，被茸毛。

▶**花　果　期**　花期 3—4 月，果期 8—9 月。

▶**分　　布**　云南（富民县）。

▶**生　　境**　生于海拔 2390 m 的杂木林中。

▶**用　　途**　药用、观赏。

▶**致危因素**　分布区极窄、过度采伐。

望谟崖摩

（楝科　Meliaceae）

Aglaia lawii (Wight) C.J. Saldanha

国家重点保护级别	CITES 附录	IUCN 红色名录
二级		易危（VU）

▶**形态特征**　乔木，高 2～20 m。枝浅灰色，被毛。叶互生，长达 50 cm；小叶柄有时稍膨大，具稀疏或密的鳞片，有时几无毛；小叶 3～9 枚，互生或近对生；小叶叶片椭圆形至披针形，长 5～20 cm，宽 2～7.5 cm，背面在脉上具鳞片或整个背面都具鳞片，基部圆形或一侧多少偏斜楔形且明显下延而另一侧圆形，先端渐尖。聚伞圆锥花序腋生，总状，通常比叶短，密被鳞片。花单性，直径 3～5 mm，具节和鳞片；花萼杯状，长 1～2 mm，密被鳞片，3～5 裂，裂片圆形或有时近截形；花瓣 3 片或有时 4 片，基部通常合生，下面的一个通常反折，具龙骨状隆起。子房短圆锥状，具星状鳞片。果序长 6～10 cm，具鳞片。果开裂，椭球形或球形，基部渐缢缩为 3～16 mm 的柄，直径 1～3 cm；花萼宿存，平展和多少反折。种子完全被通常红色的肉质假种皮包围。

▶**花 果 期**　花期 5—12 月，果期几乎全年。

▶**分　　布**　广东、广西、贵州、海南、台湾、西藏、云南。

▶**生　　境**　生于海拔 1600 m 以下的林中。

▶**用　　途**　庭院绿化。

▶**致危因素**　生境破碎化、生境质量下降。

红椿

（楝科　Meliaceae）

Toona ciliata M. Roem.

国家重点保护级别	CITES 附录	IUCN 红色名录
二级		易危（VU）

▶**形态特征**　乔木，高达 30 m。小枝初时被柔毛，渐变无毛，有稀疏的苍白色皮孔。羽状复叶长 25～40 cm，通常有小叶 7～8 对；小叶对生或近对生，长圆状卵形或披针形，长 8～15 cm，宽 2.5～6 cm，先端尾状渐尖，基部两侧不等，一侧圆形，另一侧楔形，边全缘。圆锥花序顶生，被短硬毛。花长约 5 mm，花萼短，5 裂，裂片钝，被微柔毛；花瓣 5 片，长圆形，长 4～5 mm，无毛或被微柔毛，花丝被疏柔毛，花盘与子房等长，被粗毛；子房密被长硬毛，柱头盘状，有 5 条细纹。蒴果长椭球形，木质，有苍白色皮孔，长 2～3.5 cm。种子两端具翅，翅扁平。

▶**花 果 期**　花期 4—6 月，果期 10—12 月。

▶**分　　布**　福建、湖南、广东、广西、四川、云南。

▶**生　　境**　生于海拔 1600 m 以下的林缘。

▶**用　　途**　作优质木材。

▶**致危因素**　生境破碎化、生境质量下降。

木果楝

（楝科 Meliaceae）

Xylocarpus granatum J. Koenig

国家重点保护级别	CITES 附录	IUCN 红色名录
二级		无危（LC）

▶**形态特征** 乔木，高达 5 m。枝无毛。羽状复叶长 15 cm，小叶通常 4 枚，对生，椭圆形至倒卵状长圆形，长 4～9 cm，宽 2.5～5 cm，先端圆形，基部楔形至宽楔形，边全缘，侧脉离边缘弯拱网结，小叶柄极短，基部膨大。花组成疏散的聚伞花序，再组成圆锥花序。花梗长达 1 cm；花萼裂片圆形；花瓣白色，倒卵状长圆形，长 6 mm；雄蕊管卵状壶形，顶端的裂片近圆形，微 2 裂，花盘约与子房等长，基部收缩，顶端肉质，有条纹；花柱近四角形，无毛，柱头盘状，约与雄蕊管等高。蒴果球形，具柄，直径 10～12 cm，种子 8～12 枚。种子有棱。

▶**花 果 期** 花期 4—5 月，果期 10—11 月。

▶**分　　布** 海南。

▶**生　　境** 生于海平面的红树林中。

▶**用　　途** 作优质木材。

▶**致危因素** 生境破碎化、生境质量下降。

柄翅果

（锦葵科　Malvaceae）

Burretiodendron esquirolii (Lévl.) Rehder

国家重点保护级别	CITES 附录	IUCN 红色名录
二级		易危（VU）

▶**形态特征**　大型落叶乔木，高约 20 m。叶纸质，椭圆形、阔椭圆形或阔倒卵圆形，长 9～14 cm，宽 6～9 cm，先端急短尖，基部不等侧心形，两面均被星状柔毛，叶缘有小齿突。聚伞花序约与叶柄等长，有花 3 朵；均被星状毛。花白色或淡黄色，2 枚卵形苞片被毛，长约 7 mm。雄花具柄，直径约 2 cm，萼片长约 1 cm，宽 4 mm；花瓣阔倒卵形，长 1.1 cm，宽 17 cm；雄蕊约 30 枚。果序有具翅蒴果 1～2 枚，蒴果椭球形，长 3.5～4 cm，具 5 条薄翅，基部圆形。种子长倒卵形，长约 1 cm。

▶**花 果 期**　花期约 5 月，果期 9—10 月。

▶**分　　布**　云南东南部、贵州（罗甸、册亨）、广西（红水河流域）；缅甸、泰国。

▶**生　　境**　生于海拔 200～1100 m 的石灰岩及砂岩山地常绿林。

▶**用　　途**　作木材。

▶**致危因素**　生境丧失、过度砍伐。

滇桐

（锦葵科　Malvaceae）

Craigia yunnanensis W.W. Sm. et W.E. Evan

国家重点保护级别	CITES 附录	IUCN 红色名录
二级		濒危（EN）

▶**形态特征**　大型落叶乔木。叶纸质，椭圆形，长 10～20 cm，宽 5～11 cm，先端急短尖，基部圆形，叶缘有小齿突。聚伞花序腋生，长约 3 cm，有花 2～9 朵。花两性，萼片 5 枚，长圆形，外面被毛，长约 1 cm，花瓣退化；外轮有退化雄蕊 10 枚，花瓣状；内轮有可育雄蕊 20 枚。蒴果具翅，椭球形，长约 3.5 cm，宽约 2.5 cm；膜质翅 5 棱，质地薄。

▶**花 果 期**　花期 8—9 月，果期 11—12 月。

▶**分　　布**　云南南部、贵州南部、广西西南部；越南。

▶**生　　境**　生于石灰岩山地的常绿阔叶林。

▶**用　　途**　作木材。

▶**致危因素**　生境破碎化或丧失、过度砍伐。

海南椴

（锦葵科　Malvaceae）

Diplodiscus trichospermus (Merr.) Y. Tang, M.G. Gilbert & Dorr

国家重点保护级别	CITES 附录	IUCN 红色名录
二级		易危（VU）

▶**形态特征**　灌木或小型乔木。树皮灰白色。嫩枝被灰褐色柔毛，老枝暗褐色，无毛。叶互生，薄革质，卵圆形，长 6 ~ 12 cm，宽 4 ~ 9 cm，先端渐尖或锐尖，基部截形或略呈心形，上面无毛或近无毛，下面密被黄色星状短柔茸毛，全缘或微波状或局部有小齿。叶柄被毛。圆锥花序顶生，花序柄密被灰黄色星状短茸毛。花两性，多数。花萼 2 ~ 5 裂，外面密被黄色星状柔毛；花瓣黄色或白色，倒披针形，无毛。雄蕊 20 ~ 30 枚，无毛；花柱单生，柱头锥状。蒴果倒卵形，具 4 ~ 5 棱，长 2 ~ 2.5 cm。种子椭球形，长约 4 mm，密被黄褐色长柔毛。

▶**花 果 期**　花期 9—10 月，果期约 11 月。

▶**分　　布**　海南、广西南部。

▶**生　　境**　生于中等海拔的山地疏林中。

▶**用　　途**　作木材和纤维原料。

▶**致危因素**　生境破坏。

蚬木

（锦葵科 Malvaceae）

Excentrodendron tonkinense (A. Chev.) H.T. Chang & R.H. Miau

国家重点保护级别	CITES 附录	IUCN 红色名录
二级		濒危（EN）

▶**形态特征** 常绿乔木，高 20 m。雌雄异株。叶革质，卵形，长 14 ~ 18 cm，宽 8 ~ 10 cm，先端渐尖，基部圆形，脉腋有囊状腺体及毛丛，基出脉 3 条，全缘。圆锥花序或总状花序有花 3 ~ 6 朵，花梗具节，被星状柔毛；苞片早落。萼片长圆形，长约 1 cm，外面有星状柔毛，内面无毛；花瓣倒卵形；雄蕊 18 ~ 35 枚，分为不等数的 5 组；子房 5 室，中轴胎座，具 5 条离生花柱。翅果纺锤形，长 2 ~ 3 cm，有 5 条翅。

▶**花 果 期** 花期未知，果期约 11 月。

▶**分　　布** 广西；越南北部。

▶**生　　境** 生于石灰岩的常绿林中。

▶**用　　途** 作木材。

▶**致危因素** 过度砍伐、人为干扰。

▶**备　　注** 本种有时放入 *Burretiodendron*.

广西火桐

（锦葵科　Malvaceae）

Erythropsis kwangsiensis (H.H. Hsue) H.H. Hsue

国家重点保护级别	CITES 附录	IUCN 红色名录
一级		极危（CR）

▶**形态特征**　落叶乔木，高达 10 m。树皮灰白色；小枝灰黑色，几乎无毛；嫩芽密被淡黄褐色星状短柔毛。叶纸质，广卵形或近圆形，长 10～17 cm，宽 9～17 cm，两面均被稀疏短柔毛；全缘或顶端 3 浅裂；基部浅心形或截形；叶柄被稀疏淡黄褐色星状短柔毛。聚伞总状花序及花梗密被金黄色带红褐色星状茸毛；萼圆筒形，长 32 mm，宽 11 mm，5 浅裂，外面密被金黄色带红褐色星状茸毛，内面鲜红色，被星状柔毛；花瓣退化；雄花的雄蕊 15 枚，集中生于雌雄蕊柄顶端。蓇葖果紫红色，膜质，成熟前开裂成叶状；内含黄褐色卵球形种子 1～2 枚。

▶**花 果 期**　花期 6 月，果期 7—8 月。

▶**分　　布**　广西中部至南部。

▶**生　　境**　生于石灰岩山谷的缓坡灌丛。

▶**用　　途**　观赏、作木材。

▶**致危因素**　生境破碎化、人为干扰。

石生火桐

（锦葵科　Malvaceae）

Firmiana calcarea C.F. Liang & S.L. Mo ex Y.S. Huang

国家重点保护级别	CITES 附录	IUCN 红色名录
二级		

▶**形态特征**　落叶灌木，高 2 ~ 5 m。嫩枝绿色，无毛或被星状柔毛。叶心形或卵形，全缘或 3 浅裂，基部圆形或心形，长 6 ~ 12 cm，宽 6 ~ 15 cm，上面疏被星状柔毛，下面灰白色，密被星状柔毛；基生脉 5 ~ 7 条，中脉两侧各有 2 ~ 4 条小脉；叶柄长 3.5 ~ 13 cm，密被黄色星状柔毛。圆锥花序顶生或腋生，长 10 ~ 23 cm。花萼浅红色，长约 9 mm，深裂几至基部，萼片向外卷曲。雄花具 15 枚花药，呈不规则头状集生于雌雄蕊柄顶端；雌花子房卵圆形，子房直径约 2.5 mm，表面具 5 纵沟，密被星状柔毛；退化雄蕊环绕子房基部而生。蓇葖果膜质，长 5 ~ 7 cm，宽 2 ~ 3 cm，表面近无毛，每蓇葖含种子 2 ~ 4 枚。种子黄褐色，圆球形，直径约 7 mm。

▶**花 果 期**　花期 4—8 月，果期 7—9 月。

▶**分　　布**　广西（龙州）；越南北部。

▶**生　　境**　生于石灰岩山顶的石缝中。

▶**用　　途**　作木材及纤维原料、观赏。

▶**致危因素**　生境丧失、过度砍伐、人为干扰。

火桐

Firmiana colorata R. Brown. Merr.

国家重点保护级别	CITES 附录	IUCN 红色名录
二级		

▶**形态特征**　落叶乔木，高达 15 m。嫩枝疏被灰白色短柔毛。叶亚革质，广心形，长 17.5 ~ 25 cm，宽 18 ~ 20 cm，先端 3 ~ 5 浅裂，基部心形，两面均疏被淡黄色星状短柔毛；基生脉 5 ~ 7 条，两面小脉均凸出，几平行；叶柄长 10 ~ 15 cm。聚伞花序排列为圆锥花序状，长达 7 cm，密被橙红色星状短柔毛；花梗被短柔毛；花萼漏斗状，基部近楔形，顶端 5 浅裂，外面密被橙红色星状短柔毛，内面密被短柔毛，萼裂片卵状三角形，先端急尖；雄花的雌雄蕊柄长 10 ~ 12 mm，被星状短柔毛；雌花子房 5 室，近分离，无毛，花柱短，柱头向外弯曲。蓇葖果具柄，膜质，无毛，在成熟前甚早开裂为叶状，具明显脉纹，成熟时红色或紫红色，每蓇葖含种子 2 ~ 4 枚。种子圆球形，黑色，着生于蓇葖果边缘。

▶**花　果　期**　花期 3—4 月，果期未知。

▶**分　　布**　云南（西双版纳）；印度、斯里兰卡、缅甸、越南、泰国、孟加拉国、尼泊尔、印度尼西亚。

▶**生　　境**　生于海拔 720 ~ 950 m 的山坡上。

▶**用　　途**　作木材及纤维原料、食用、观赏。

▶**致危因素**　生境丧失、过度砍伐、人为干扰。

丹霞梧桐

（锦葵科　Malvaceae）

Firmiana danxiaensis Hsue et H.S. Kiu

国家重点保护级别	CITES 附录	IUCN 红色名录
二级		极危（CR）

▶**形态特征**　落叶灌木或小乔木，高 3 ~ 8 m，树皮黑褐色。嫩枝圆柱形，青绿色，无毛。叶近圆形，薄革质，长 8 ~ 10 cm，全缘或稀 3 浅裂，先端浑圆并具短尾状，尾锐尖，基部心形，两面均无毛；基生脉 7 条，在下面隆起，在上面凸出；叶柄长 4.5 ~ 8.5 cm，无毛。圆锥花序顶生，长达 20 cm；花紫色，多数，密被黄色星状柔毛；花萼 5 深裂，裂片线形，几分离，外面密生淡黄色短柔毛，内面在基部具白色长柔毛。雄花具花药 15 个，集生于雌雄蕊柄顶端。雌花子房近球形，5 室，具 5 条纵沟，密被星状柔毛。蓇葖果卵状披针形，长 8 ~ 10 cm，宽 2.5 ~ 3 cm，几无毛，在成熟前开裂，每蓇葖具种子 2 ~ 3 枚。种子圆球形，淡黄褐色，直径约 6 mm。

▶**花 果 期**　花期 5—6 月，果期约 8 月。

▶**分　　布**　广东（仁化、南雄、英德）。

▶**生　　境**　生于中低海拔的岩壁和山谷。

▶**用　　途**　作木材、观赏、造林。

▶**致危因素**　生境要求苛刻、繁殖力低、人为干扰。

大围山梧桐

（锦葵科　Malvaceae）

Firmiana daweishanensis Gui L. Zhang & J.Y. Xiang

国家重点保护级别	CITES 附录	IUCN 红色名录
二级		

▶**形态特征**　落叶乔木，高达 30 m，胸径可达 1 m。树皮灰色或灰绿色，光滑而具纵沟；嫩枝绿色，密被星状柔毛。叶卵形或椭圆形，长 16 ~ 33 cm，宽 11 ~ 26 cm，先端钝或急尖，基部截形或浅心形，上面深绿色，无毛，下面灰白色，密被白色星状柔毛，基生脉 5 ~ 7 条，中脉两侧各有 2 ~ 4 条小脉；叶柄长 11 ~ 22 cm，初被星状柔毛，后脱落。先花后叶。圆锥花序顶生，长达 50 cm，密被黄白色星状柔毛。花萼紫红色，被毛，深裂几至基部，内面密被黄色星状茸毛，外面仅在基部具白色茸毛，雄花具花药 30 ~ 35 个，在雌雄蕊柄顶端聚集成头状。雌花子房卵圆形，直径约 2 mm，表面具 5 纵沟，密被星状柔毛，退化雄蕊环状生于子房基部。蓇葖果膜质，长 9 ~ 12 cm，宽 4 ~ 5 cm，几无毛，每蓇葖含种子 1 ~ 4 枚。种子黄褐色，圆球形，直径约 8 mm。

▶**花 果 期**　花期 3—4 月，果期 5—6 月。

▶**分　　布**　云南（河口、马关）。

▶**生　　境**　生于石灰岩质的山谷或密林。

▶**用　　途**　作木材及纤维原料、观赏。

▶**致危因素**　分布狭隘、人为干扰。

海南梧桐

（锦葵科　Malvaceae）

Firmiana hainanensis Kosterm.

国家重点保护级别	CITES 附录	IUCN 红色名录
二级		

▶**形态特征**　落叶乔木，高达 16 m。嫩枝绿色，老枝灰白色，枝条平滑。叶卵形，全缘，长 7 ~ 14 cm，宽 5 ~ 12 cm，先端钝或急尖，基部截形或浅心形，上面无毛，下面密被灰白色星状短柔毛，基生脉 5 条，中脉两侧各有小脉 4 ~ 5 条；叶柄长 4 ~ 16 cm，疏被淡黄色星状短柔毛。先花后叶。圆锥花序顶生或腋生，长达 20 cm，密被淡黄褐色星状短柔毛；花黄白色，萼片条状披针形，5 枚，几分离，外面密被淡黄褐色星状短柔毛，内面基部有绵毛；雄花雌雄蕊柄与萼等长，顶端 5 浅裂，花药 15 个，在雌雄蕊柄顶端集生成头状；雌花子房卵形，长 2.5 mm，具 5 纵沟，密被星状毛。蓇葖果卵形，顶端急尖或微凹，略被单毛及星状短柔毛，每蓇葖含种子 3 ~ 5 枚。种子圆球形，成熟时黄褐色。

▶**花 果 期**　花期4—5月，果期6—7月。

▶**分　　布**　海南（昌江、嘉积、陵水）。

▶**生　　境**　生于海拔 100 ~ 900 m 的山区林地。

▶**用　　途**　作木材、药用、观赏。

▶**致危因素**　生境丧失、人为干扰、繁殖困难、种间竞争。

云南梧桐

（锦葵科　Malvaceae）

Firmiana major (W.W. Sm.) Hand.-Mazz.

国家重点保护级别	CITES 附录	IUCN 红色名录
二级		濒危（EN）

▶**形态特征**　落叶乔木，高达 15 m。树干直立，树皮青色带灰黑色，略粗糙；嫩枝粗壮，被短柔毛。叶掌状 3 裂，长 17～30 cm，宽 19～40 cm，宽常大于长，先端急尖或渐尖，基部心形，上面几无毛，下面初时密被黄褐色短茸毛，后逐渐脱落；基生脉 5～7 条；叶柄粗壮，长 15～45 cm，初被短柔毛，后柔毛渐脱落。圆锥花序顶生或腋生，花紫红色。花萼 5 深裂几至基部，萼片条形或矩圆状条形，被毛；雄花的雌雄蕊柄长管状，花药在顶端集生成头状；雌花的子房具长柄，子房 5 室，外被茸毛，胚珠多数，具退化雄蕊。蓇葖果膜质，长约 7 cm，宽 4.5 cm，几无毛。种子圆球形，黄褐色，直径约 8 mm，表面具纹。

▶**花 果 期**　花期 6—7 月，果期 9—10 月。

▶**分　　布**　云南、四川（西昌、攀枝花）。

▶**生　　境**　生于金沙江江岸干热河谷及周边山坡。

▶**用　　途**　作木材及纤维原料、食用、观赏、造林。

▶**致危因素**　生境丧失、过度砍伐、人为干扰。

美丽火桐

（锦葵科　Malvaceae）

Firmiana pulcherrima H.H. Hsue

国家重点保护级别	CITES 附录	IUCN 红色名录
二级		濒危（EN）

▶**形态特征**　落叶乔木，高达 18 m。树皮灰白色或黑褐色。嫩枝干时紫色，几无毛。叶异型，薄纸质，掌状 3 ~ 5 裂或全缘，长 7 ~ 23 cm，宽 7 ~ 19 cm，先端尾状渐尖，基部截形或浅心形，仅主脉基部略被褐色星状短柔毛；基生脉 5 条，叶脉在两面均凸出；叶柄长 6 ~ 17 cm，无毛。聚伞花序排列为圆锥花序状，长 8 ~ 14 cm，密被棕红褐色星状短柔毛。花梗长 3 ~ 4 mm；花萼近钟形，顶端 5 浅裂，两面均密被棕红褐色星状短柔毛，内面近基部有白色长茸毛，萼裂片三角形，长 3 mm；雄花雌雄蕊柄长 2.4 cm，被星状毛，花药 15 ~ 25 个，围绕退化雌蕊而生，在雌雄蕊柄顶端集生为头状；退化雌蕊具 5 枚心皮，心皮几分离。

▶**花 果 期**　花期 4—5 月，果期 6 月。

▶**分　　布**　海南（琼海、万宁、三亚、陵水）。

▶**生　　境**　生于森林和山谷溪边。

▶**用　　途**　作木材及纤维原料、观赏。

▶**致危因素**　生境丧失、人为干扰。

蝴蝶树

（锦葵科　Malvaceae）

Heritiera parvifolia Merr.

国家重点保护级别	CITES 附录	IUCN 红色名录
二级		易危（VU）

▶**形态特征**　常绿乔木，高可达 30 m，常具板状干基。树皮灰褐色，小枝密被鳞秕。叶椭圆状披针形，长 6～8 cm，宽 1.5～3 cm，先端渐尖，上面无毛，下面密被银白色或褐色鳞秕。圆锥花序腋生，密被锈色星状短柔毛。花小，白色，花萼 5～6 裂，两面均有星状短柔毛；雄花具花药 8～10 个，环状排列，有不育雌蕊，花盘厚，围绕在雌雄蕊柄基部；雌花子房被毛，不育花药位于子房基部。果长 4～6 cm，具长翅，果皮革质；果翅鱼尾状，先端钝，密被鳞秕。种子椭球形。

▶**花 果 期**　花期 5—6 月，果期未知。

▶**分　　布**　海南（保亭、崖县、乐东）。

▶**生　　境**　生于热带雨林。

▶**用　　途**　山地带雨林建群种、材用。

▶**致危因素**　生境丧失。

平当树

（锦葵科　Malvaceae）

Paradombeya sinensis Dunn

国家重点保护级别	CITES 附录	IUCN 红色名录
二级		濒危（EN）

▶**形态特征**　灌木或小型乔木，高达 5 m。小枝柔弱，被稀疏星状短柔毛。叶膜质，卵状披针形至椭圆状倒披针形，长 5～12.5 cm，宽 1.5～5 cm，先端长渐尖，边缘密布小锯齿，上面无毛或几无毛，下面被稀疏星状柔毛。花簇生于叶腋。花梗柔弱；小苞片披针形，早落。花萼 5 深裂，萼片卵状披针形；花瓣 5 片，白色，广倒卵形，不相等；可育雄蕊 15 枚，每 3 枚集合成群，与舌状退化雄蕊互生；子房 2 室，被星状茸毛。蒴果近圆球形，长约 2.5 mm，每瓣含种子 1 枚。种子卵形，长约 1.5 mm，深褐色。

▶**花 果 期**　花期 9—10 月，果期未知。

▶**分　　布**　四川南部、云南。

▶**生　　境**　生于海拔 280～1500 m 的干热河谷的稀树灌草丛。

▶**用　　途**　未知。

▶**致危因素**　生境丧失、人为干扰、繁殖困难。

289

景东翅子树

（锦葵科　Malvaceae）

Pterospermum kingtungense C.Y. Wu ex H.H. Hsue

国家重点保护级别	CITES 附录	IUCN 红色名录
二级		极危（CR）

▶**形态特征**　常绿乔木，高达12 m。树皮褐色，树干通直，嫩枝被深褐色短柔毛。叶革质，倒梯形，长 8～13.5 cm，宽 4.5～6 cm，先端常具 3～5 个不规则浅裂；上面无毛，下面密被淡黄白色星状茸毛；叶柄密被黄褐色茸毛；托叶卵形，全缘，鳞片状。花单生于叶腋，直径约 7 cm，小苞片卵形，全缘且被毛。花萼深裂几至基部，萼片 5 枚，条状狭披针形，外面密被深褐色茸毛，内面密被黄褐色茸毛；花瓣 5 枚，白色，斜倒卵形，下面被星状微柔毛；退化雄蕊条状棒形，上部密生瘤状突起；雄蕊花丝无毛，药隔顶端突出如尾状；子房卵圆形，密被淡黄褐色茸毛，花柱有毛，柱头相互分离但扭合。蒴果椭圆形，木质，长 7～8 cm，具 5 棱，外面密被鳞片状星状毛，5 瓣，每瓣含种子 2～3 枚。种子具翅。

▶**花 果 期**　花期4—6月，果期7—9月。

▶**分　　布**　云南（景东）。

▶**生　　境**　生于常绿阔叶林等的石灰岩缝隙中。

▶**用　　途**　作木材、药用、观赏。

▶**致危因素**　生境破碎化或丧失、人为干扰、繁殖困难。

勐仑翅子树

（锦葵科　Malvaceae）

Pterospermum menglunense H.H. Hsue

国家重点保护级别	CITES 附录	IUCN 红色名录
二级		极危（CR）

▶形态特征　常绿乔木，高 5 m。嫩枝被灰白色短绵毛。叶厚纸质，披针形，长 4.5～12.5 cm，宽 1.5～4.8 cm，先端长渐尖或尾状渐尖；上面无毛或被稀疏短柔毛，下面密被淡黄褐色星状茸毛。花白色，单生于小枝上部的叶腋；小苞片长锥尖状；萼片 5 枚，条形，外面密被黄褐色星状茸毛，内面无毛；花瓣 5 片，白色，无毛，倒卵形，顶端具小的短尖突；退化雄蕊 5 枚，可育雄蕊每 3 枚集合成群并与退化雄蕊互生，且略短于后者；子房卵形，密被淡黄褐色茸毛。蒴果长椭球形，长约 8 cm，先端急尖。种子具翅，全长约 3.5 cm。

▶花 果 期　花期 4 月，果期未知。

▶分　　布　云南（西双版纳）。

▶生　　境　生于石灰岩山地的疏林中。

▶用　　途　未知。

▶致危因素　生境丧失、繁殖困难。

291

粗齿梭罗

（锦葵科　Malvaceae）

Reevesia rotundifolia Chun

国家重点保护级别	CITES 附录	IUCN 红色名录
二级		极危（CR）

▶**形态特征**　常绿乔木。树皮灰白色或棕绿色，粗糙。树冠庞大，幼枝密被淡黄褐色星状短柔毛，成熟后无毛。叶互生，薄革质，圆形或倒卵状圆形，长 6 ~ 11.5 cm，先端圆形或带有凸尖的截形，先端两侧具有粗齿 2 ~ 3 枚，上面沿叶脉被淡黄褐色短柔毛，下面密被淡黄褐色短柔毛；叶柄被毛。花白色，芳香，密生于聚伞状伞房花序。花瓣 5 枚，匙形；雌雄蕊柄远延伸至花瓣以外，雄蕊群聚合成头状，包围雌蕊。蒴果梨形，木质，具 5 棱，长 3 ~ 4 cm，先端圆形，凹陷，被淡黄色短柔毛和灰白色鳞秕，成熟时开裂为 5 瓣，各包含 2 枚种子。种子卵状长圆形，具翅，总长约 2.5 cm；翅膜质，褐色，先端斜钝形。

▶**花 果 期**　花期 4—5 月，果期 10—11 月。

▶**分　　布**　广西（十万大山）。

▶**生　　境**　生于海拔 400 ~ 700 m 的季雨林或灌丛林。

▶**用　　途**　观赏、作木材。

▶**致危因素**　人为干扰、繁殖困难。

紫椴

（锦葵科 Malvaceae）

Tilia amurensis Rupr.

国家重点保护级别	CITES 附录	IUCN 红色名录
二级		易危（VU）

▶**形态特征**　大型落叶阔叶乔木，高 25 m。树皮暗灰色，片状脱落；嫩枝初被白丝毛，很快秃净；顶芽具鳞苞 3 片。叶阔卵形或卵圆形，长 4.5~6 cm，宽 4~5.5 cm，先端急尖或渐尖，基部心形或有时斜截形，叶缘具锯齿，上面无毛，下面脉腋内具毛丛；叶柄纤细，无毛。花序聚伞状，纤细，无毛，有花 3~20 朵，花白黄色；花柄长 7~10 mm；苞片狭带形，无毛，下部与花序柄合生，基部有柄；萼片 5 枚，阔披针形，外面有星状柔毛；花瓣 5 枚，长 6~7 mm；雄蕊约 20 枚，长 5~6 mm，无退化雄蕊；雌蕊 1 枚，子房 5 室，被毛。果实卵球形，长 5~8 mm，被星状茸毛，具棱。种子卵球形或长球形，先端微尖，基部圆。

▶**花 果 期**　花期 7 月，果期 9—10 月。

▶**分　　布**　黑龙江、吉林、辽宁；俄罗斯远东地区、朝鲜。

▶**生　　境**　生于海拔 300~1000 m 的针阔混交林。

▶**用　　途**　作木材及蜜源植物、观赏、建群种。

▶**致危因素**　未知。

土沉香

（瑞香科　Thymelaeaceae）

Aquilaria sinensis (Lour.) Spreng.

国家重点保护级别	CITES 附录	IUCN 红色名录
二级	附录 II	易危（VU）

▶**形态特征**　常绿乔木，高 5～15 m。树皮坚韧，暗灰色，近平滑；小枝初被疏柔毛，后逐渐脱落。单叶互生，革质，无毛，圆形、近圆形或倒卵形，长 5～9 cm，宽 2.8～6 cm，先端尖，基部宽楔形，上面暗绿色或紫绿色，光亮，下面淡绿色，边缘有时疏被柔毛。叶柄长 5～7 mm，被毛。伞形花序具多朵花。花芳香，黄绿色；花梗长 5～6 mm，密被短柔毛；花萼浅钟状，5 裂，两面均密被短柔毛，裂片卵形；花瓣 10 枚，鳞片状，生于花萼筒喉部，密被毛；雄蕊 10 枚，排成 1 轮；子房卵形，密被灰白色毛，2 室，每室 1 胚珠，花柱极短或缺如。蒴果卵球形，果梗短，顶端具短尖头，密被黄色短柔毛，2 瓣裂，2 室，每室具种子 1 枚。种子褐色，卵球形，疏被柔毛，基部具尾状附属物。

▶**花 果 期**　花期 4—5 月，果期 7—8 月。

▶**分　　布**　海南、广西、广东、福建。

▶**生　　境**　生于低海拔的山地、丘陵及路边阳处疏林中。

▶**用　　途**　作香料及纤维原料、药用。

▶**致危因素**　过度砍伐。

云南沉香

（瑞香科　Thymelaeaceae）

Aquilaria yunnanensis S.C. Huang

国家重点保护级别	CITES 附录	IUCN 红色名录
二级	附录 II	易危（VU）

▶**形态特征**　小型常绿乔木，高3～8 m。小枝暗褐色，疏被短柔毛。单叶互生，革质，长圆形或披针形，稀倒卵形，长7～11 cm，宽2～4 cm，先端尾尖渐尖，基部楔形或窄楔形，无毛或近无毛；叶柄疏被柔毛。花序顶生或腋生，常成1～2个伞形花序。花梗细瘦；花淡黄色；花萼钟形，5裂，外面被短柔毛，内面具10肋，肋上疏被短柔毛，裂片卵状长圆形，内面密被短柔毛；花瓣附属体先端圆，密被疏柔毛；雄蕊10枚；子房近圆形，密被发亮的柔毛，花柱近于无。果倒卵形，先端圆且具突尖头，基部渐窄并为直立的宿萼所包，被黄色短茸毛，干后软木质，果皮皱缩。种子卵形，密被锈黄色茸毛，先端钝，基部具附属物。

▶**花　果　期**　花期未知，果期6—7月。

▶**分　　　布**　云南（西双版纳、普洱、德宏、临沧）；缅甸、越南、老挝。

▶**生　　　境**　生于海拔1500 m以下的杂木林或沟谷疏林中。

▶**用　　　途**　药用、纤维原料。

▶**致危因素**　生境丧失、过度砍伐。

半日花

Helianthemum songaricum Schrenk ex Fisch & C.A. Mey.

国家重点保护级别	CITES 附录	IUCN 红色名录
二级		濒危（EN）

▶**形态特征**　矮小灌木，高 5 ~ 12 cm。多分枝。老枝褐色，小枝幼时被白色短柔毛，后逐渐光滑。单叶革质，对生，披针形或狭卵形，长 5 ~ 7（~ 10）mm，宽 1 ~ 3 mm，两面均被白色短柔毛，全缘，边缘常反卷；叶柄短或几无；托叶钻形或线状披针形，长于叶柄。花单生于枝顶，直径 1 ~ 1.2 cm，花梗被白色长柔毛；萼片 5 枚，背面密被白色短柔毛，外侧 2 枚线形，长约 2 mm，内面 3 枚卵形，长 5 ~ 7 mm，背部具 3 纵肋；花瓣黄色或淡橘黄色，倒卵形或楔形，长约 8 mm；雄蕊长度约为花瓣的一半，花药黄色；子房密生柔毛。蒴果卵形，外被短柔毛。种子卵形，棕褐色，有棱角，具网纹，有时具皱缩纹。

▶**花 果 期**　受降雨情况影响而不固定，可能从 4 月末持续至 9 月初。

▶**分　　布**　新疆、甘肃、宁夏、内蒙古。

▶**生　　境**　生于草原化荒漠区的石质和砾质山坡。

▶**用　　途**　园艺用、作染料、具生态价值。

▶**致危因素**　生境丧失、气候变化、种间竞争。

东京龙脑香

（龙脑香科　Dipterocarpaceae）

Dipterocarpus retusus Blume

国家重点保护级别	CITES 附录	IUCN 红色名录
一级		濒危（EN）

▶**形态特征**　乔木，高达 50 m，具白色芳香树脂。树皮灰白色，不开裂或仅基部纵裂。枝条光滑无毛，具皮孔和较密的环状托叶痕。叶广卵形或卵圆形，长 16 ~ 28 cm，宽 10 ~ 15 cm，先端短尖，基部圆形或微心形，全缘或中部以上具波状圆齿，上面被白色伏毛，后脱落无毛，下面被疏星状毛，侧脉在下面明显凸起；托叶披针形，长达 15 cm，无毛。总状花序腋生，有 2 ~ 5 朵花。花萼裂片 2 枚较长，线形，3 枚较短，三角形；花瓣粉红色，长椭圆形，长 5 ~ 6 cm，先端钝，边缘稍反卷，外面密被鳞片状毛；子房长卵形，被绢状茸毛，花柱细柱状，中部以下被长绢毛。坚果卵球形，密被黄灰色短茸毛；增大的 2 枚花萼裂片线状披针形，长 19 ~ 23 cm，宽 3 ~ 4 cm，先端圆形，被疏星状短茸毛。

▶**花 果 期**　花期 5—6 月，果期 12 月至次年 1 月。

▶**分　　布**　云南、西藏。

▶**生　　境**　生于海拔 1100 m 以下的热带雨林。

▶**用　　途**　木材供建筑用，树脂工业用及药用。

▶**致危因素**　生境破碎化、生境质量下降。

狭叶坡垒

（龙脑香科　Dipterocarpaceae）

Hopea chinensis Hand.-Mazz.

国家重点保护级别	CITES 附录	IUCN 红色名录
二级		易危（VU）

▶**形态特征**　乔木，高 15 ~ 20 m，具白色芳香树脂。树皮灰黑色，平滑。枝条具白色皮孔，被灰色星状毛或短茸毛。叶互生，全缘，长圆状披针形或披针形，长 7 ~ 13 cm，宽 2 ~ 4 cm，侧脉在下面明显凸起，先端渐尖或尾状渐尖，基部圆形或楔形，两侧略不等，下面被疏毛或无毛；叶柄长约 1 cm，具环状裂纹。圆锥花序腋生，长 4 ~ 18 cm，被疏毛，少花。花萼裂片 5 枚，覆瓦状排列，花瓣 5 片，扭曲，椭圆形，长 3 ~ 4 mm，被黄色长茸毛。果实卵形，黑褐色，具尖头；增大的 2 枚花萼裂片为长圆状披针形或长圆形，先端圆形，无毛。

▶**花 果 期**　花期 6—7 月，果期 10—12 月。

▶**分　　布**　广西。

▶**生　　境**　生于海拔 600 m 的热带雨林。

▶**用　　途**　木材供建筑用。

▶**致危因素**　生境破碎化、生境质量下降。

坡垒

（龙脑香科 Dipterocarpaceae）

Hopea hainanensis Merr. et Chun

国家重点保护级别	CITES 附录	IUCN 红色名录
一级		濒危（EN）

▶**形态特征** 乔木，高约20 m，具白色芳香树脂。树皮灰白色，具白色皮孔。叶长圆形至长圆状卵形，长8~14 cm，宽5~8 cm，先端微钝或渐尖，基部圆形，侧脉在下面明显凸起；叶柄粗壮，长约2 cm。圆锥花序腋生或顶生，长3~10 cm，密被短的星状毛或灰色茸毛。花偏生于花序分枝的一侧，每朵花具早落的小苞片1枚；花萼裂片5枚，覆瓦状排列，长约2.5 mm，顶端圆形，外面2枚全部被毛；花瓣5枚，旋转排列，长圆形或长圆状椭圆形，长约6 mm，宽约3 mm，先端具不规则的齿缺，基部略收缩偏斜，花柱锥状，柱头明显。果实卵圆形，具尖头，增大的2枚花萼裂片为长圆形或倒披针形，长5~7 cm，宽2.5 cm，疏被星状毛。

▶**花 果 期** 花期6—7月，果期11—12月。

▶**分　　布** 海南。

▶**生　　境** 生于海拔700 m的热带雨林。

▶**用　　途** 作优质木材。

▶**致危因素** 生境破碎化、生境质量下降。

无翼坡垒（铁凌）

（龙脑香科　Dipterocarpaceae）

Hopea reticulata Tardieu

国家重点保护级别	CITES 附录	IUCN 红色名录
二级		极危（CR）

▶**形态特征**　乔木，高约 15 m，具白色芳香树脂。树皮具白色斑块。枝条密被灰黄色的茸毛，后变稀疏。叶全缘，卵形至卵状披针形，长 5～12 cm，宽 3～6 cm，先端渐尖，基部偏斜或心形，有时为圆形，侧脉在下面微凸起；叶柄长 6～8 mm，具灰色茸毛。圆锥花序腋生或顶生，长 6～11 cm，少花，被疏毛或近于无毛；花萼裂片 5 枚，覆瓦状排列，近于圆形，无毛；花瓣 5 枚，粉红色，倒卵状椭圆形，长约 5 mm，外面被茸毛，边缘被纤毛。果实卵圆形，无增大的翅状萼片。

▶**花 果 期**　花期 3—4 月，果期 5—6 月。

▶**分　　布**　海南。

▶**生　　境**　生于海拔 400 m 的热带雨林。

▶**用　　途**　作优质木材。

▶**致危因素**　生境破碎化、生境质量下降。

西藏坡垒

（龙脑香科 Dipterocarpaceae）

Hopea shingkeng (Dunn) Bor

国家重点保护级别	CITES 附录	IUCN 红色名录
二级		濒危（EN）

▶**形态特征** 乔木，高约 18 m，无毛；树皮具棕色斑点。小枝纤细。托叶先落；叶片椭圆状长圆形至披针形，长 9 ~ 15 cm，宽 2.5 ~ 5 cm，侧脉在背面凸起。圆锥花序长 15 cm，少花，萼片宽卵形，近等长；花瓣披针形，长约 8 mm，外面被短柔毛。果长 1.5 cm，卵球形，先端具细尖；5 枚萼片在果期均增大，不等长，外部 2 枚长 3 cm，宽 2 cm，卵形，先端钝；内部 3 枚长 1.5 cm，狭卵形。

▶**花 果 期** 花期 7—9 月，果期 9—10 月。

▶**分 布** 西藏。

▶**生 境** 生于海拔 300 ~ 600 m 的热带雨林。

▶**用 途** 庭院绿化。

▶**致危因素** 生境破碎化、生境质量下降。

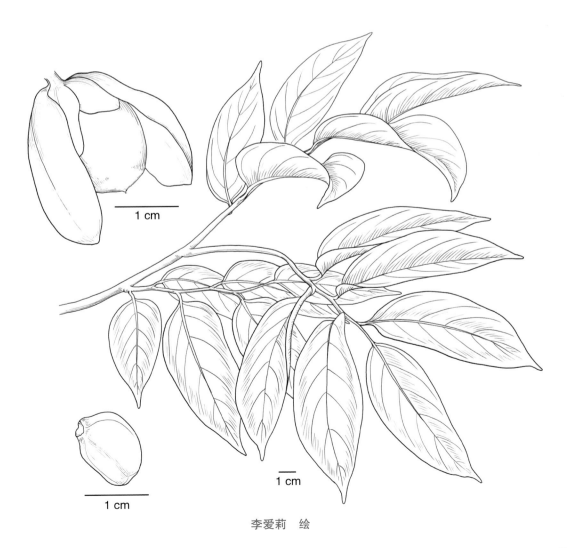

1 cm

1 cm

1 cm

李爱莉 绘

望天树

（龙脑香科　Dipterocarpaceae）

Parashorea chinensis Wang Hsie

国家重点保护级别	CITES 附录	IUCN 红色名录
一级		濒危（EN）

▶**形态特征**　乔木，高约 70 m，具树脂。树皮灰色或棕褐色，树干上部的为浅纵裂，下部呈块状剥落。幼枝被鳞片状的茸毛，具圆形皮孔。叶椭圆形或椭圆状披针形，长 6～20 cm，宽 3～8 cm，先端渐尖，基部圆形，侧脉在下面明显凸起；托叶早落，卵形，基部抱茎，被鳞片状毛或茸毛。圆锥花序腋生或顶生，长 5～12 cm，密被灰黄色的鳞片状毛或茸毛；每个小花序分枝处具小苞片 1 对；每分枝有花 3～8 朵，每朵花的基部具 1 对宿存的苞片，苞片卵形或卵状椭圆形。花萼裂片 5 枚，覆瓦状排列，长 4～5 mm，宽 1～1.5 mm，两面均被鳞片状毛或茸毛；花瓣 5 枚，外面被鳞片状毛，内面近无毛。果实长卵形，密被银灰色的绢状毛；果翅近等长或 3 长 2 短，长 6～8 cm，宽 0.6～1 cm，基部狭窄但不包围果实。

▶**花 果 期**　花期 5—6 月，果期 8—9 月。

▶**分　　布**　云南、广西。

▶**生　　境**　生于海拔 300～1300 m 的热带雨林。

▶**用　　途**　作优质木材。

▶**致危因素**　生境破碎化、生境质量下降。

▶**备　　注**　本种有时放入娑罗双属 *Shorea*。

云南娑罗双

（龙脑香科　Dipterocarpaceae）

Shorea assamica Dyer

国家重点保护级别	CITES 附录	IUCN 红色名录
一级		濒危（EN）

▶**形态特征**　乔木，高 40 ~ 50 m，具白色芳香树脂。树皮深褐色或灰褐色，呈不规则的鳞片状剥落。小枝密被灰黄色茸毛，具圆形皮孔。叶近全缘，卵状椭圆形，长 6 ~ 12 cm，宽 3 ~ 6 cm，先端渐尖，基部圆形或微心形，中脉明显凹陷，凹陷部分具长茸毛；叶柄长约 1 cm，密被灰黄色的茸毛；托叶长圆形或镰状卵形，长约 2 cm，密被灰黄色的茸毛。花萼裂片 5 枚，覆瓦状排列，外面 3 枚椭圆形，长约 8 mm，内面 2 枚为披针形，长约 6 mm，均被灰黄色的茸毛；花瓣 5 枚，黄白色，旋转排列，长椭圆形，外面具贴生的茸毛。果实具增大的 3 长 2 短的翅或近等长的翅，长的线状长圆形，长 8 ~ 10 cm，宽约 1.5 cm；短的线状披针形，长 3 ~ 5 cm，均被短茸毛，基部变宽包围果实。

▶**花　果　期**　花期 6—7 月，果期 12 月—次年 1 月。

▶**分　　布**　云南、西藏；印度。

▶**生　　境**　生于海拔 1000 m 以下的热带雨林。

▶**用　　途**　作优质木材。

▶**致危因素**　生境破碎化、生境质量下降。

广西青梅

（龙脑香科　Dipterocarpaceae）

Vatica guangxiensis X.L. Mo

国家重点保护级别	CITES 附录	IUCN 红色名录
一级		极危（CR）

▶**形态特征**　乔木，高约 30 m。一年生枝条密被黄褐色至棕褐色的星状茸毛，老枝无毛。叶椭圆形至椭圆状披锥形，长 6 ~ 17 cm，宽 1.5 ~ 4 cm，先端渐尖或短渐尖，基部楔形，两面被灰黄色的星状毛，后无毛或下面被疏星状毛，侧脉两面均明显凸起；叶柄长约 1.5 cm，被黄褐色的星状毛。圆锥花序顶生或腋生，长 3 ~ 9 cm，密被黄褐色星状毛。花萼裂片 5 枚，大小略不等，镊合状排列，两面密被银灰色的星状毛；花瓣 5 枚，长 1 ~ 1.3 cm，宽 4 ~ 5 mm，淡红色，外面密被银灰色的星状毛，内面无毛；柱头 3 裂。果实近球形，被短而紧贴的星状毛；增大的 2 枚花萼裂片长圆状椭圆形，长 6 ~ 8 cm，宽 1.5 ~ 2 cm，先端圆形，其余 3 枚为线状披针形，均被疏星状毛。

▶**花 果 期**　花期 4—5 月，果期 7—8 月。

▶**分　　布**　云南、广西。

▶**生　　境**　生于海拔 900 m 以下的热带雨林。

▶**用　　途**　作优质木材。

▶**致危因素**　生境破碎化、生境质量下降。

305

青梅

（龙脑香科　Dipterocarpaceae）

Vatica mangachapoi Blanco

国家重点保护级别	CITES 附录	IUCN 红色名录
二级		易危（VU）

▶**形态特征**　乔木，具白色芳香树脂，高约20 m。小枝被星状茸毛。叶全缘，长圆形至长圆状披针形，长 5～13 cm，宽 2～5 cm，先端渐尖或短尖，基部圆形或楔形，侧脉两面均凸起；叶柄密被灰黄色短茸毛。圆锥花序顶生或腋生，长 4～8 cm，被银灰色的星状毛或鳞片状毛。花萼裂片 5 枚，镊合状排列，卵状披针形或长圆形，不等大，长约 3 mm，宽约 2 mm，两面密被星状毛或鳞片状毛；花瓣 5 枚，白色，长圆形或线状匙形，长约 1 cm，宽约 4 mm，外面密被毛，内面无毛；柱头头状，3 裂。果实球形；增大的花萼裂片其中 2 枚较长，长 3～4 cm，宽 1～1.5 cm，先端圆形。

▶**花 果 期**　花期5—6月，果期8—9月。

▶**分　　布**　海南。

▶**生　　境**　生于海拔 700 m 以下的热带雨林。

▶**用　　途**　作优质木材。

▶**致危因素**　生境破碎化、生境质量下降。

伯乐树（钟萼木）

（叠珠树科 Akaniaceae）

Bretschneidera sinensis Hemsl.

国家重点保护级别	CITES 附录	IUCN 红色名录
二级		

▶**形态特征** 落叶乔木，高 10 ~ 20 m，树皮灰褐色。羽状复叶，总轴无毛或被疏短柔毛，叶柄长 10 ~ 18 cm，小叶 7 ~ 15 枚，纸质或革质，椭圆形、长圆形或披针形，偏斜，长 6 ~ 26 cm，宽 3 ~ 9 cm，全缘，先端尖，上面无毛，下面被短柔毛；小叶柄无毛。总状花序；总花梗、花梗和花萼外面被棕色短茸毛。花淡红色；花萼顶端具 5 短齿，内面无毛或被疏柔毛，花瓣阔匙形或倒卵楔形，先端浑圆，无毛，内面具红色纵条纹；花丝基部被小柔毛；子房被光亮、白色柔毛，花柱被柔毛。蒴果椭圆球形，被极短的棕褐色毛，常混生白色疏柔毛，有时具不明显的黄褐色小瘤体。种子椭圆球形，平滑，被红色假种皮。

▶**花 果 期** 花期 4—5 月，果期 5—9 月。

▶**分　　布** 四川、云南、贵州、广西、广东、海南、湖南、湖北、江西、浙江、福建、台湾；越南、泰国、缅甸。

▶**生　　境** 生于中、低海拔的山地林中。

▶**用　　途** 作木材、观赏、药用。

▶**致危因素** 人为干扰、繁殖困难。

蒜头果

（铁青树科　Olacaceae）

Malania oleifera Chun et S. Lee

国家重点保护级别	CITES 附录	IUCN 红色名录
二级		易危（VU）

▶**形态特征**　乔木，高达 20 m。树皮稍纵裂，小枝棕褐色至暗褐色，有不明显纵纹，具长圆形或圆形皮孔。芽裸露，初时有灰棕色茸毛，后渐脱落。叶互生，长椭圆形至长圆状披针形，长 7 ~ 13 cm，宽 2.5 ~ 4 cm，先端急尖，基部圆形或楔形，有时两侧稍不对称，边缘略背卷，叶两面初时有微柔毛，后脱落；中脉在背面凸起；叶柄半圆筒形，长 1 ~ 2 cm，基部具关节。花 10 ~ 15 朵，排成蝎尾状聚伞花序，长 2 ~ 3 cm。花萼筒小，上端具 4 裂齿，裂齿三角状卵形，长约 1 mm；花瓣 4 枚，宽卵形，长约 3 mm，外面有微毛，内面下部有绵毛，先端尖，内曲；子房上位，长圆锥形，花柱顶端微 2 裂。核果扁球形；种子 1 枚，球形或扁球形。

▶**花　果　期**　花期 4—9 月，果期 5—10 月。

▶**分　　　布**　广西（大新、龙州、靖西、德保）、云南（富宁、广南、文山）。

▶**生　　　境**　生于海拔 500 ~ 1700 m 的石灰岩山林中。

▶**用　　　途**　优质木材、种子可提取工业用油。

▶**致危因素**　生境破碎化、生境质量下降、繁殖困难。

瓣鳞花

（瓣鳞花科 Frankeniaceae）

Frankenia pulverulenta L.

国家重点保护级别	CITES 附录	IUCN 红色名录
二级		濒危（EN）

▶**形态特征** 一年生草本。通常平卧，茎略被紧贴的白色微柔毛，自基部多分枝，常呈二歧状。叶小，通常 4 枚轮生，倒卵形或狭倒卵形，长 2 ~ 7 mm，宽 1 ~ 2.5 mm，全缘，先端圆钝，微缺，略具短尖头，上面无毛，下面微被粉状短柔毛，基部渐狭为短叶柄；叶柄长 1 ~ 2 mm。花小，通常单生，有时数朵生于叶腋或小枝顶端，无梗。萼筒长 2 ~ 2.5 mm，具 5 条纵脊，5 枚萼齿钻形，长 0.5 ~ 1 mm；花瓣 5 枚，灰白色，粉红色或紫色，长圆状倒披针形或长圆状倒卵形，长 3 ~ 5 mm，宽 0.7 ~ 1 mm，先端微具齿，内侧附生狭长的舌状鳞片；雄蕊 6 枚，花丝基部稍合生；子房通常呈长圆状卵圆形。蒴果长圆状卵形，3 瓣裂。种子多数，淡棕色，长圆状椭圆形，下部急尖。

▶**花 果 期** 花期 3—5 月，果期未知。

▶**分　　布** 新疆、甘肃、内蒙古的部分地区；亚洲中部、西部、西南部，欧洲南部，非洲西南部。

▶**生　　境** 生于荒漠地带的低湿盐碱化土壤。

▶**用　　途** 未知。

▶**致危因素** 生境丧失。

疏花水柏枝

（柽柳科 Tamaricaceae）

Myricaria laxiflora (Franch.) P.Y. Zhang et Y.J. Zhang

国家重点保护级别	CITES 附录	IUCN 红色名录
二级		濒危（EN）

▶**形态特征**　直立灌木。老枝光滑，红褐色或紫褐色，当年生枝绿色或红褐色。叶密生，于当年生绿色小枝，披针形或长圆形，长 2～4 mm，宽 0.8～1 mm，先端钝或锐尖，常内弯，基部略扩展，具狭膜质边；总状花序常顶生，长 6～12 cm，较稀疏；苞片披针形或卵状披针形，渐尖，具狭膜质边。花梗长约 2 mm；萼片披针形或长圆形，先端钝或锐尖，具狭膜质边；花瓣倒卵形，长 5～6 mm，宽 2 mm，粉红色或淡紫色；花丝部分合生；子房圆锥形，长约 4 mm。蒴果狭圆锥形，长 6～8 mm。种子长 1～1.5 mm，顶端芒柱一半以上被白色长柔毛。

▶**花果期**　花期 6—10 月，果期 10 月至次年 1 月。

▶**分　　布**　湖北（秭归、巴东、枝江）、四川（泸州、宜宾）、重庆（巫山峡口周边）。

▶**生　　境**　生于道路旁及江边较平坦消涨带内的灌丛中。

▶**用　　途**　绿化观赏、固岸护堤、药用。

▶**致危因素**　生境丧失、种群更新困难。

金荞麦（金荞）

（蓼科　Polygonaceae）

Fagopyrum dibotrys (D. Don) H. Hara

国家重点保护级别	CITES 附录	IUCN 红色名录
二级		

▶**形态特征**　多年生草本。根状茎木质化，黑褐色。茎直立，高 50～100 cm，分枝，具纵棱，无毛或一侧沿棱被柔毛。叶三角形，长 4～12 cm，宽 3～11 cm，先端渐尖，基部近戟形，全缘，两面均具乳头状突起或被柔毛；叶柄长可达 10 cm；托叶鞘筒状，膜质，褐色，长 5～10 mm，偏斜，先端截形，无缘毛。花序顶生或腋生，伞房状；苞片卵状披针形，先端尖，边缘膜质，长约 3 mm，每枚苞片内有花 2～4 朵；花梗中部具关节，长度与苞片相近。花被 5 深裂，白色，花被片长椭圆形，长约 2.5 mm；雄蕊 8 枚，短于花被；花柱 3 枚，柱头头状。瘦果宽卵形，黑褐色，无光泽，具 3 锐棱，长 6～8 mm，超出宿存花被 2～3 倍。

▶**花 果 期**　花期 7—9 月，果期 8—10 月。

▶**分　　布**　河南、陕西、甘肃、安徽、江苏、浙江、江西、湖北、四川、贵州、云南、西藏、福建、广东、广西；印度、尼泊尔、越南、泰国。

▶**生　　境**　生于海拔 250～3200 m 的山谷湿处、山坡灌丛、田埂、道路旁。

▶**用　　途**　药用、作饲料及种质资源。

▶**致危因素**　过度采集。

▶**备　　注**　本种有时被处理为 *F. cymosum*。

貂藻

（茅膏菜科　Droseraceae）

Aldrovanda vesiculosa L.

国家重点保护级别	CITES 附录	IUCN 红色名录
二级		濒危（EN）

▶**形态特征**　浮水草本，长 6～10 cm。叶轮生，每轮 6～9 枚，基部合生；叶柄长 3～4 mm，顶部具 4～6 枚钻形裂条，裂条长 5～7 mm，叶片平展时肾状圆形，长 4～6 mm，宽 6～10 mm，被腺毛和感应毛，受到刺激时两半以中肋为轴相互靠合，外圈紧贴，中央形成一囊体，用于捕捉昆虫。花单生于叶腋，具短柄。萼片 5 枚，基部合生，卵状椭圆形或椭圆状长圆形，长 3～4 mm；花瓣 5 片，白色或淡绿色，长圆形，长 3～4 mm，宽约 2.5 mm；雄蕊 5 枚，花丝钻形，花药纵裂；子房近球形，直径 2～2.5 mm，侧膜胎座 5 枚，花柱 5 枚，顶部扩大多裂。果实近球形，不开裂，内含不多于 8 枚黑色种子。

▶**花 果 期**　果期 8—9 月。

▶**分　　布**　黑龙江、内蒙古；欧洲中部、南部，亚洲北部、东南部，大洋洲北部。

▶**生　　境**　生于洁净的静止或缓流水体中。

▶**用　　途**　未知。

▶**致危因素**　生境丧失、人为干扰、环境变化。

金铁锁

（石竹科　Caryophyllaceae）

Psammosilene tunicoides W.C. Wu et C.Y. Wu

国家重点保护级别	CITES 附录	IUCN 红色名录
二级		濒危（EN）

▶**形态特征**　多年生草本。根长倒圆锥形，棕黄色，肉质。茎铺散，平卧，长达 35 cm，二叉分枝，常带紫绿色，并被柔毛。叶卵形，长 1.5 ~ 2.5 cm，宽 1 ~ 1.5 cm，先端急尖，基部宽楔形或圆形，上面被疏柔毛，下面沿中脉被柔毛。三歧聚伞花序密被腺毛；花直径 3 ~ 5 mm；花梗短或近无。花萼筒状钟形，长 4 ~ 6 mm，密被腺毛，萼齿三角状卵形，先端钝或急尖，边缘膜质；花瓣紫红色，狭匙形，长 7 ~ 8 mm，全缘；雄蕊明显外露，长 7 ~ 9 mm，花丝无毛，花药黄色；子房狭倒卵形，长约 7 mm；花柱长约 3 mm。棒状蒴果长约 7 mm。种子长约 3 mm，狭倒卵形，褐色。

▶**花 果 期**　花期 6—9 月，果期 7—10 月。

▶**分　　布**　四川、云南、贵州、西藏。

▶**生　　境**　生于金沙江和雅鲁藏布江沿岸海拔 2000 ~ 3800 m 的砾石山坡或石灰质岩石缝隙。

▶**用　　途**　根可药用。

▶**致危因素**　生境丧失、过度采集。

苞藜

（苋科　Amaranthaceae）

Baolia bracteata H.W. Kung et G.L. Chu

国家重点保护级别	CITES 附录	IUCN 红色名录
二级		

▶**形态特征**　一年生草本，高 10 ~ 18 cm。根细而弯曲。茎直立，下部具分枝，常带紫红色。叶卵状椭圆形至卵状披针形，长 1 ~ 2.2 cm，宽 5 ~ 10 mm，先端短渐尖，基部楔形，背面主侧脉明显并稍有污粉；叶柄长 2 ~ 10 mm。花簇通常有 2 ~ 4 朵花；苞片狭卵形，腹面稍凹，长约 0.5 mm，膜质并具有稍厚的绿色中心部；小苞片狭卵形或三角形，膜质，长 0.3 ~ 0.5 mm；花被裂至中部，具膜质边缘和褐色脉；花盘环形；花丝透明膜质，长约 0.75 mm，基部宽而上部狭，花药长约 0.15 mm；柱头丝状，长约 0.1 mm，稍外弯。胞果暗褐色，长约 2 mm，宽约 1.7 mm，顶端露出花被外，基部突隆，表面具极整齐的蜂窝状深洼。种子黑褐色，不易剥离果皮，胚乳白色。

▶**花 果 期**　8—10 月。

▶**分　　布**　甘肃（迭部）。

▶**生　　境**　生于海拔 1900 m 的暖温带针阔混交林中。

▶**用　　途**　具科研价值。

▶**致危因素**　自然种群过小。

阿拉善单刺蓬

（苋科　Amaranthaceae）

Cornulaca alaschanica C.P. Tsien et G.L. Chu

国家重点保护级别	CITES 附录	IUCN 红色名录
二级		

▶**形态特征**　一年生草本，高 15 ~ 20 cm，塔形。根细瘦，圆柱状，苍白色，通常弯曲。茎直立，圆柱状，平滑，稍有光泽，具多数排列较密的分枝，上部有钝棱；枝互生，向四周斜伸或近平展，茎下部的枝长 3 ~ 6 cm 并再具短分枝，上部的枝渐短而不再分枝。叶针刺状，长 5 ~ 8 mm，黄绿色，平滑，稍开展，劲直或稍向外弧曲，基部三角形或宽卵形扩展并具膜质边缘，腋内具束生长柔毛。花 2 ~ 3 朵，单生或簇生；小苞片舟状，先端具长 2 ~ 4 mm 的刺尖。

花被顶端的裂片白色，狭三角形，长约 0.4 mm；雄蕊 5 枚，花药狭椭圆形，长约 0.5 mm，先端具点状附属物，药囊基部 1/5 分离；子房微小，花柱和柱头均为丝状，柱头伸出于花被裂片外。胞果卵形，背腹扁，长 1 ~ 1.2 mm。种子直立。

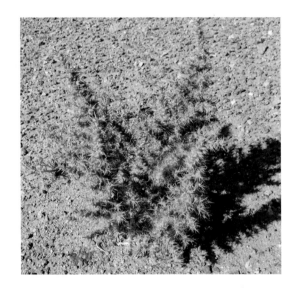

▶**花 果 期**　7—10 月。

▶**分　　布**　甘肃（民勤）、内蒙古（阿拉善右旗、阿拉善左旗）。

▶**生　　境**　生于流沙边缘及沙丘间的洪积层。

▶**用　　途**　作牧草、治理风沙。

▶**致危因素**　未知。

珙桐

（蓝果树科　Nyssaceae）

Davidia involucrata Baill.

国家重点保护级别	CITES 附录	IUCN 红色名录
一级		

▶**形态特征**　落叶乔木，高达 25 m。树皮深灰色或深褐色，常裂成不规则的薄片而脱落。冬芽锥形，具 4～5 对卵形鳞片，常成覆瓦状排列。叶纸质，互生，无托叶，常密集于幼枝顶端，阔卵形或近圆形，长 9～15 cm，宽 7～12 cm，顶端急尖或短急尖，具微弯曲的尖头，基部心脏形或深心脏形，边缘有三角形而尖端锐尖的粗锯齿，中脉和 8～9 对侧脉均在上面显著，在下面凸起。两性花与雄花同株，由多数的雄花与 1 个雌花或两性花成近球形的头状花序，着生于幼枝的顶端，基部具纸质、矩圆状卵形或矩圆状倒卵形花瓣状的苞片 2～3 枚。雄花无花萼及花瓣，有雄蕊 1～7 枚，花丝纤细，无毛，花药椭圆形，紫色；雌花或两性花具下位子房，6～10 室，与花托合生，子房的顶端具退化的花被及短小的雄蕊，花柱粗壮，分成 6～10 枝，柱头向外平展，每室有 1 枚胚珠，常下垂。果实为长卵圆形核果，紫绿色具黄色斑点，外果皮薄，中果皮肉质，内果皮骨质具沟纹，种子 3～5 枚。

▶**花 果 期**　花期 4 月，果期 10 月。

▶**分　　布**　湖北、湖南、四川、贵州、云南、甘肃。

▶**生　　境**　生于海拔 1500～2200 m 的湿润的常绿阔叶—落叶阔叶混交林中。

▶**用　　途**　观赏、具科研价值。

▶**致危因素**　生境破坏。

云南蓝果树

（蓝果树科 Nyssaceae）

Nyssa yunnanensis W.C. Yin ex H.N. Qin & Phengklai

国家重点保护级别	CITES 附录	IUCN 红色名录
一级		极危（CR）

▶**形态特征** 大乔木，高可达 40 m。树皮深褐色，常现小纵裂；小枝粗壮，微呈棱角状；皮孔显著。冬芽锥形，鳞片镊合状排列。叶厚纸质，椭圆形或倒卵形，稀长椭圆形，长 15～22 cm，宽 8～12 cm，顶端钝尖，具短尖头，密被黄绿色微茸毛，叶柄粗壮，近圆柱形，上面微呈浅沟状，密被黄绿色微茸毛。花单性，异株，由叶腋或叶已脱落的叶痕腋芽生出；雄花多数成伞形花序，花梗被茸毛，总花梗粗壮，圆柱形，密被黄绿色微茸毛，单生于叶腋或叶已脱落的叶痕内侧；花托盘状。花萼有萼片 5 枚，卵形或三角状卵形；外面被微茸毛，花萼下有小苞片 4 枚，卵形，密被茸毛；花瓣 5 片，近长椭圆形，外面被疏柔毛；雄蕊 10 枚，排列成 2 轮，生于花盘周围，花丝钻形，无毛，花药淡黄色，椭圆形；花盘肉质。核果长卵圆形或近椭圆形，被微茸毛，无果梗，通常 4～5 枚成头状果序，果实下边有矩圆形小苞片 4 枚。种子稍扁，外壳上有 7 条纵沟纹。

▶**花 果 期** 花期 3 月下旬，果期 9 月。

▶**分　　布** 云南（西双版纳）。

▶**生　　境** 生于海拔 500～1100 m 的山谷密林中。

▶**用　　途** 未知。

▶**致危因素** 生境退化或丧失、物种内在因素。

▶**备　　注** 本种有时被处理为 *Nyssa bifida*。

黄山梅

（绣球花科　Hydrangeaceae）

Kirengeshoma palmata Yatabe

国家重点保护级别	CITES 附录	IUCN 红色名录
二级		

▶**形态特征**　多年草本植物。茎直立，近四棱形，无毛，略紫色。叶生于茎下部的最大，圆心形，长和宽均 10 ~ 20 cm，掌状 7 ~ 10 裂，裂片具粗齿，基部近心形，两面被糙伏毛，生于茎上部的叶渐较小，长、宽均 3 ~ 7 cm，最上部的叶卵形或披针形，先端渐尖；叶柄生于茎最下部的最长，长达 25 cm，生于茎上部的渐短以至于无柄。聚伞花序生于茎上部叶腋及顶端，通常具 3 朵花，中部的花最大，无小苞片，两侧的花较小，具小苞片，有时退化仅具 1 ~ 2 朵花；苞片披针形。花黄色，直径 4 ~ 5 cm；花梗长 1 ~ 3（~ 4）cm，中部的花梗常较两侧的短，稍被紧贴柔毛。萼筒半球形，被柔毛，裂片三角形；花瓣 5 片，离生，形状稍不等，长圆状倒卵形或近狭倒卵形，先端急尖；雄蕊 15 枚，外轮的与花瓣近等长，内轮的稍短；花柱线形，向上稍狭，长约 2 cm。蒴果阔椭圆形或近球形，顶端具宿存花柱，干时褐色；种子黄色，扁平，周围具膜质斜翅。

▶**花 果 期**　花期 3—4 月，果期 5—8 月。

▶**分　　布**　安徽（黄山）、浙江（天目山）；日本、朝鲜。

▶**生　　境**　生于海拔 700 ~ 1100 m 的石灰岩灌丛。

▶**用　　途**　观赏。

▶**致危因素**　大规模适宜生境的破碎化及丧失、自然灾害。

蛛网萼

(绣球花科　Hydrangeaceae)

Platycrater arguta Siebold & Zucc.

国家重点保护级别	CITES 附录	IUCN 红色名录
二级		

▶**形态特征**　落叶灌木，高 0.5 ~ 1 m，茎下部近平卧或匍匐状；小枝灰褐色，几乎无毛，老后树皮呈薄片状剥落。叶膜质至纸质，披针形或椭圆形，长 9 ~ 15 cm，宽 3 ~ 6 cm，先端尾状渐尖，基部沿叶柄两侧稍下延成狭楔形，边缘有粗锯齿或小齿，侧脉 7 ~ 9 对，纤细，下面微凸，叶柄长 1 ~ 7 cm，扁平，上面近基部具浅凹槽。伞房状聚伞花序近无毛；花少数，不育花具细长梗，梗长 2 ~ 4 cm；萼片 3 ~ 4 枚，阔卵形，中部以下合生，轮廓三角形或四方形，结果时直径 2.5 ~ 2.8 cm，先端钝圆，具小突尖，脉纹两面明显；可育花萼筒陀螺状，长 4 ~ 5 mm，萼齿 4 ~ 5 枚，卵状三角形或披针形，先端长渐尖；花瓣稍厚，卵形，先端略尖，长约 7 mm，稍不等宽；雄蕊极多数，花丝短，花药近圆形；花柱 2 枚，细长，结果时长达 10 mm，柱头小，乳头状。蒴果倒圆锥状，具纵条纹；种子暗褐色，椭圆形，扁平，具细脉纹，两端有长 0.3 ~ 0.5 mm 的薄翅，先端的翅稍长而宽，基部的稍狭而短。

▶**花 果 期**　花期 7 月，果期 9—10 月。

▶**分　　布**　安徽（黄山）、浙江（云和、龙泉）、江西（上饶）、福建（武夷山）；日本。

▶**生　　境**　生于海拔 800 ~ 1800 m 的山谷水旁林下或山坡石旁灌丛中。

▶**用　　途**　食用。

▶**致危因素**　生境破碎化、自身因素。

猪血木

（五列木科　Pentaphylacaceae）

Euryodendron excelsum Hung. T. Chang.

国家重点保护级别	CITES 附录	IUCN 红色名录
一级		极危（CR）

▶**形态特征**　高大乔木，树皮灰褐色或近灰黑色，稍粗糙或具不规则的浅裂纹。叶互生，薄革质，长圆形或长圆状椭圆形，长 5~9 cm，宽 1.7~3 cm，顶端锐尖，尖顶钝，基部楔形，边缘有细锯齿，两面均无毛；中脉在上面稍凹下，下面隆起，侧脉 5~6 对，叶柄长 3~5 mm，上面有浅沟。花两性，1~3 朵簇生于叶腋或生于无叶的小枝上，白色，花梗无毛；苞片 2 枚，广卵形，顶端圆，无毛或近边缘有纤毛；萼片 5 枚，革质，扁圆形，有时近圆形，顶端圆而有微凹，外面无毛，内面被微毛，边缘有纤毛；花瓣 5 片，倒卵形或倒卵状椭圆形，顶端圆，无毛；雄蕊 25~28 枚，花丝纤细，基部稍膨大，无毛，花药卵形，被长丝毛；子房上位，圆球形，无毛，表面有不规则瘤状突起，3 室，胚珠每室 6~8 个，花柱长约 3 mm，柱头单一，不分裂。
果为浆果状，卵圆形，有时近圆球形，成熟时蓝黑色，萼片宿存；种子每室通常 2~3 枚，种子圆肾形，褐色，表面有不规则网纹或皱纹，胚通常不发育。

▶**花 果 期**　花期 5—8 月，果期 10—11 月。

▶**分　　布**　广东（阳春）、广西（平南、巴马）。

▶**生　　境**　生于海拔 100~400 m 的低丘疏林中或村旁林缘，数量极少。

▶**用　　途**　建筑用材。

▶**致危因素**　生境退化或丧失、物种更新困难。

滇藏榄（云南藏榄）

（山榄科　Sapotaceae）

Diploknema yunnanensis D.D. Tao & Z.H. Yang & Q.T. Zhang

国家重点保护级别	CITES 附录	IUCN 红色名录
一级		极危（CR）

▶**形态特征**　乔木，高 25 ~ 30 m。小枝具柔毛。叶片长圆状倒卵形至披针形，长 25 ~ 55 cm，宽 10 ~ 17 cm，背面被贴伏微柔毛，基部楔形，先端短渐尖，叶柄长 2 ~ 5 cm。花近顶生，长 5 ~ 6 cm，密被锈色茸毛；萼片 5 或 6 枚，黄绿色，卵形，内部的小；花冠长 2 ~ 2.4 cm，具裂片 12 枚，裂片卵状长圆形，长 0.8 ~ 1 cm，先端圆形或截形。子房被锈色茸毛。

▶**花 果 期**　花期 9—10 月，果期 10 月至次年 4 月。

▶**分　　布**　云南（德宏州）。

▶**生　　境**　生于海拔 1000 ~ 1300 m 的林中。

▶**用　　途**　热带森林建群种之一。

▶**致危因素**　生境破碎化、生境质量下降。

海南紫荆木

（山榄科　Sapotaceae）

Madhuca hainanensis Chun et F.C. How

国家重点保护级别	CITES 附录	IUCN 红色名录
二级		易危（VU）

▶**形态特征**　乔木，高 9～30 m。树皮暗灰褐色，内皮褐色，有浅黄白色黏性汁液；幼嫩部分被锈红色的柔毛。托叶钻形，长 3 mm，宽 1 mm，被柔毛，早落。叶聚生于小枝顶端，长圆状倒卵形，长 6～12 cm，宽 2.5～4 cm，顶端圆而常微缺，中部以下渐狭，下延，下面幼时被锈红色、紧贴的短绢毛，后变无毛；叶柄长 1.5～3 cm，上面具沟或平坦，被灰色茸毛。花 1～3 朵腋生，下垂；花梗长 2～3 cm，密被锈红色绢毛；花萼外轮 2 裂片较大，内轮的较小，长椭圆形或卵状三角形，两面密被锈色毡毛；花冠白色，长 1～1.2 cm，无毛，冠管长约 4 mm，裂片 8～10 枚，卵状长圆形，长约 8 mm，上部短尖；花柱中部以下被绢毛。果卵球形至近球形，长 2.5～3 cm，被短柔毛，先端具花柱的残余。

▶**花 果 期**　花期 6—9 月，果期 9—11 月。

▶**分　　布**　海南。

▶**生　　境**　生于海拔 1000 m 的常绿阔叶林中。

▶**用　　途**　作优质木材。

▶**致危因素**　生境破碎化、生境质量下降。

紫荆木

（山榄科　Sapotaceae）

Madhuca pasquieri (Dubard) H.J. Lam

国家重点保护级别	CITES 附录	IUCN 红色名录
二级		易危（VU）

▶**形态特征**　乔木，高达 30 m。树皮灰黑色，具乳汁；嫩枝密生皮孔，被锈色茸毛，后变无毛。托叶披针状线形，早落。叶互生，星散或密聚于分枝顶端，倒卵形或倒卵状长圆形，长 6～16 cm，宽 2～6 cm，先端阔渐尖而钝头或骤然收缩，基部阔渐尖或尖楔形，两面无毛，边缘外卷，中脉在下面凸起；叶柄细，长 1.5～3.5 cm，被锈色或灰色短柔毛，上面具深沟槽。花数朵簇生叶腋，花梗被锈色或灰色短柔毛；花萼 4 裂，裂片卵形，长 3～6 mm，外面和内面的上部被灰色茸毛；花冠长 5～7.5 mm，无毛，裂片 6～11 枚，长圆形，长 4～5 mm，宽 2～2.5 mm，冠管长 1.5 mm；子房卵形，长 1～2 mm，密被锈色短柔毛，花柱下半部密被锈色短柔毛。果椭圆形或小球形，长 2～3 cm，宽 1.5～2 cm，基部具宿萼，先端具宿存且延长的花柱，果皮肥厚，被锈色茸毛，后变无毛。

▶**花 果 期**　花期 7—9 月，果期 10 月至次年 1 月。

▶**分　　布**　云南、广西、广东。

▶**生　　境**　生于海拔 1100 m 以下的林缘。

▶**用　　途**　珍贵木材，可提取食用和工业用油。

▶**致危因素**　生境破碎化、生境质量下降。

小萼柿

（柿树科　Ebenaceae）

Diospyros minutisepala Kottaim.

国家重点保护级别	CITES 附录	IUCN 红色名录
二级		未予评估（NE）

▶**形态特征**　常绿乔木，高达 18 m，树干直径达 50 cm。树皮深棕色，不规则鳞片状；幼枝绿色，被微柔毛。叶互生，椭圆形或卵形，长 8 ~ 14cm，宽 3.5 ~ 5.5cm，革质，除下表面沿中脉外无毛，正面深绿色有光泽，背面稍苍白，干燥时带褐色；边缘全缘，稍外卷；中脉在下表面凸出，在上表面凹陷；侧脉每侧 6 ~ 8 条，纤细，弓形，将近叶缘网结，上表面不明显，下表面凸出；网状脉在下表面明显；叶柄长 5 ~ 8 mm，被微柔毛。雄花未见。雌花单生，腋生在当年的枝上；花梗短，2 ~ 3 mm 长，密被棕色具糙伏毛。萼裂片 4 枚，分裂至中部，宽三角形，长 1 mm，宽 2 mm，外面具浓密棕色糙伏毛，里面无毛；花冠淡黄色，芳香；花冠筒 4 棱，长约 5 mm，直径 6 mm；花冠瓶状，裂至中部；裂片 4 枚，反折，长约 6 mm，宽 3 mm；外面密被白色绢毛，里面光滑；退化雄蕊 8 枚，贴生于花冠基部，无毛，长约 2 mm。子房卵球形，长约 4 mm，直径约 3 mm，无毛，8 室；柱头 4 个。果梗约 3 mm；果萼不宿存；成熟时的浆果橙黄色，球状或在两端凹陷，直径 6 ~ 8（~ 10）cm，无毛。种子 6 ~ 8 枚，棕色，侧面压扁，表面具纵向凹槽。

▶**花 果 期**　花期 4—5 月，果期 9—10 月。

▶**分　　布**　广西（靖西）。

▶**生　　境**　生于石灰岩山地。

▶**用　　途**　食用、种质资源。

▶**致危因素**　生境退化或丧失。

川柿

（柿树科　Ebenaceae）

Diospyros sutchuensis Y.C. Yang

国家重点保护级别	CITES 附录	IUCN 红色名录
二级		极危（CR）

▶**形态特征**　小乔木，高 7 ~ 10 m。树皮灰色，叶革质，长圆形或椭圆状长圆形，长 8 ~ 12 cm，宽 2.8 ~ 4.7 cm，先端急尖，极少渐尖，基部圆形或近圆形，上面深绿色，有光泽，下面绿色，中脉上面凹陷，有微柔毛，下面凸起，疏生长伏毛，侧脉每边 6 ~ 8 条，上面凹陷，下面凸起；叶柄长 6 ~ 10 mm，密被短柔毛。花白色，坛状，花瓣张开向后翻卷，雄蕊 4 枚。果腋生，单生，近球形，直径 3 ~ 4 cm，黄绿色，密被短柔毛，有种子 3 ~ 7 枚；种子褐色，近肾形，长 1.6 ~ 1.8 cm，宽约 1.1 cm；宿存萼裂片 4 枚，卵形，长 1.2 ~ 1.8 cm，宽 1 ~ 1.4 cm，有脉纹，两面有毛；果柄长 1.2 ~ 2 cm，密被柔毛。

▶**花 果 期**　花期 5 月，果期 10 月。

▶**分　　布**　重庆。

▶**生　　境**　生于海拔 1300 m 的林中。

▶**用　　途**　观赏。

▶**致危因素**　生境退化或丧失。

羽叶点地梅

（报春花科　Primulaceae）

Pomatosace filicula Maxim.

国家重点保护级别	CITES 附录	IUCN 红色名录
二级		无危（LC）

▶**形态特征**　草本。叶多数，叶片轮廓线状矩圆形，长 1.5~9 cm，宽 6~15 mm，两面沿中肋被白色疏长柔毛，羽状深裂至近羽状全裂，裂片线形或窄三角状线形，宽 1~2 mm，先端钝或稍锐尖，全缘或具 1~2 枚牙齿；叶柄甚短或长达叶片的 1/2，被疏长柔毛，近基部扩展，略呈鞘状。花葶通常多枚自叶丛中抽出，高（1~）3~9（~16）cm，疏被长柔毛；伞形花序具（3~）6~12 朵花；苞片线形，长 2~6 mm，疏被柔毛；花梗长 1~12 mm，无毛；花萼杯状或陀螺状，长 2.5~3 mm，果时增大，长达 4~4.5 mm，外面无毛，分裂略超过全长的 1/3，裂片三角形，锐尖，内面被微柔毛；花冠白色，冠筒长约 1.8 mm，冠檐直径约 2 mm，裂片矩圆状椭圆形，宽约 0.8 mm，先端钝圆。蒴果近球形，直径约 4 mm，周裂成上下两半，通常具种子 6~12 枚。

▶**花 果 期**　花期 5—6 月，果期 6—8 月。

▶**分　　布**　四川、西藏、甘肃、青海。

▶**生　　境**　生于海拔 3000~4500 m 的高山草甸和河滩砂地。

▶**用　　途**　药用。

▶**致危因素**　生境破碎化或丧失。

圆籽荷

（山茶科 Theaceae）

Apterosperma oblata Hung T. Chang

国家重点保护级别	CITES 附录	IUCN 红色名录
二级		易危（VU）

▶**形态特征** 灌木至小乔木，高 3 ~ 10 m，嫩枝有柔毛，老枝变秃，干后黑褐色。叶聚生于枝顶，革质，狭椭圆形或长圆形，长 5 ~ 10 cm，宽 1.5 ~ 3 cm，先端渐尖，基部狭楔形，边缘除基部 1/4 ~ 1/3 全缘外均有钝锯齿，表面深绿色，无毛，背面浅绿色，初时有柔毛，以后变秃；侧脉 7 ~ 9 对，靠近边缘弯曲相结合，在两面均明显；叶柄长 3 ~ 6 mm，有毛。花近顶腋生，单花至 5 ~ 9 朵成簇，浅黄色，直径 1.5 cm；花柄长 4 ~ 5 mm，有毛；小苞片细小，紧贴于花萼下，早落；萼片 5 枚，卵圆形，直径约 4 mm，先端圆，基部近离生，外面有毛；花瓣 5 片，基部稍连生，阔倒卵形，长 7 mm，宽 6 mm，背面有粉状微柔毛；雄蕊 22 ~ 24 枚，2 轮，无毛，长 4 ~ 5 mm，花药椭球形；子房圆锥形，基部有毛，5 室，每室有胚珠 3 ~ 4 个，花柱极短，先端 5 浅裂。蒴果扁球形，直径 8 ~ 10 mm，高 5 ~ 6 mm，5 片裂开，中轴长 5 mm。种子褐色，长 4 mm，厚 1.5 mm，无翅或有极狭的顶翅。

▶**花 果 期** 花期 5—6 月。

▶**分　　布** 广东（阳春、信宜、恩平）、广西（桂平）。

▶**生　　境** 生于海拔 800 ~ 1300 m 的林中。

▶**用　　途** 具科研价值。

▶**致危因素** 生境退化或丧失。

329

杜鹃红山茶

（山茶科 Theaceae）

Camellia azalea C.F. Wei

国家重点保护级别	CITES 附录	IUCN 红色名录
一级		极危（CR）

▶**形态特征** 常绿灌木，高 1～2.5 m。嫩枝红色，无毛，老枝灰色。叶革质，倒卵状长圆形，有时长圆形，长 7～11 cm，宽 2～3.5 cm，表面干后深绿色，发亮，背面浅绿色，无毛；先端圆或钝，有时有缺刻，基部楔形，多少下延，全缘，偶或近先端有少数齿突，侧脉 6～8 对，干后在上下两面均稍凸起；叶柄长 6～10 mm，无毛。花鲜红色，单生于枝顶叶腋，直径 8～10 cm；无花柄；小苞片与萼片 8～11 枚，半圆形至阔卵形，不等大，最内数片长 1.8 cm，外面无毛，内面有短柔毛，边缘有睫毛；花瓣 6～9 枚，长倒卵形，外侧 3 枚较短，长 5～6.5 cm，内侧 3 枚长 8～8.5 cm，无毛，先端凹入；雄蕊约 4 轮，外轮花丝基部合生成管；子房卵形，3 室，无毛，花柱长 3.5 cm，先端 3 裂，裂臂长约 1 cm。蒴果短纺锤形，长 2～2.5 cm，宽 2～2.3 cm，有半宿存萼片，果爿木质，3 爿裂开，每室有种子 1～3 枚。

▶**花 果 期** 花期 10—12 月，果期次年 8—9 月。

▶**分 布** 广东（阳春）。

▶**生 境** 生于海拔 100～500 m 的丘陵地区的山地或河边石上。

▶**用 途** 观赏。

▶**致危因素** 生境退化或丧失、直接采挖或砍伐、物种内在因素。

中东金花茶

（山茶科　Theaceae）

Camellia achrysantha Hung T. Chang et S. Ye Liang

国家重点保护级别	CITES 附录	IUCN 红色名录
二级		

▶**形态特征**　常绿灌木，高 1～2 m；嫩枝无毛。叶革质，椭圆形，长 6～9.5 cm，宽 2.5～4 cm，有时稍大，先端钝尖至短渐尖，基部宽楔形，边缘具细锯齿，或近全缘，表面深绿色，有光泽，背面淡绿色，散生褐色腺点，两面无毛，侧脉 5～6 对，在表面稍陷下，网脉不明显；叶柄长 5～7 mm，无毛。花单生于叶腋，直径 2.5～4 cm，黄色；花柄下垂，长 5～10 mm；小苞片 4～6 片，新月形，长 2～3 mm，宽 3～5 mm，外面无毛，内面被白色短柔毛；萼片 5 枚，半圆形至阔卵形，长 4～8 mm，宽 7～10 mm，毛被同小苞片；花瓣 10～15 枚，外轮近圆形，长 1.5～1.8 cm，宽 1.2～1.5 cm，无毛，内轮倒卵形或椭圆形，长 2.5～3 cm，宽 1.5～2 cm；雄蕊多数，无毛，长约 2.5 cm，外轮花丝基部约 1/2 合生成管；子房 3 室，无毛，花柱 3 枚，长 1.8～2.5 cm，分离。蒴果扁球形，直径 3～4 cm，高 1.5～2.5 cm。种子深褐色，被毛。

▶**花 果 期**　花期 12 月至次年 3 月。

▶**分　　布**　广西（扶绥）。

▶**生　　境**　生于石灰岩山地常绿林。

▶**用　　途**　观赏。

▶**致危因素**　生境退化或丧失、直接采挖或砍伐。

薄叶金花茶

（山茶科　Theaceae）

Camellia chrysanthoides Hung T. Chang

国家重点保护级别	CITES 附录	IUCN 红色名录
二级		濒危（EN）

▶**形态特征**　灌木，高 2.5 m；嫩枝无毛。叶薄革质，长圆状椭圆形或长圆形，长 10 ~ 15 cm，宽 3 ~ 6.5 cm，先端渐尖或急短尖，基部楔形或钝，边缘有细锯齿，表面干后褐绿色，暗晦，背面浅褐色，散生黑色腺点，两面无毛，侧脉 9 ~ 11 对，与中脉在表面明显凹陷，在背面凸起；叶柄长 6 ~ 10 mm，无毛。花腋生，直径 4 ~ 5.5 cm，黄色，有短柄，长 4 ~ 5 mm；小苞片 4 ~ 6 枚，多少遮盖花柄，半圆形，长 1 ~ 2 mm，外面微柔毛，里面无毛，边缘有睫毛；萼片 5 枚，半圆形至近圆形，长、宽 3 ~ 5 mm，毛被同小苞片；花瓣 8 ~ 9 片，外轮花瓣近圆形，向内渐变长圆状椭圆形，长 1 ~ 2 cm，宽 0.8 ~ 1.5 cm，基部略连生；雄蕊长 1.3 ~ 1.5 cm，无毛，外轮花丝基部约 5 mm 合生成管；子房被柔毛，花柱 3 枚，离生，纤细，长约 1.5 cm，无毛或基部被毛。蒴果扁三角球形，直径 2.5 ~ 4.5 cm，高 2.5 cm，每室有种子 1 ~ 2 枚，3 瓣裂开，果皮薄，厚不及 1 mm。种子栗褐色，被黄色柔毛。

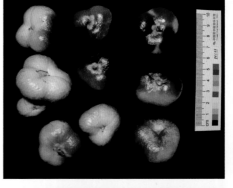

▶**花 果 期**　花期 12 月，果期 9 月。

▶**分　　布**　广西（龙州、凭祥、大新、宁明）。

▶**生　　境**　生于海拔 100 ~ 800 m 的山地常绿阔叶林。

▶**用　　途**　观赏。

▶**致危因素**　生境退化或丧失、直接采挖或砍伐。

德保金花茶

（山茶科　Theaceae）

Camellia debaoensis R.C. Hu & Y.Q. Liufu

国家重点保护级别	CITES 附录	IUCN 红色名录
二级		

▶**形态特征**　灌木，高 1~3 m；幼枝无毛。叶革质，卵形至长卵形，长 6~13 cm，宽 3~5 cm，先端尾尖，基部楔形至宽楔形，边缘有细锯齿，侧脉 5~6 对，在表面凹陷，背面隆起；叶柄长 5~12 mm，无毛。单花腋生，直径 3~4.5 cm；花柄长 4（~6）mm；小苞片 4（或 5）枚，卵状三角形，不等大，长 1~3 cm，宽 2~4 mm，绿色，外面无毛，里面密被柔毛，边缘具睫毛；萼片 5（~6）枚，半圆形至宽卵形，长 3~5 cm，宽 5~8 mm，革质，毛被同小苞片，稍黄色，偶有粉红色斑块，果期绿色；花瓣 10 枚，3 轮，浅黄至金黄色，两面疏被柔毛，外轮 3 或 4 片花瓣近圆形，偶有粉红色斑块，长 0.7~1.1 cm，宽 1 cm，内轮花瓣圆形、卵形至椭圆形，长 1.2~1.8 cm，宽 1.2~2.6 cm，基部 1~3 mm 合生；雄蕊多数，无毛，长约 2 cm；外轮花丝基部约 1/4 合生，内轮花丝近离生；子房圆柱形，直径约 2 mm，无毛，3 室，花柱长 2 cm，无毛，基部合生，先端 3 裂。果实三角状扁球形，长 1.4~1.6 cm，宽 1.6~2.8 cm；种子棕色，半球形，被短柔毛。

▶**花 果 期**　花期 12 月至次年 2 月，果期 7—8 月。

▶**分　　布**　广西（德保）。

▶**生　　境**　生于海拔 760 m 的石灰岩洞穴入口处。

▶**用　　途**　观赏。

▶**致危因素**　生境退化或丧失、直接采挖或砍伐。

显脉金花茶

（山茶科 Theaceae）

Camellia euphlebia Merr. ex Sealy

国家重点保护级别	CITES 附录	IUCN 红色名录
二级		易危（VU）

▶**形态特征** 灌木或小乔木，高 2 ~ 5 m；嫩枝无毛。叶革质或薄革质，椭圆形或阔椭圆形，长 12 ~ 20 cm，宽 5 ~ 8 cm，先端急短尖，基部钝或近圆，边缘密生细锯齿，表面深绿色，稍发亮，背面淡绿色，散生褐色腺点，两面无毛，侧脉 10 ~ 12 对，中脉和侧脉在表面显著下陷，在背面显著凸起；叶柄长约 1 cm，无毛。花单生于叶腋，直径 4 ~ 5 cm；花柄长 4 ~ 5 mm；小苞片 8 枚，半圆形至圆形，长 1 ~ 3 mm，宽 3 ~ 5 mm，外面无毛，里面被白色绢毛，边缘有睫毛；萼片 5 枚，革质，半圆形至近圆形，长 4 ~ 5 mm，宽 5 ~ 7 mm，毛被同小苞片；花瓣 8 ~ 9 枚，金黄色，外面 2 ~ 3 枚较小，近圆形，其余的阔倒卵形或倒卵状椭圆形，长 3 ~ 4 cm，宽 1 ~ 2.5 cm，基部 5 ~ 8 mm 合生，里面中下部被粉状微柔毛；雄蕊多数，长 2 ~ 3.5 cm，外轮花丝基部 1 ~ 1.5 cm 合生；子房卵球形，无毛，3 室；花柱 3 条，离生，长 2 ~ 2.5 cm。蒴果扁球形，直径 3.5 ~ 6 cm，高 2 ~ 3 cm。种子球形或扁球形，褐色，被短柔毛。

▶**花 果 期** 花期 12 月，果期 10 月。

▶**分 布** 广西（防城）；越南。

▶**生 境** 生于海拔 100 ~ 500 m 的河边常绿阔叶林。

▶**用 途** 观赏。

▶**致危因素** 生境退化或丧失、直接采挖或砍伐。

云南金花茶

（山茶科　Theaceae）

Camellia fascicularis Hung T. Chang

国家重点保护级别	CITES 附录	IUCN 红色名录
二级		极危（CR）

▶**形态特征**　灌木或小乔木，高 2 ~ 5 m；嫩枝无毛。叶薄革质，椭圆形、倒卵状椭圆形或长圆状椭圆形，长 12 ~ 22 cm，宽 6 ~ 9 cm，先端急锐尖，基部阔楔形或略圆，边缘有细锯齿，表面深绿色，稍发亮，背面淡绿色，散生褐色腺点，两面无毛，侧脉 8 ~ 9 对，在表面下陷，在背面凸起，网脉在两面均明显；叶柄长 1 ~ 1.4 cm，无毛。花黄色，单生于上部叶腋，径 3.5 ~ 4.5 cm；花柄长 6 ~ 8 mm；小苞片 5 ~ 6 枚，卵形或半圆形，长 1 ~ 2 mm，宽 2 ~ 3 mm，外面秃净或疏生柔毛，内侧被灰白色绢毛，边缘有睫毛；萼片 5 枚，革质，近圆形，长、宽 7 ~ 9 mm，毛被同小苞片；花瓣 6 ~ 8 枚，外侧 2 ~ 3 枚较小，近圆形，内侧疏毛，其余椭圆形或长圆状椭圆形，长 2 ~ 3 cm，宽 1.5 ~ 2 cm，无毛，基部 2 ~ 5 mm 合生；雄蕊长 1.5 ~ 2 cm，无毛，外轮花丝基部约 5 mm 合生成管；子房 3 室，无毛，花柱 3 条，离生，长约 2 cm。蒴果球形，直径 4 ~ 8 cm，3 爿裂开，果皮干后厚 3 ~ 6 mm，每室种子 1 ~ 4 枚。种子半球形，褐色，被褐色柔毛。

▶**花 果 期**　花期 12 月，果期 9 月。

▶**分　　布**　云南（河口、马关、个旧、蒙自）。

▶**生　　境**　生于海拔 300 ~ 1800 m 的山坡中或山谷的林中。

▶**用　　途**　观赏。

▶**致危因素**　生境退化或丧失、直接采挖或砍伐、物种内在因素、种间影响。

淡黄金花茶

（山茶科　Theaceae）

Camellia flavida Hung T. Chang

国家重点保护级别	CITES 附录	IUCN 红色名录
二级		濒危（EN）

▶**形态特征**　灌木，高 1～3 m；嫩枝无毛。叶薄革质，长圆形或椭圆形，长 8～16 cm，宽 3～6.5 cm，先端渐尖或短尾尖，基部阔楔形或钝，边缘有细锯齿，表面干后灰褐色，无光泽，无毛，背面浅褐色，无毛，散生褐色腺点；侧脉 7～9 对，在表面略陷下，在背面凸起，网脉在背面明显；叶柄长 6～8 mm，无毛。单花腋生或近顶生，淡黄色，外轮花瓣常带紫色；花柄长 3～5 mm；小苞片 4～5 枚，半圆形或卵形，长 1.5～2.5 mm，宽 2～3.5 mm，外面无毛，里面疏生柔毛或近无毛，边缘有睫毛；萼片 5 枚，近圆形，长 6～8 mm，外面无毛，里面被白色柔毛，边缘有睫毛；花瓣 7～13 枚，倒卵形或倒卵状椭圆形，淡黄色，长 1.2～2.5 cm，宽 0.9～1.5 cm，无毛，内轮花瓣基部约 2 mm 合生；雄蕊长 1～1.5 cm，无毛，外轮花丝基部 3～5 mm 合生成管，无毛；子房无毛，花柱 3 枚，完全分离，无毛。蒴果三角状扁球形，直径 2.5～3.5 cm，高 1.5～2 cm，果皮干后厚约 1 mm。种子圆球形或半球形，栗褐色，直径约 1.3 cm，被棕色柔毛。

▶**花 果 期**　盛花期 5—8 月，果期 9—10 月。

▶**分　　布**　广西（龙州、宁明、凭祥、扶绥）。

▶**生　　境**　生于海拔 100～500 m 的石灰岩山地的常绿阔叶林。

▶**用　　途**　观赏。

▶**致危因素**　生境退化或丧失。

▶**备　　注**　变种**多变淡黄金花茶** *Camellia flavida* var. ***patens*** (S.L. Mo & Y.C. Zhong) T.L. Ming，叶柄较长，长约 1 cm，子房室数多变，通常 3 室，少有 2 室或 4 室，稀 5 室，分布于广西（扶绥、武鸣）。

336

贵州金花茶

（山茶科　Theaceae）

Camellia huana T.L. Ming & W.J. Zhang

国家重点保护级别	CITES 附录	IUCN 红色名录
二级		濒危（EN）

▶**形态特征**　灌木，高 1 ~ 3 m；幼枝无毛。叶片薄革质，椭圆形至长圆状椭圆形，长 7 ~ 11.5 cm，宽 3 ~ 5 cm，先端短渐尖，基部楔形，边缘具锯齿，表面深绿色，有光泽，干后黄绿色，背面淡绿色，散生棕色腺点，两面无毛，侧脉 6 ~ 7 对，中脉和侧脉在背面隆起，表面稍凹陷，网脉在表面多数可见；叶柄长 7 ~ 12 mm，无毛。单花近顶生，淡黄色，直径 3 ~ 3.5 cm；花柄长 6 ~ 10 mm，向上渐粗；小苞片 5 或 6 枚，不覆盖花柄，半圆形或卵形，长 0.5 ~ 2 mm，外面无毛，里面被白色短柔毛，边缘具睫毛。萼片 5 枚，卵形到近圆形，长约 5 mm，革质，毛被同小苞片。花瓣 7 ~ 9 枚，浅黄，外方 2 ~ 3 枚花瓣较小，宽椭圆形到倒卵形，长 1 ~ 1.2 cm，宽 0.8 ~ 1 cm，其余的花瓣倒卵状椭圆形，长 1.5 ~ 2 cm，宽 1 ~ 1.5 cm，基部约 2 mm 合生。雄蕊长约 1.5 cm，无毛，外轮花丝基部约 4 mm 合生；子房球形，直径约 2 mm，无毛，花柱 3 枚，离生，长约 1.4 cm。蒴果扁球形，高约 1.5 cm，直径 3 ~ 3.5 cm，3 室发育，每室有种子 2 枚，果皮干后厚 1 ~ 1.5 mm。种子棕色，半球形，具红棕色长柔毛。

▶**花 果 期**　花期 2 月，果期 10 月。

▶**分　　布**　贵州（册亨、罗甸）、广西（天峨）。

▶**生　　境**　生于海拔 600 ~ 800 m 的石灰岩山地林下或灌丛中。

▶**用　　途**　观赏、花可作花茶。

▶**致危因素**　生境退化或丧失。

凹脉金花茶

（山茶科　Theaceae）

Camellia impressinervis Hung T. Chang et S. Ye Liang

国家重点保护级别	CITES 附录	IUCN 红色名录
二级		极危（CR）

▶**形态特征**　灌木或小乔木，高 1.5 ~ 5 m。幼枝紫褐色，被黄色短柔毛，一年生枝灰褐色，无毛。叶革质，椭圆形至长圆状椭圆形，长 12 ~ 18（~ 22）cm，宽 3 ~ 8.5 cm，先端短尾尖或尾尖，基部圆形或钝，边缘具细锯齿，表面深绿色，略具光泽，无毛，背面淡绿色，疏生短柔毛，沿脉上毛被较密，散生红棕色腺点，侧脉 9 ~ 11 对，在表面极度凹陷，在背面显著隆起；叶柄长约 1 cm，被柔毛，上面具凹槽。单花腋生或近顶生，黄色，直径约 5 cm；花柄长约 5 mm；小苞片 5 ~ 6 枚，多少覆盖花柄，新月形，长 1 ~ 2.5 mm，两面无毛，边缘具睫毛。萼片 5 枚，卵形至宽卵形，长 6 ~ 10 mm，毛被同小苞片。花瓣 11 ~ 12 枚，外方 4 ~ 5 枚花瓣较小，倒卵形或倒卵状椭圆形，长 1.3 ~ 2 cm，宽 0.9 ~ 1.5 cm，其余为倒卵形，长约 3 cm，宽 1.5 ~ 1.8 cm，基部 4 ~ 5 mm 合生；雄蕊长约 2 cm，无毛，外轮花丝基部约 5 mm 合生成管；子房卵球形，直径约 2 mm，无毛，3 室，花柱 3 条，离生，长 2 ~ 2.3 cm。蒴果扁球形或双球形，直径约 3 cm，果皮厚 1 ~ 1.5 mm。种子栗褐色，被柔毛。

▶**花 果 期**　花期 1—3 月，果期 10 月。

▶**分　　布**　广西（龙州）；越南。

▶**生　　境**　生于海拔 100 ~ 500 m 的石灰岩山地常绿阔叶林。

▶**用　　途**　观赏。

▶**致危因素**　生境退化或丧失、直接采挖或砍伐、物种内在因素。

柠檬金花茶

（山茶科 Theaceae）

Camellia indochinensis Merr.

国家重点保护级别	CITES 附录	IUCN 红色名录
二级		易危（VU）

▶**形态特征** 灌木或小乔木，高 1 ~ 4 m；嫩枝紫褐色，无毛。叶薄革质，椭圆形、倒卵状椭圆形或长圆状椭圆形，长 6 ~ 10.5 cm，宽 3 ~ 4.2 cm，先端短尖或渐尖，基部宽楔形，稀楔形，边缘具钝齿，表面深绿色，干后灰绿色，无光泽，背面淡绿色，干后绿白色或淡棕色，散生褐色腺点，两面无毛，侧脉 6 ~ 7 对，在表面微凹，在背面略凸起；叶柄长 7 ~ 10 mm，无毛。花单生叶腋，淡黄色或黄白色，直径 1 ~ 2 cm，花柄长 3 ~ 4 mm，无毛；小苞片 5 ~ 6 枚，半月形，长 0.5 ~ 1.5 mm，宽 1 ~ 2.5 mm，两面无毛或外面有粉状微柔毛，边缘有睫毛；萼片 5 枚，近圆形，长 2 ~ 3 mm，毛被同萼片；花瓣 8 ~ 9 枚，外方 3 ~ 4 枚近圆形或阔倒卵形，长、宽 5 ~ 7 mm，其余 4 ~ 5 枚倒卵形或长圆形，长 10 ~ 17 mm，宽 5 ~ 6 mm，基部 2 ~ 3 mm 合生；雄蕊长 8 ~ 10 mm，无毛，外轮花丝基部 3 ~ 4 mm 合生成短管；子房无毛，3 室，花柱 3 条，离生，长约 1.3 cm，无毛。蒴果扁球形，直径 1.5 ~ 2.5 cm，高 1 ~ 1.5 cm，果爿薄，厚 1 ~ 1.5 mm。

▶**花 果 期** 花期 12 月至次年 1 月，果期 9—10 月。

▶**分 布** 广西（龙州、宁明、扶绥、崇左）、云南（河口）；越南。

▶**生 境** 生于海拔 100 ~ 400 m 的石灰岩山地林下。

▶**用 途** 观赏。

▶**致危因素** 生境退化或丧失。

▶**备 注** 变种**东兴金花茶** *Camellia indochinensis* var. *tunghinensis* (Hung T. Chang) T.L. Ming & W.J. Zhang 与原变种的主要不同在于花柄更长，长（5 ~ ）7 ~ 13 mm，花较大，直径 2.5 ~ 3.5 cm，分布于广西（防城）。

小花金花茶

（山茶科　Theaceae）

Camellia micrantha S. Ye Liang et Y.C. Zhong

国家重点保护级别	CITES 附录	IUCN 红色名录
二级		

▶**形态特征**　灌木，高 2～3 m；幼枝紫红色，无毛。叶革质，阔倒卵形、倒卵状椭圆形或椭圆形，长 8.5～10.5（～17.5）cm，宽 3.5～5.5（～7.5）cm，先端急尖或短尾尖，基部宽楔形或钝，边缘疏生细锯齿，表面深绿色，有光泽，背面浅绿色和深棕色，具腺点，两面无毛，侧脉 7～8 对，中脉和侧脉在表面显著凹陷，背面凸起；叶柄长 6～8 mm，无毛。单花腋生或近顶生，稀 2～3 朵簇生，淡黄色，直径 1.5～2.5 cm；花柄长 3～5（～7）mm；小苞片 5～7 枚，不遮盖花柄，卵形或半圆形，长 1.5～2.5 mm，两面无毛；萼片 5 枚，近圆形，长 3～4 mm，宽 4～6 mm，外面被微柔毛，里面无毛，边缘具睫毛；花瓣 6～8 枚，外方 2～3 枚近圆形，长、宽 6～7 mm，其余椭圆形或倒卵状椭圆形，长 9～15 mm，宽 5～8.5 mm，基部约 2 mm 合生；雄蕊多数，长 7～9 cm，无毛，外轮花丝基部约 3 mm 合生；子房球形，3 室，直径约 2 mm，被白色短柔毛或近无毛，花柱 3 条，长 6～8 mm，离生，无毛。蒴果扁球形，直径约 3 cm，高 1.5～2 cm，果皮薄，厚 1～2 mm。种子半球形，褐色，无毛。

▶**花 果 期**　花期 11—12 月，果期 9—10 月。

▶**分　　布**　广西（宁明、凭祥）。

▶**生　　境**　生于海拔 190～350 m 的石灰岩地区的常绿阔叶林中。

▶**用　　途**　观赏。

▶**致危因素**　生境退化或丧失、直接采挖或砍伐。

富宁金花茶

（山茶科 Theaceae）

Camellia mingii S.X. Yang

国家重点保护级别	CITES 附录	IUCN 红色名录
二级		

▶**形态特征** 常绿灌木，高 2～4 m。嫩枝圆柱形，褐色至黑褐色，密被浅黄色开张柔毛。叶薄革质，椭圆形至长圆形，长（9～）10～15（～17）cm，宽 4～6 cm，先端渐尖至尾尖，基部楔形、宽楔形至近圆形，叶缘疏生锯齿，叶面深绿色，稍有光泽，无毛，叶背黄绿色，散生黑褐色腺点，密被浅黄色柔毛，中脉上凹下凸，侧脉 7～10 对，在叶面平坦，叶背凸起；叶柄长 5～7 mm，毛被同嫩枝。单花近顶生，稀 2 朵簇生近顶叶腋，金黄色，直径 4.5～5.5 cm；花柄长 3～6 mm 或近无柄；小苞片 4～5 枚，不等大，长 1.5～3 mm，宽 1.5～6 mm，从外向内其形状从卵形、阔卵形至新月形，外面浅绿色，无毛或在中肋处疏毛，里面密被浅黄色绢毛，边缘有睫毛；萼片 5～6 枚，浅绿色，从外向内渐大，阔卵形至圆肾形；花瓣 12～13 枚，4 轮排列，外轮花瓣近圆形，向内渐变为短椭圆形，基部 1～3 mm 连生，内外两面均被柔毛；雄蕊多数，长约 3 cm，外轮花丝基部约 1/2 合生成管，花丝管基部与花瓣合生，花丝管外及上部离生花丝的下部被柔毛，内轮花丝离生，下 2/3 被柔毛，花药橙黄色，基部着生；子房 3 室，卵球形，密被浅黄色茸毛，花柱合生，无毛或疏毛，先端 3 浅裂。蒴果扁球形，成熟时 3 裂。每室种子 2～3 枚。种子半球形，褐色至黑褐色，明显被毛。

▶**花 果 期** 花期 12 月至次年 2 月，果期 9—11 月。

▶**分　　布** 云南（富宁）、广西（那坡）。

▶**生　　境** 生于海拔 800～1300 m 的石灰岩地区的常绿阔叶林中。

▶**用　　途** 观赏。

▶**致危因素** 生境退化或丧失、直接采挖或砍伐。

四季花金花茶

（山茶科　Theaceae）

***Camellia perpetua* S. Ye Liang et L.D. Huang**

国家重点保护级别	CITES 附录	IUCN 红色名录
二级		

▶**形态特征**　灌木，高 2～5 m；嫩枝浅红色，无毛。叶革质，椭圆形、长圆形至窄倒卵形，长（4～）5～7（～8）cm，宽（1.8～）2.5～3.4 cm，先端急尖，尖头钝，基部圆形、近圆形或宽楔形，边缘有细锯齿，表面干后深绿色，有光泽，背面浅绿色，散生褐色腺点，两面无毛，中脉两面凸起，侧脉 5～7 对，纤细，表面微凹，背面凸起；叶柄长 4～7 mm，无毛。单花腋生，黄色，直径 5～6 cm；花柄长 0.5 cm；小苞片 4～5 枚，阔卵圆形，由下向上渐大，外面无毛，里面有白色短柔毛，边缘有睫毛，宿存；萼片 5～6 枚，不等大，外方 2～3 枚较小，半圆形，绿色，革质，长宽均为 5～7 mm，内方 2～3 枚较大，阔卵圆形，黄色，边缘薄膜质，长 8～9 mm，宽 9～11 mm，毛被同小苞片；花瓣 13～16 枚，外方数枚较小，近圆形或短椭圆形，长 1.8～2.4 cm，宽 1.5～1.8 cm，里面向顶有白色短柔毛，其余长倒卵形，长 3～3.8 cm，宽 1.5～2 cm，基部 5～8 mm 合生，两面无毛；雄蕊多数，5～6 轮，外轮花丝基部约 1/2 合生成管，花丝管基部约 6 mm 与内轮花瓣合生，内轮花丝完全离生，花丝无毛，花药椭球形，近基着药；子房无毛，3 室，每室胚珠 1～2，花柱 3（～4）条，长 2～2.5 cm，离生至不同程度合生，无毛。蒴果三球形。种子每室 1～2 枚，被柔毛。

▶**花 果 期**　盛花期 5—8 月，果期 9—10 月。

▶**分　　布**　广西（崇左、宁明）。

▶**生　　境**　生于海拔 350 m 的石灰岩山地。

▶**用　　途**　观赏。

▶**致危因素**　生境退化或丧失、直接采挖或砍伐。

金花茶

（山茶科　Theaceae）

Camellia nitidissima C.W. Chi

国家重点保护级别	CITES 附录	IUCN 红色名录
二级		易危（VU）

▶**形态特征**　灌木或小乔木，高（1.5 ~）2 ~ 5 m。幼枝淡灰棕色，无毛。叶革质，长圆状椭圆形或长圆形，长 9 ~ 18（~ 23）cm，宽 3 ~ 6（~ 7.5）cm，先端短渐尖或短尾尖，基部阔楔形或圆形，边缘有锯齿，表面深绿色，有光泽，背面淡绿色，干后淡棕色，散生棕色腺点，两面无毛，中脉在表面平或者稍陷，背面隆起，侧脉 8 ~ 10 对，在表面凹陷，背面隆起；叶柄长 1 ~ 2 cm，无毛。花腋生或近顶生，单生或成对，直径 5 ~ 6 cm；花柄长（5 ~）10 ~ 15 mm，直立，向上增粗；小苞片（6 ~）8 ~ 10 枚，新月形至宽卵形，革质，两面无毛，边缘具睫毛；萼片 5 枚，卵形至宽卵形，不等大，革质；两面无毛；花瓣 10 ~ 14 枚，金黄色，肉质，外方 4 ~ 5 片稍小，宽椭圆形至近圆形，边缘具睫毛，其余花瓣椭圆形至长圆状椭圆形，基部合生；雄蕊多数，外轮花丝基部合生成管；子房卵球状，3 室，花柱 3 条，离生，长 1.5 ~ 2 cm，无毛。蒴果扁球形，先端凹陷，高（1.2 ~）2.5 ~ 3.5 cm，直径（1.5 ~）4 ~ 6 cm，3 室，每室种子 2 ~ 3 枚。种子棕色，半球形，疏生黄棕色柔毛。

▶**花 果 期**　花期 11 月至次年 2 月，果期 9—11 月。

▶**分　　布**　广西（防城、邕宁、扶绥）。

▶**生　　境**　生于海拔 200 ~ 900 m 的河谷或沿溪的森林。

▶**用　　途**　观赏、花可作花茶。

▶**致危因素**　生境退化或丧失、直接采挖或砍伐。

▶**备　　注**　变种**小果金花茶** *Camellia nitidissima* var. *microcarpa* (S.L. Mo & S.Z. Huang) Hung T. Chang C.X. Ye，叶片椭圆形，稍小，长 10 ~ 14 cm，宽 4 ~ 6 cm，花稍小，直径 2 ~ 3 cm，花柄较短，长约 5 mm，小苞片约 6 枚，萼片里面被白色柔毛，蒴果较小，高 1.2 ~ 1.5 cm，直径 1.5 ~ 2.5 cm，分布于广西（邕宁、扶绥）。

平果金花茶

（山茶科　Theaceae）

Camellia pingguoensis D. Fang

国家重点保护级别	CITES 附录	IUCN 红色名录
二级		濒危（EN）

▶**形态特征**　灌木，高 1～3 m；幼枝紫红色，纤细，无毛。叶薄革质，卵形到长卵形，长 5.5～7.5（～9.5）cm，宽 2～3.8 cm，先端渐尖或短渐尖，基部阔楔形或钝，边缘具细圆齿，表面深绿色，略具光泽，背面淡绿色，散生棕色腺点，两面无毛，中脉两面凸起，侧脉 6～7 对，表面清晰或不显，背面凸起；叶柄长 6～10 mm，无毛。单花腋生或近顶生，淡黄色，直径 1.5～2.5 cm；花柄长 3～5 mm；小苞片 5～6（～7）枚，不遮盖花柄，膜质，卵形或半圆形，长、宽 0.5～1.5 mm，两面无毛或外面疏生微柔毛，边缘有睫毛；萼片 5 枚，黄绿色，近圆形，长、宽 2～4 mm，外面被粉状微柔毛，里面被白色短柔毛，边缘具睫毛；花瓣 7～8 枚，外方 2～3 枚较小，近圆形，长、宽 6～8 mm，其余花瓣倒卵形，长 10～13 cm，宽 6～10 mm，基部 1～2 mm 合生；雄蕊长 7～9 mm，无毛，外轮花丝基部约 3 mm 合生；子房近球形，无毛，（2～）3 室，花柱 3 条，离生。蒴果双球状或近球形，果皮薄。种子棕色，半球形，无毛。

▶**花 果 期**　花期 12 月至次年 1 月，果期 9 月。

▶**分　　布**　广西（平果）。

▶**生　　境**　生于海拔 200～400（～700）m 的石灰岩小山上的森林中。

▶**用　　途**　观赏。

▶**致危因素**　生境退化或丧失、直接采挖或砍伐。

▶**备　　注**　变种**顶生金花茶** *Camellia pingguoensis* var. *terminalis* (J.Y. Liang & Z.M. Su) T.L. Ming & W.J. Zhang，花近顶生，较大，直径 3.5～4.5 cm，萼片革质，绿色，长 5～8 mm，分布于广西（天等）。

毛瓣金花茶

（山茶科　Theaceae）

Camellia pubipetala Y. Wan et S.Z. Huang

国家重点保护级别	CITES 附录	IUCN 红色名录
二级		濒危（EN）

▶**形态特征**　灌木或小乔木，高 1.5 ~ 5.5 m；嫩枝被灰黄色开展柔毛。叶革质，椭圆状卵形或长圆状椭圆形，长 10 ~ 17 cm，宽 5 ~ 8 cm，先端渐尖或尾尖，基部圆或阔楔形，边缘有细锯齿，表面深绿色，有光泽，无毛，背面淡绿色，干后常变黄褐色或褐色，被柔毛，沿中脉毛被密而开展，散生褐色腺点，侧脉 8 ~ 10 对，中脉和侧脉在表面凹陷，背面凸起；叶柄长 5 ~ 10 mm，被毛。花腋生或近顶生，黄色，直径 5 ~ 6.5 cm，近无柄；小苞片（4 ~）6 ~ 7 枚，新月形或半圆形，长 2.5 ~ 7 mm，具膜质边缘，两面无毛或外面被微柔毛，边缘有睫毛；萼片 5 ~ 6 枚，阔卵形至近圆形，长 1.3 ~ 1.5（~ 2）cm，边缘膜质，外面被灰色微柔毛，里面无毛，边缘有睫毛；花瓣 9 ~ 13 枚，倒卵形，外方 4 ~ 5 枚较小，宽倒卵形，长 2 ~ 2.5 cm，其余花瓣倒卵状椭圆形或长倒卵形，长 3 ~ 4 cm，外面被灰色微柔毛，基部 3 ~ 5 mm 合生；雄蕊多数，长 2.5 ~ 3 cm，外轮花丝基部约 1/3 合生成管，离生部分具柔毛；子房 3（~ 4）室，被柔毛，花柱长 2.5 ~ 3 cm，有毛，中部以上 3 裂。蒴果扁球形，直径约 3.5 cm，纵向 3 槽，每室种子 1 ~ 2 枚。种子暗褐色，半球形至球形。

▶**花　果　期**　花期 1—2 月，果期 10 月。

▶**分　　布**　广西（隆安、大新）。

▶**生　　境**　生于海拔 200 ~ 400 m 的石灰岩山地的森林中。

▶**用　　途**　观赏。

▶**致危因素**　生境退化或丧失、直接采挖或砍伐。

喙果金花茶

（山茶科　Theaceae）

Camellia rostrata S.X. Yang & S.F. Chai

国家重点保护级别	CITES 附录	IUCN 红色名录
二级		

▶**形态特征**　常绿灌木，高 2～6 m；嫩枝圆柱形，灰白色，无毛；顶芽无毛。叶薄革质，椭圆形至长圆形，小型叶长 6～8 cm，宽 3～4.5 cm，大型叶长 13～16 cm，宽 5.5～7 cm，先端渐尖至尾尖，基部楔形或宽楔形，边缘疏生锯齿，叶面深绿色，稍有光泽，叶背黄绿色，散生黑褐色腺点，两面无毛，中脉上凹下凸，侧脉 7～10 对，在叶面微凹，叶背凸起；叶柄长 1～1.5 cm，无毛。单花近顶生，稀 2 朵簇生近顶叶腋，花冠橙黄色，蜡质；花柄常下垂，向顶端渐粗；小苞片 4～5 枚，从基部至顶部渐大，三角形、三角状卵形至卵形，外面无毛，里面被极短的粉末状柔毛，边缘有睫毛；萼片 5～6 枚，黄绿色至蜡黄色，从外向内渐大，阔卵形至近圆形，外面无毛，里面毛被同小苞片，边缘有很窄（< 1 mm）的膜缘，有睫毛，最内侧萼片向花瓣过渡；花瓣 11～12 枚，基部 2～4 mm 连生，3～4 轮排列，近圆形至椭圆形；雄蕊多数，外轮花丝基部约 1/2 合生成管，花丝管基部约 1 cm 与花瓣合生，花丝管外无毛或近无毛，内轮花丝离生，基部疏被柔毛，花药黄色，基部着生；子房 3 室，卵球形，无毛，花柱合生，先端不同程度 3 裂。蒴果三棱状球形或椭球形，先端收窄，形成长 0.5～1 cm 的尖喙，绿色至黄绿色，无毛，成熟时 3 片裂。每室种子 2～4 枚。种子楔形或半球形，深褐至黑褐色，疏被柔毛，种脐附近毛被密。

▶**花 果 期**　花期 9—12 月，果期 5—7 月。

▶**分　　布**　广西（隆安）。

▶**生　　境**　生于海拔 30～100 m 的石灰岩丘陵的常绿阔叶林中。

▶**用　　途**　观赏。

▶**致危因素**　生境退化或丧失、直接采挖或砍伐。

突肋茶

(山茶科　Theaceae)

Camellia costata Hung T. Chang

国家重点保护级别	CITES 附录	IUCN 红色名录
二级		无危（LC）

▶**形态特征**　灌木或小乔木，高 3~8 m；嫩枝无毛；顶芽无毛。叶革质，狭长圆形或披针形，长 9~12 cm，宽 2.5~3.5 cm，先端渐尖或尾尖，基部楔形，边缘中上部具波状浅齿，表面深绿色，有光泽，背面黄绿色，两面无毛，中脉两面凸起，侧脉 7~9 对，纤细，在下面不明显；叶柄长 5~8 mm，无毛。花 1~2 朵腋生，白色，直径约 2 cm；花柄长 6~7 mm，无毛；小苞片 2 枚，早落；萼片 5 枚，阔卵形或近圆形，长、宽 2.5~5 mm，外面无毛或近无毛，里面被白色绢毛；花瓣 6~8 枚，倒卵形，长 1.5~2.2 cm，基部略连生，无毛；雄蕊长约 1 cm，无毛，外轮花丝基部约 4 mm 合生；子房无毛，3 室，花柱长约 1 cm，无毛，先端 3 裂。

蒴果三棱状扁球形，直径 2~3 cm，高约 1.5 cm，果皮厚约 1 mm，每室种子 1（~2）枚；种子栗褐色，近球形或半球形，直径 1~1.5 cm，无毛。

▶**花　果　期**　花期 1—2 月，果期 10 月。

▶**分　　　布**　广东、广西、贵州。

▶**生　　　境**　生于海拔 700~1100 m 的常绿阔叶林。

▶**用　　　途**　可作饮品。

▶**致危因素**　生境退化或丧失、物种内在因素。

厚轴茶

（山茶科　Theaceae）

Camellia crassicolumna Hung T. Chang

国家重点保护级别	CITES 附录	IUCN 红色名录
二级		易危（VU）

▶**形态特征**　灌木或乔木，高 5～15 m；嫩枝疏毛；顶芽有毛。叶革质，长圆形或椭圆形，长 10～12（～17）cm，宽 4～5.5 cm，先端急尖，基部楔形或阔楔形，稀近圆形，边缘具粗锯齿，表面深绿色，有光泽，无毛，干后常变褐色，背面淡绿色，幼时沿中脉被柔毛，后变无毛，侧脉 7～9 对，中脉和侧脉两面凸起；叶柄长 6～10 mm，疏毛或变无毛。花单生或 2～3 朵簇生叶腋，白色，直径 4～6 cm；花柄长 5～10 mm，粗壮，疏毛；小苞片 2 枚，早落；萼片 5 枚，卵圆形，长、宽 5～8 mm，革质，两面被柔毛；花瓣 9～12 枚，外方 3 枚萼片状，卵圆形，长、宽 1.5 cm，其余倒卵形，长 2～2.5 cm，宽 1.5～2 cm，多少有毛，基部略连生；雄蕊长约 2 cm，无毛，外轮花丝基部约 5 mm 合生成管；子房有毛，（3～）5 室；花柱与雄蕊等长，被毛，先端（3～）5 裂。蒴果球形，直径 4～6 cm，4～5 片裂开，每室有种子 1～2 枚，果皮厚 5～8 mm。种子半球形或近球形，径 2～2.5 cm，棕褐色。

▶**花　果　期**　花期 11—12 月，果期 9—10 月。

▶**分　　　布**　云南（西畴、马关、麻栗坡、屏边、金平、镇沅、新平、元阳、元江）。

▶**生　　　境**　生于海拔（1600～）1800～2500 m 的常绿阔叶林。

▶**用　　　途**　可作饮品。

▶**致危因素**　生境退化或丧失、物种内在因素。

▶**备　　　注**　变种光萼厚轴茶 *Camellia crassicolumna* var. ***multiplex*** (Hung T. Chang & Y.J. Tang) T.L. Ming，嫩枝、花柄和萼片外面以及花柱无毛，分布于云南（文山）、贵州（盘州）。

防城茶

（山茶科　Theaceae）

Camellia fangchengensis S.Ye Liang & Y.C. Zhong

国家重点保护级别	CITES 附录	IUCN 红色名录
二级		极危（CR）

▶**形态特征**　灌木或小乔木，高 3 ~ 5 m；嫩枝密被茸毛；顶芽被毛。叶薄革质，椭圆形、倒卵状椭圆形或长圆状椭圆形，长 13 ~ 29 cm，宽 5.5 ~ 12.5 cm，先端渐尖、短急尖或钝，基部阔楔形或略圆，边缘有细锯齿，表面深绿色，干后黄绿色，无毛，背面浅绿色，干后灰褐色或黄褐色，密被柔毛，中脉处更密；侧脉 11 ~ 17 对，两面凸起，网脉两面不显或背面略凸；叶柄长 3 ~ 10 mm，被柔毛，粗壮。花 1 ~ 2 朵腋生，白色，直径 2 ~ 3.5 cm；花柄长 5 ~ 10 mm，被柔毛；小苞片 2 枚，早落；萼片 5 枚，近圆形，长 3 ~ 3.5 mm，外面被灰褐色柔毛，里面无毛，边缘具睫毛；花瓣 5 ~ 7 枚，卵圆形，长 10 ~ 15 mm，先端圆形，基部稍合生，外方 2 ~ 3 枚外面多少被柔毛；雄蕊 3 ~ 4 轮，长约 1 cm，无毛，外轮花丝基部稍合生；子房 3 室，密被茸毛，花柱长 6 ~ 10 mm，无毛，先端 3 裂。蒴果三角状扁球形，直径 1.8 ~ 3.2 cm，高 1.5 ~ 2 cm，果皮厚 1 ~ 1.5 mm，每室种子 1 枚。种子近球形，径约 1.5 cm，黄褐色。

▶**花 果 期**　花期 11—12 月，果期 9—10 月。

▶**分　　布**　广西（防城）。

▶**生　　境**　生于海拔 200 ~ 400 m 的小山或山谷的森林。

▶**用　　途**　可作饮品。

▶**致危因素**　生境退化或丧失、物种内在因素。

秃房茶

（山茶科　Theaceae）

Camellia gymnogyna Hung T. Chang

国家重点保护级别	CITES 附录	IUCN 红色名录
二级		无危（LC）

▶**形态特征**　灌木或乔木，高 3 ~ 10 m；嫩枝无毛；顶芽被毛。叶革质或薄革质，椭圆形或长圆状椭圆形，长 9 ~ 13.5（~ 18）cm，宽 4 ~ 5.5 cm，先端急尖或尾尖，基部楔形或阔楔形，边缘有锯齿，表面深绿色，略具光泽，背面淡绿色，两面无毛，侧脉 8 ~ 9 对，两面隐约可见；叶柄长 7 ~ 10 mm，无毛。花 1 ~ 2 朵腋生，白色，直径 4 cm；花柄长约 1 cm，无毛；小苞片 2 枚，早落；萼片 5 枚，阔卵形或近圆形，长、宽 6 ~ 8 mm，外面无毛，里面被绢毛；花瓣 6 ~ 8 枚，倒卵圆形，长 1.5 ~ 2.5 cm，宽 1.5 ~ 1.8 cm，基部略连生；雄蕊多数，长 1.5 ~ 2 cm，无毛，外轮花丝基部（3 ~）6 ~ 8 mm 合生；子房无毛，3 室，花柱长约 2 cm，无毛，先端 3 裂。蒴果球形，直径 5 ~ 8 cm，3 片裂开，每室种子 2 枚，果皮厚 4 ~ 5 mm，种子半球形，直径约 2 cm，栗褐色。

▶**花 果 期**　花期 12 月至次年 1 月，果期 9—10 月。

▶**分　　布**　广东、广西、贵州、云南。

▶**生　　境**　生于海拔（1000 ~）1500 ~ 1800 m 的常绿阔叶林。

▶**用　　途**　可作饮品、作种质资源。

▶**致危因素**　生境退化或丧失、物种内在因素。

广西茶

（山茶科 Theaceae）

Camellia kwangsiensis Hung T. Chang

国家重点保护级别	CITES 附录	IUCN 红色名录
二级		易危（VU）

▶**形态特征** 灌木或小乔木，高 3 ~ 6 m；嫩枝疏毛；顶芽被白色绢毛。叶革质，长圆状椭圆形或长圆形，长 10 ~ 17 cm，宽 4 ~ 7 cm，先端渐尖或急短尖，基部阔楔形，边缘具尖锐细锯齿，表面深绿色，有光泽，干后变褐色，无毛，背面淡绿色，疏毛或变无毛，侧脉 8 ~ 13 对，两面均稍凸起；叶柄长 8 ~ 12 mm，无毛。花 1 ~ 2 朵近顶腋生，白色，直径 4 ~ 6 cm；花柄长 7 ~ 10 mm，粗大，无毛；小苞片 2 枚，早落；萼片 5 枚，阔卵形或近圆形，长 6 ~ 7 mm，宽 8 ~ 12 mm，外面无毛，里面被白色绢毛，边缘膜质，有睫毛；花瓣 8 ~ 10 枚，阔倒卵形，长 2 ~ 2.5 cm，无毛，基部略连生；雄蕊多数，长 1 ~ 1.8 cm，无毛，外轮花丝基部 2 ~ 3 mm 合生；子房球形，无毛，5 室，花柱长约 1.8 cm，先端 5 裂。蒴果圆球形，直径 3 ~ 5 cm，5 室，干后果皮厚 5 ~ 6 mm。种子半球形，直径约 1.5 cm，黄褐色，无毛。

▶**花 果 期** 花期 11—12 月，果期 9—10 月。

▶**分 布** 广西（田林）、云南（西畴、文山、广南）。

▶**生 境** 生于海拔 1500 ~ 1900 m 的混交林。

▶**用 途** 可作饮品、作种质资源。

▶**致危因素** 生境退化或丧失、物种内在因素。

▶**备 注** 变种**毛萼广西茶** *Camellia kwangsiensis* var. *kwangnanica* (Hung T. Chang & B.H. Chen) T.L. Ming，萼片和花瓣外面被毛，分布于云南（广南、西畴、富宁）、广西（田林）。

膜叶茶

（山茶科　Theaceae）

Camellia leptophylla S. Ye Liang ex Hung. -T. Chang

国家重点保护级别	CITES 附录	IUCN 红色名录
二级		濒危（EN）

▶**形态特征**　灌木或小乔木，高 2~5 m；嫩枝疏毛，很快变秃；顶芽被毛。叶薄革质，椭圆形或长圆状椭圆形，长 8~9（~15）cm，宽 3~4（~5.5）cm，先端短渐尖，尖头钝，基部阔楔形，边缘有锯齿，表面深绿色，有光泽，无毛，干后黄绿色或褐色，背面浅绿色，幼时疏毛，后变无毛或近无毛，侧脉 7~8 对，两面凸起，网脉两面多少凸起；叶柄长 4~6 mm，多少有毛或变秃。花 1~2 朵腋生，白色，直径约 4 cm；花柄长 4~6 mm，无毛；小苞片 2 枚，早落；萼片 5 枚，近圆形，长 6~7 mm，无毛，边缘有睫毛，宿存；花瓣 7~9 枚，倒卵形，长 2~3 cm，宽约 1.5 cm，无毛，基部略连生；雄蕊长约 2.5 cm，无毛，外轮花丝基部 2~3 mm 合生；子房无毛，3 室，花柱长约 1.5 cm，无毛，先端 3 裂。蒴果扁球形，直径 2~4 cm，高约 2.5 cm，果皮干后厚 1 mm。种子栗褐色，近球形或扁球形。

▶**花 果 期**　花期 11—12 月，果期 9—10 月。

▶**分　　布**　广西（龙州）。

▶**生　　境**　生于海拔 600~900 m 的林中或灌丛。

▶**用　　途**　可作饮品。

▶**致危因素**　生境退化或丧失、物种内在因素。

毛叶茶

（山茶科　Theaceae）

Camellia ptilophylla Hung T. Chang

国家重点保护级别	CITES 附录	IUCN 红色名录
二级		易危（VU）

▶**形态特征**　灌木或小乔木，高 5～6 m；嫩枝密被灰褐色柔毛。叶革质，长圆形，长 12～21 cm，宽 4～5.5 cm，先端渐尖，尖头钝，基部楔形或阔楔形，边缘有细锯齿，表面深绿色，干后无光泽，无毛，背面淡绿色，干后灰褐色，密被柔毛，沿中脉毛被更密，中脉两面凸起，侧脉 10～12 对，两面清晰或稍凸，有时背面不显；叶柄长 8～10 mm，密被柔毛。单花腋生或近顶生，白色，直径 2.5～3 cm；花柄长 5～6 mm，有毛；小苞片 3 枚，早落；萼片 5～6 枚，阔卵形或近圆形，长 4 mm，外面有柔毛，里面无毛；花瓣 5 枚，倒卵圆形，长 1.5～1.8 cm，基部略连生；雄蕊长约 1 cm，无毛，外轮花丝基部约 2 mm 合生；子房 3 室，密被柔毛，花柱长约 1 cm，无毛或基部被毛。蒴果扁球形，直径 2 cm，高约 1.5 cm，果皮厚 1 mm。种子圆球形或半球形，直径约 1.5 cm，褐色。

▶**花 果 期**　花期 12 月，果期 9—10 月。

▶**分　　布**　广东（龙门、从化）、湖南（汝城）。

▶**生　　境**　生于海拔 200～500 m 的林中。

▶**用　　途**　可作饮品。

▶**致危因素**　生境退化或丧失、物种内在因素。

茶 （山茶科　Theaceae）

Camellia sinensis (L.) O. Ktze.

国家重点保护级别	CITES 附录	IUCN 红色名录
二级		数据缺乏（DD）

▶**形态特征**　灌木或小乔木，高 1～10 m；嫩枝疏毛。叶革质，长圆形或椭圆形，长 4～12 cm，宽 2～5 cm，先端钝或尖锐，基部楔形，边缘有细锯齿，表面深绿色，有光泽，无毛，背面淡绿色，幼时被毛，后变无毛，侧脉 5～7 对；叶柄长 3～8 mm，疏毛变无毛。花 1～3 朵腋生，白色，直径 2.5～3.5 cm；花柄长 4～6 mm，有时稍长；小苞片 2 枚，早落；萼片 5 枚，阔卵形至圆形，长 3～4 mm，外无毛，里面被绢毛，边缘有睫毛；花瓣 5～6 片，阔倒卵形，长 1～1.6 cm，宽

1.2～2 cm，基部略连生；雄蕊长 8～13 mm，无毛，外轮花丝基部 1～2 mm 合生；子房密被白色柔毛，3 室；花柱长约 1 cm，无毛或基部被毛，先端 3 裂，裂臂长 2～4 mm。蒴果三角状球形或 1～2 球形，2～3 室，每室种子 1～2 枚，果皮干后厚 1 mm。种子球形或半球形，灰褐色。

▶**花　果　期**　花期 10—12 月，果期 9 月至次年 1 月。

▶**分　　　布**　广泛栽培于安徽、福建、广东、广西、贵州、河南、湖北、湖南、江苏、江西、陕西、四川、台湾、西藏、云南、浙江；印度、日本、朝鲜。

▶**生　　　境**　生于海拔 100～1200 m 的常绿阔叶林、灌丛。

▶**用　　　途**　可作饮品，种子富含油脂可作食用油或工业用油。

▶**致危因素**　生境退化或丧失、物种内在因素。

▶**备　　　注**　变种**大叶茶**（普洱茶）*Camellia sinensis* var. *assamica* (Hook.) Steens，叶片大，长 8～14 cm，宽 3.5～7.5 cm，先端渐尖，子房顶部无毛；**德宏茶** *Camellia sinensis* var. *dehungensis* (Hung T. Chang & B.H. Chen) T.L. Ming，叶片似普洱茶，但子房无毛，很少基部疏生短柔毛；**白毛茶** *Camellia sinensis* var. *pubilimba* Chang，萼片在外面被柔毛。

大厂茶

Camellia tachangensis F.C. Zhang

（山茶科　Theaceae）

国家重点保护级别	CITES 附录	IUCN 红色名录
二级		近危（NT）

▶**形态特征**　灌木或乔木，高 4～15 m，嫩枝无毛；顶芽无毛或近无毛。叶革质，椭圆形或长圆状椭圆形，长（9～）12～18 cm，宽 3～6（～8）cm，先端急尖或短渐尖，基部楔形或阔楔形，边缘有锯齿，表面深绿色，有光泽，干后常变灰褐色，背面淡绿色，两面无毛，侧脉 7～9 对，两面略凸；叶柄长 6～10 mm，无毛。花 1～2 朵近顶腋生，白色，直径 4～6 cm；花柄长 7～10 mm，无毛；小苞片 2 枚，早落；萼片 5 枚，肾状圆形，长 5 mm，宽 7～9 mm，外面无毛，里面被白色绢毛，边缘有睫毛；花瓣 11～14 枚，倒卵圆形，长 2.5～3 cm，宽 2～2.5 cm，基部略连生，无毛；雄蕊长 1.5～2 cm，无毛，外轮花丝基部约 3 mm 合生成管；子房（4～）5 室，无毛，每室有胚珠 1～4 个，花柱与雄蕊等长，先端（4～）5 裂。蒴果扁球形，直径 2.5～4 cm，高 2～3 cm，果皮厚 1～2 mm；种子球形或半球形，直径 1～1.5 cm，浅褐色，无毛。

▶**花 果 期**　花期 10—11 月，果期 9—10 月。

▶**分　　布**　广西（隆林）、贵州（盘州、兴义、普安、安龙）、云南（师宗、富源）。

▶**生　　境**　生于海拔 1500～2300 m 的常绿的阔叶和针叶林。

▶**用　　途**　可作饮品。

▶**致危因素**　生境退化或丧失、物种内在因素。

▶**备　　注**　变种**疏齿大厂茶** *Camellia tachangensis* var. *remotiserrata* (Hung T. Chang et al.) T.L. Ming，顶芽疏生白色短柔毛，叶片宽椭圆形，边缘疏生钝锯齿。子房 3～4（～5）室，分布于云南（威信、盐津、大关）、贵州（赤水、习水）、四川（宜宾、古蔺、叙永、筠连）和重庆（南川、北碚）。

大理茶

（山茶科　Theaceae）

Camellia taliensis (W.W. Smith.) Melch.

国家重点保护级别	CITES 附录	IUCN 红色名录
二级		易危（VU）

▶**形态特征**　灌木或乔木，高 2～7 m；嫩枝无毛；顶芽无毛或近无毛。叶革质，椭圆形或长圆状椭圆形，长 9～15 cm，宽 4～6.5 cm，先端略尖或急短尖，基部楔形或阔楔形，边缘疏生锯齿，表面深绿色，有光泽，背面淡绿色，两面无毛，中脉两面凸起，侧脉 7～8 对，两面稍凸起；叶柄长 0.5～1 cm，无毛。单花或 1～3 朵簇生叶腋，白色，直径约 5 cm；花柄长约 1 cm，无毛；小苞片 2（～3）枚，早落；萼片 5 枚，不等大，半圆形至近圆形，长 3～7 mm，宽 4～6 mm，外面无毛，里面被白色绢毛，边缘有睫毛，宿存；花瓣 7～11 枚，倒卵形或阔倒卵形，长 1.5～3.5 cm，宽 1～2 cm，基部略连生；雄蕊长约 2 cm，无毛，外轮花丝基部 2～3 mm 合生；子房被毛，5 室，花柱长 1.4～2.5 cm，先端 5 裂，裂臂长 4～10 mm。蒴果扁球形，直径 4～5 cm，高约 3 cm，5 室，每室种子 2 枚，果皮干后厚 1～2 mm。种子半球形，直径 1.5～1.8 cm，褐色。

▶**花 果 期**　花期 10—11 月，果期 9—10 月。

▶**分　　布**　云南；缅甸、泰国。

▶**生　　境**　生于海拔 1300～2400（～2700）m 的山坡或山谷森林中。

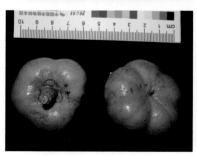

▶**用　　途**　可作饮品。

▶**致危因素**　生境退化或丧失、直接采挖或砍伐。

长果秤锤树

(安息香科　Styracaceae)

Sinojackia dolichocarpa C.J. Qi

国家重点保护级别	CITES 附录	IUCN 红色名录
二级		濒危（EN）

▶**形态特征**　小乔木，高 10 ~ 12 m。树皮平滑，不开裂；当年生小枝红褐色，二年生小枝暗褐色。叶薄纸质，卵状长圆形、椭圆形或卵状披针形，长 8 ~ 13 cm，宽 3.5 ~ 4.8 cm，顶端渐尖，基部宽楔形或圆形，边缘有细锯齿，下面疏生长柔毛；叶柄长 4 ~ 7 mm，上面有沟槽。总状聚伞花序有花 5 ~ 6 朵；花梗长 1.4 cm，被灰色绵毛状长柔毛。花萼陀螺形，顶端截平，被灰色绵毛状长柔毛；花冠 4 深裂，裂片椭圆状长圆形，外面被长柔毛；雄蕊 8 枚，花丝线形，联合成管；花柱钻形，柱头不分裂；子房 4 室，每室有胚珠 8 颗，排成 2 行。果实连喙长 4.2 ~ 7.5 cm，具 8 条纵脊，密被灰褐色长柔毛和极短的星状毛；果实常自关节上脱落，外果皮与木栓质的中果皮合生，内果皮木质，坚硬，4 室，每室有种子 1 枚。种子线状长球形。

▶**花 果 期**　花期 4 月，果期 6 月。

▶**分　　布**　湖南（石门、桑植）、湖北（秭归）。

▶**生　　境**　生于山地水溪边。

▶**用　　途**　观赏。

▶**致危因素**　生境退化或丧失、物种内在因素。

黄梅秤锤树

（安息香科　Styracaceae）

Sinojackia huangmeiensis J.W. Ge & X.H. Yao

国家重点保护级别	CITES 附录	IUCN 红色名录
二级		易危（VU）

▶**形态特征**　落叶乔木。树干多刺，胸径 10 cm。树皮竖直开裂和剥落；分枝灰棕色；当年芽绿色，密被星状短柔毛，二年生枝黑棕色，无毛，具纵向条纹。单叶，互生，纸质；叶柄 2 ~ 3 mm；顶端渐尖，边缘有锯齿，叶脉 8 ~ 10 条。总状花序，具 4 ~ 6 朵花。花萼 6 枚，具牙齿，密被星状短柔毛；花冠白色，深 5 ~ 7 裂；裂片宽卵形；雄蕊 10 ~ 12 枚，长于花冠裂片；花药长圆形，纵裂，无毛；子房下位，3 室，具 6 ~ 8 枚胚珠，分 2 行排列；中轴胎座。果卵球形，具喙，灰棕色，喙 3 ~ 4 mm；外果皮密被皮孔；中果皮海绵状；内果皮木质；种子 1 ~ 3 枚；种皮光滑；胚乳肉质。

▶**花 果 期**　花期 3—4 月，果期 10—11 月。

▶**分　　布**　湖北（黄梅）。

▶**生　　境**　生于次生林中。

▶**用　　途**　观赏。

▶**致危因素**　生境退化或丧失、自然灾害。

细果秤锤树

（安息香科　Styracaceae）

Sinojackia microcarpa Tao Chen & G.Y. Li

国家重点保护级别	CITES 附录	IUCN 红色名录
二级		极危（CR）

▶**形态特征**　落叶大灌木，高约 3 m。树干具刺，主干上侧枝近直角，基部粗壮，常呈棘刺状；树皮灰褐色或黄褐色，纵向开裂。叶互生，叶片椭圆形或卵形，长 4～12 cm，宽 2.5～6 cm，具 8～10 对侧脉，边缘有细锯齿；叶柄长 3～4 mm。花序从二年生枝条发出，具花 3～7 朵；花序轴具星状毛；花萼片具 5～7 枚齿；花冠白色，直径约 3 cm，6～7 深裂；裂片长圆形至披针形，长 7～8 mm，宽 2～3 mm；雄蕊 12 枚，不等长，离生部分长 6～7 mm。果木质、干燥，不开裂，呈细梭形，长 1.5～3 cm，直径 2.5～4 mm，顶端具喙；喙长 0.5～1 cm。

▶**花 果 期**　花期 4 月，果期 10—11 月。

▶**分　　布**　浙江（建德、桐庐、富阳、临安、义乌）。

▶**生　　境**　生于低海拔山谷溪沟边或沿溪沟边的灌丛林中。

▶**用　　途**　观赏。

▶**致危因素**　生境退化或丧失。

狭果秤锤树

（安息香科　Styracaceae）

Sinojackia rehderiana Hu

国家重点保护级别	CITES 附录	IUCN 红色名录
二级		濒危（EN）

▶**形态特征**　小乔木或灌木，高达 5 m；嫩枝被星状短柔毛。叶纸质，倒卵状椭圆形或椭圆形，长 5 ~ 9 cm，宽 3 ~ 4 cm，顶端急尖或钝，基部楔形或圆形，边缘具硬质锯齿。总状聚伞花序具 4 ~ 6 朵花，生于侧生小枝顶端。花白色；花梗长达 2 cm，和花序梗均纤细而弯垂，疏被灰色星状短柔毛；花萼倒圆锥形，高约 5 mm，密被灰黄色星状短柔毛，顶端 5 ~ 6 枚齿，萼齿三角形；花冠 5 ~ 6 裂，裂片卵状椭圆形，疏被星状长柔毛；花柱线形，柱头不明显 3 裂，子房 3 室。果实椭球形，圆柱状，具长渐尖的喙，连喙长 2 ~ 2.5 cm，宽 10 ~ 12 mm，下部渐狭，褐色，有浅棕色皮孔；外果皮薄，肉质，厚约 1 mm；中果皮木栓质，厚约 3 mm；内果皮坚硬，木质，厚约 1 mm；种子 1 枚，长圆柱形，褐色。

▶**花　果　期**　花期 4—5 月，果期 7—9 月。

▶**分　　　布**　江西（永修、彭泽）、湖南（宜章）、广东（乳源）。

▶**生　　　境**　生于林中或灌丛中。

▶**用　　　途**　观赏。

▶**致危因素**　生境退化或丧失、直接采挖或砍伐。

肉果秤锤树

（安息香科　Styracaceae）

Sinojackia sarcocarpa L.Q. Lou

国家重点保护级别	CITES 附录	IUCN 红色名录
二级		极危（CR）

▶**形态特征**　落叶乔木，高约 10 m。小枝幼嫩时疏生星状短柔毛，以后无毛、红褐色。叶椭圆形或倒卵状椭圆形，长 6 ~ 15 cm，宽 3 ~ 6.5 cm，幼时有毛，成长后无毛，侧脉 6 ~ 9 对。花白色，2 ~ 4 朵形成总状聚伞花序或单生；花长 1.5 ~ 2 cm；花萼长 5 ~ 6 mm，外面密被星状短柔毛，萼齿 5 ~ 6；花冠 5 ~ 6 深裂；裂片长椭圆形，长 9 ~ 14 mm；雄蕊 10 ~ 12 枚，下部联合；药隔具短尖头；子房 3 室。果形为长球状，长 2.3 ~ 3 cm，直径 1.5 ~ 2.3 cm，红褐色，干后皱缩松软；外果皮肉质多汁，厚 5 ~ 9 mm；内果皮木质，下部具宽达 4 mm 的翅。

▶**花 果 期**　花期 4 月，果期 9—11 月。

▶**分　　布**　四川（乐山）。

▶**生　　境**　亚热带偏湿性低山常绿阔叶林的伴生树种。

▶**用　　途**　观赏。

▶**致危因素**　生境退化或丧失。

秤锤树

（安息香科　Styracaceae）

Sinojackia xylocarpa Hu

国家重点保护级别	CITES 附录	IUCN 红色名录
二级		濒危（EN）

▶**形态特征**　乔木，高可达 7 m。嫩枝密被星状短柔毛，灰褐色，成长后红褐色而无毛，表皮常呈纤维状脱落。叶纸质，倒卵形或椭圆形，长 3～9 cm，宽 2～5 cm，顶端急尖，基部楔形或近圆形，长 2～5 cm，宽 1.5～2 cm，叶柄长约 5 mm。总状聚伞花序生于侧枝顶端，具花 3～5 朵；花梗柔长达 3 cm；萼筒倒圆锥形，高约 4 mm，外面密被星状短柔毛，萼齿约 5 枚，披针形；花冠裂片长圆状椭圆形，顶端钝，长 8～12 mm，宽约 6 mm，两面均密被星状茸毛；雄蕊 10～14 枚，花丝长约 4 mm，下部合生，疏被星状毛；花柱线形，柱头不明显 3 裂。果实卵形，连喙长 2～2.5 cm，宽 1～1.3 cm，红褐色，有浅棕色的皮孔；外果皮木质，不开裂，厚约 1 mm；中果皮木栓质，厚约 3.5 mm，内果皮木质，坚硬，厚约 1 mm。

▶**花　果　期**　花期 3—4 月，果期 7—9 月。

▶**分　　　布**　江苏（南京）、浙江（杭州）、上海、湖北（武汉）。

▶**生　　　境**　生于海拔 500～800 m 的林缘或疏林中。

▶**用　　　途**　观赏。

▶**致危因素**　生境退化或丧失、直接采挖或砍伐。

▶**备　　　注**　变种乐山秤锤树 *Sinojackia xylocarpa* var. *leshanensis* L.Q. Luo 花柱柱头不裂；果实红褐色，密布乳头状突起，无白褐色斑纹；叶在花期较小，长 2.5～4.2 cm，宽 1～2 cm（变种花期叶长 3～9 cm，宽 2～5 cm）。

软枣猕猴桃

（猕猴桃科　Actinidiaceae）

Actinidia arguta (Siebold & Zucc.) Planch. ex Miq.

国家重点保护级别	CITES 附录	IUCN 红色名录
二级		无危（LC）

▶**形态特征**　木质藤本。叶膜质或纸质，卵形、长圆形、阔卵形至近圆形，长 6 ~ 12 cm，宽 5 ~ 10 cm，顶端急短尖，基部圆形至浅心形，边缘具繁密的锐锯齿，腹面深绿色，背面绿色；叶柄长 3 ~ 6（~ 10）cm，无毛或略被微弱的卷曲柔毛。花序腋生或腋外生，1 ~ 2 回分枝，具 1 ~ 7 朵花，被淡褐色短茸毛。花梗长 8 ~ 14 mm，苞片线形。花绿白色或黄绿色，芳香；萼片 4 ~ 6 枚，卵圆形至长圆形；花瓣 4 ~ 6 片，楔状倒卵形或瓢状倒阔卵形；花药黑色或暗紫色，长圆形箭头状；子房瓶状，无毛。果圆球形至柱状长圆形，有喙或喙不显著，无毛，无斑点，不具宿存萼片，成熟时绿黄色或紫红色。

▶**花 果 期**　花期 5 月，果期 8 月。

▶**分　　布**　黑龙江、吉林、辽宁、河北、山西、山东、河南、陕西、甘肃、安徽、浙江、江西、湖南、湖北、四川、重庆、贵州、云南、福建、台湾、广西。

▶**生　　境**　生于海拔 900 ~ 2400 m 的山林中。

▶**用　　途**　食用。

▶**致危因素**　生境退化或丧失。

中华猕猴桃

（猕猴桃科　Actinidiaceae）

Actinidia chinensis Planch.

国家重点保护级别	CITES 附录	IUCN 红色名录
二级		无危（LC）

▶**形态特征**　木质藤本。幼枝被灰白色茸毛、褐色长硬毛或锈色硬刺毛，后脱落无毛；髓心片层状。叶纸质，卵圆形或椭圆形，长 6～17 cm，宽 7～15 cm，基部楔状稍圆、平截至浅心形，具睫状细齿，上面无毛或中脉及侧脉疏被毛，下面密被灰白或淡褐色星状茸毛；叶柄被灰白或黄褐色毛。聚伞花序具 1～3 朵花，花序梗长 0.7～1.5 cm；苞片卵形或钻形，被灰白或黄褐色茸毛。花初白色，后橙黄；花梗长 0.9～1.5 cm；萼片（3～）5（～7）枚，宽卵形或卵状长圆形，密被平伏黄褐色茸毛；花瓣（3～）5（～7）片，宽倒卵形，具短矩；花药长 1.5～2 mm；子房密被黄色茸毛或糙毛。果黄褐色，近球形，长 4～6 cm，被灰白色茸毛，易脱落，具淡褐色斑点，宿萼反折。

▶**花 果 期**　花期 3 月中下旬至 4 月初，果期 9 月上旬。

▶**分　　布**　江苏、浙江、安徽、福建、江西、河南、湖北、湖南、广东、广西、重庆、四川、贵州、陕西、甘肃。

▶**生　　境**　生于海拔 200～600 m 的低山区山林中，一般多出现于高草灌丛、灌木林或次生疏林中。

▶**用　　途**　食用。

▶**致危因素**　直接采挖或砍伐。

金花猕猴桃

（猕猴桃科　Actinidiaceae）

Actinidia chrysantha C.F. Liang

国家重点保护级别	CITES 附录	IUCN 红色名录
二级		无危（LC）

▶**形态特征**　大型落叶藤本。小枝皮孔显著，髓心褐色，片层状。叶纸质，宽卵形、卵形或披针状长卵形，长 7 ~ 14 cm，宽 4.5 ~ 6.5 cm，先端骤短尖或渐尖，基部浅心形、平截或宽楔形，具圆齿；叶柄长 2.5 ~ 5 cm，无毛。花序具 1 ~ 3 朵花，被褐色茸毛，花序梗长 6 ~ 9 mm。花金黄色，直径 15 ~ 18 mm；萼片 5 枚，卵形或长圆形，长 4 ~ 5 mm，两面均有一些茶褐色粉末状茸毛；花瓣 5 片，倒卵形，长 7 ~ 8 mm；花丝长 3 ~ 4 mm；花药黄色，长约 1.5 mm；子房柱状圆球形，密被茶褐色茸毛。果成熟时栗褐色或绿褐色，秃净，具枯黄色斑点，柱状圆球形或卵珠形，长 3 ~ 4 cm，直径 2.5 ~ 3 cm；种子长约 2 mm。

▶**花 果 期**　花期 4 月下旬，果期 9 月下旬。

▶**分　　布**　广西、广东、湖南。

▶**生　　境**　生于海拔 900 ~ 1300 m 的疏林中、灌丛中或山林迹地上。

▶**用　　途**　食用。

▶**致危因素**　直接采挖或砍伐。

条叶猕猴桃

（猕猴桃科　Actinidiaceae）

Actinidia fortunatii Finet & Gagnep.

国家重点保护级别	CITES 附录	IUCN 红色名录
二级		无危（LC）

▶**形态特征**　小型半常绿藤本。全株无毛或仅子房被毛；开花小枝一般长 2～4 cm，密被红褐色长茸毛，二年生枝直径 1.5～2 mm，秃净，皮孔完全不见；枝髓心白色，片层状。叶坚纸质，长条形或条状披针形，长 7～17 cm，宽 1.8～2.8 cm，顶端渐尖，基部耳状 2 裂或钝圆形，中脉两面稍显著，小脉网状。花序腋生，聚伞式，具 1～3 朵花，花序柄极短，被红褐色茸毛，花柄长 9 mm；小苞片钻形，长 2.5 mm。花粉红色，直径 6～8 mm，高 7 mm；萼片 5 枚，边缘有睫状毛，靠外者卵形钝尖，靠内者较长，两面均无毛；花瓣 5 片，倒卵形，长 5.5 mm，内外两面薄被柔毛或无毛；子房密被黄褐色茸毛，圆柱状。果圆柱形，绿色。

▶**花 果 期**　花期 5 月中旬，果期 11 月上旬。

▶**分　　布**　湖南、贵州。

▶**生　　境**　生于海拔 963～1250 m 的山草坡。

▶**用　　途**　食用。

▶**致危因素**　直接采挖或砍伐。

大籽猕猴桃

（猕猴桃科　Actinidiaceae）

Actinidia macrosperma C.F. Liang

国家重点保护级别	CITES 附录	IUCN 红色名录
二级		无危（LC）

▶**形态特征**　落叶木质藤本。小枝近无毛，髓实心，白色。叶近革质，卵形或椭圆形，长 3 ~ 8 cm，先端渐尖、骤尖或圆，基部宽楔形或圆，具圆齿或近全缘，上面无毛，下面脉腋具髯毛；叶柄长 1 ~ 2.2 cm，无毛。花常单生，白色，直径 2 ~ 3 cm；苞片披针形或条形，长 1 ~ 2 mm，具腺状缘毛；萼片 2 枚，卵形或长卵形，长 0.6 ~ 1.2 cm，先端骤尖，无毛；花瓣 5 ~ 6（~ 9）片，瓢状倒卵形，长 1 ~ 1.5 cm；花药黄色，长 1.5 ~ 2.5 mm；子房长 6 ~ 8 mm，直径约 7 mm，无毛，花柱长约 5 mm。果卵球形，长 3 ~ 3.5 cm，无斑点，具乳头状喙，成熟时橘黄色。种子长 4 ~ 5 mm，直径约 4 mm。

▶**花 果 期**　花期 5 月上旬，果期 8 月上旬。

▶**分　　布**　广东、湖北、江西、浙江、江苏、安徽。

▶**生　　境**　生于丘陵或低山地的丛林中或林缘。

▶**用　　途**　观赏。

▶**致危因素**　直接采挖或砍伐。

兴安杜鹃

（杜鹃花科　Ericaceae）

Rhododendron dauricum L.

国家重点保护级别	CITES 附录	IUCN 红色名录
二级	附录 II	

▶**形态特征**　半常绿灌木，高 1 ~ 2 m。幼枝和叶柄被鳞片和柔毛。叶片薄革质或厚纸质，长圆形或椭圆形，长 1 ~ 3.5（~ 5）cm，先端具短尖头，叶上面疏被灰白色鳞片，下面密被相互邻接或重叠的鳞片。伞形花序顶生或侧生于枝顶，具 3 ~ 4 朵花；花梗长约 8 mm，被柔毛；花萼不发育，密被鳞片；花冠淡紫红或粉红色，阔漏斗状，长 1.4 ~ 2.3 cm，外面近基部被柔毛，冠筒约与裂片等长；雄蕊 10 枚，伸出，花丝基部被柔毛；子房密被鳞片，花柱较雄蕊稍长，无毛。蒴果长圆形，被鳞片。

▶**花果期**　花期 3—4 月，果期 7—9 月。

▶**分　　布**　黑龙江（大兴安岭）、内蒙古（锡林郭勒盟、满洲里）、吉林、辽宁；日本、朝鲜、蒙古、俄罗斯。

▶**生　　境**　生于海拔 400 ~ 900 m 的桦木林和落叶松林中。

▶**用　　途**　药用、观赏。

▶**致危因素**　过度采集。

朱红大杜鹃

（杜鹃花科 Ericaceae）

Rhododendron griersonianum Balf. f. et Forrest

国家重点保护级别	CITES 附录	IUCN 红色名录
二级		极危（CR）

▶**形态特征** 常绿灌木，高 1 ~ 3 m。小枝和叶柄被绵毛状分枝茸毛和腺毛，后变无。叶革质，长椭圆形至披针形，长 7 ~ 20 cm，基部楔形，先端急尖或锐尖，边缘微反卷，叶背被淡黄褐色绵毛状茸毛，沿中脉被腺毛和茸毛，基部有时被腺体刚毛。总状伞形花序具 5 ~ 12 朵花，总轴长 1 ~ 3 cm，花梗长 1.5 ~ 3 cm，均密被柔毛和刚毛状腺体；花萼小，被茸毛和腺毛；花冠漏斗状或管状漏斗状，长 5 ~ 7 cm，猩红色或朱红色，内具深红色斑点，外面密被白色腺毛，5 裂；雄蕊 10 枚，较花冠和花柱短，花丝下部 2/3 有微柔毛；子房卵球形，被柔毛和腺体，花柱基部被腺体。蒴果圆柱形，长 2 ~ 3 cm，有肋纹和茸毛。

▶**花 果 期** 花期 5—6 月，果期 9—10 月。

▶**分 布** 云南（腾冲）；缅甸。

▶**生 境** 生于海拔 1700 ~ 2700 m 的混交林或灌丛中。

▶**用 途** 观赏。

▶**致危因素** 生境碎片化或丧失、土地过度利用、自然种群过小。

华顶杜鹃

（杜鹃花科　Ericaceae）

Rhododendron huadingense B.Y. Ding & Y.Y. Fang

国家重点保护级别	CITES 附录	IUCN 红色名录
二级		

▶**形态特征**　落叶灌木，树高 1～3 m。幼枝无毛。叶常 4～5 枚集生枝顶，叶柄长 1～2 cm；叶片厚纸质，卵形或椭圆形，长 6～10 cm，宽 3～6 cm，基部阔楔形，先端急尖，叶缘具睫毛。伞形花序顶生，2～4 朵花簇生，先于叶开放；花梗长 1～2 cm，被短柔毛；萼片小，5 裂，裂片长约 2 mm，边缘具睫毛；花冠漏斗状，长 4～5.5 cm，紫红色，5 裂，上部裂瓣内面有红色斑点；雄蕊 10 枚，较花冠稍短或近等长，花丝无毛。子房卵球形，无毛；花柱与花冠等长。蒴果卵球形，无毛。

▶**花 果 期**　花期 4 月，果期 9—10 月。

▶**分　　布**　浙江（临海、天台华顶）。中国特有种。

▶**生　　境**　生于海拔 700 m 以上的杂木林中。

▶**用　　途**　观赏。

▶**致危因素**　生境破碎化或丧失、自然种群过小。

井冈山杜鹃

（杜鹃花科　Ericaceae）

Rhododendron jingangshanicum P.C. Tam

国家重点保护级别	CITES 附录	IUCN 红色名录
二级		濒危（EN）

▶**形态特征**　常绿灌木，高 1~3 m。幼枝和叶柄被柔毛。叶柄长 1.5~2 cm。叶片革质，长圆形或长圆状披针形，中部以上最宽，长 15~35 cm，宽 6~8 cm，叶背面初被丛卷毛，成熟后仅中脉散生柔毛。花序总状伞形，具 7~8 朵花；总轴粗壮而短，长约 1.5 cm，近于无毛；花梗长 2.5~3 cm，无毛；花萼不明显或长约 2 mm，5 小齿裂，无毛；花冠斜钟形，向一边膨大，长 6~7 cm，淡粉紫色，裂片 5 枚，常呈阔椭圆形，长 2~3 cm，宽 1.6~2.2 cm，顶端近圆形，边缘皱缩，内无斑点或斑块；雄蕊 16 枚，较花冠和花柱短，花丝基部被柔毛；子房长圆状卵圆形，无毛，顶端平截或中部稍凹陷，花柱粗壮，较花冠短，基部被柔毛，柱头膨大呈浅盘状，直径 6 mm。

▶**花 果 期**　花期 4 月，果期 9—10 月。

▶**分　　布**　江西（井冈山）。中国特有种。

▶**生　　境**　生于海拔 1100~1300 m 的山谷林中或灌丛中。

▶**用　　途**　观赏。

▶**致危因素**　生境碎片化或丧失、土地过度利用、自然种群过小。

江西杜鹃

（杜鹃花科　Ericaceae）

Rhododendron kiangsiense Fang

国家重点保护级别	CITES 附录	IUCN 红色名录
二级		近危（NT）

▶**形态特征**　小灌木，高约 1 m；树皮灰色、灰褐色或灰黑色，幼枝具鳞片。叶柄长 3 ~ 5 mm，疏生粗毛，被鳞片；叶片革质，长圆状椭圆形，长 4 ~ 5 cm，宽 2 ~ 2.5 cm，基部楔形，顶端钝尖，具小短尖头，边缘略反卷，叶背面灰白色，被大小近等的鳞片，鳞片相距为其直径的 1 ~ 2 倍；伞形花序顶生，有花 2 朵；花梗长 1 ~ 1.4 cm，密被鳞片；花萼长 7 ~ 8 mm，5 裂，外面被鳞片；花冠宽漏斗形，长 4 ~ 6.2 cm，直径约 4 cm，白色，外面被鳞片，5 裂，裂片圆形，边缘波状；雄蕊 10 枚，长约 2.5 cm，基部 1/3 被白色柔毛；子房密被鳞片，长约 6 mm，花柱长约 3.5 cm，基部被鳞片，柱头大。

▶**花 果 期**　花期 4 月，果期未知。

▶**分　　布**　江西（萍乡）。中国特有种。

▶**生　　境**　生于海拔约 1100 m 的山坡灌丛中。

▶**用　　途**　观赏。

▶**致危因素**　生境破碎化或丧失、土地过度利用、自然种群过小。

尾叶杜鹃

（杜鹃花科 Ericaceae）

Rhododendron urophyllum Fang

国家重点保护级别	CITES 附录	IUCN 红色名录
二级		易危（VU）

▶**形态特征** 灌木，高 3 ~ 8 m；幼枝被腺体刚毛，多年生枝无毛。叶柄圆柱状，长 1 ~ 2 cm，被星状茸毛；叶革质，椭圆状披针形或倒卵状披针形，长 8 ~ 11 cm，宽 1.7 ~ 3 cm，中部以上最宽，先端渐尖，有尾尖，基部宽楔形或近于圆形，叶背面中脉显著隆起，仅在脉上微被薄层的星状茸毛。总状伞形花序，具 10 ~ 12 朵花，总轴长约 1 cm，有淡黄色茸毛；花梗细长，5 ~ 10 mm，密被腺头刚毛；花萼小，5 裂，裂片三角状卵形，被腺头刚毛；花冠钟状，长 3.5 ~ 4 cm，深红色，基部有深紫色的蜜腺囊，5 裂，裂片近于圆形，长约 1.2 cm，宽约 1.5 cm，顶端有凹缺；雄蕊 10 枚，长 1 ~ 2 cm，花丝无毛；子房圆柱形，长约 5 mm，花柱长约 2 cm，无毛，柱头微膨大。

▶**花 果 期** 花期 3—5 月，果期 7—10 月。

▶**分 布** 四川（雷波）。中国特有种。

▶**生 境** 生于海拔 1200 ~ 1600 m 的常绿阔叶林中。

▶**用 途** 观赏。

▶**致危因素** 生境破碎化或丧失、自然种群过小。

圆叶杜鹃

（杜鹃花科　Ericaceae）

Rhododendron williamsianum Rehd. et Wils.

国家重点保护级别	CITES 附录	IUCN 红色名录
二级		易危（VU）

▶**形态特征**　常绿灌木，高 1～2 m；幼枝有少许腺体，多年生老枝无毛。叶革质，宽卵形或近于圆形，长 2.5～5 cm，宽 2～4 cm，基部心形或近于圆形，先端圆形，有细尖头，背面灰白色，中脉及侧脉在两面均隆起，侧脉 11～12 对，细脉联结成凸起的网状。总状伞形花序，具 2～6 朵花；总轴长 5～8 mm，疏被腺体；花梗长 2～3 cm，具长柄腺体；花萼小，盘状，6 裂，长 1～2 mm，被短柄腺体；花冠宽钟状，长 3.5～4 cm，口部直径 4～4.5 cm，粉红色，内无斑点，5～6 裂，裂片近圆形，顶端微缺；雄蕊 10～12（～14）枚，与花冠近等长，花丝无毛，花药卵圆形，深紫红色；子房卵圆形，被腺体；花柱长约 3.5 cm，通体有腺体；柱头膨大呈头状。蒴果圆柱形，被腺体。

▶**花　果　期**　花期 5—6 月，果期 10—11 月。

▶**分　　　布**　四川西南部。中国特有种。

▶**生　　　境**　生于海拔 1800～2800 m 的山坡、岩边的疏林中。

▶**用　　　途**　药用、观赏。

▶**致危因素**　生境破碎化或丧失、土地过度利用、森林砍伐。

绣球茜

（茜草科　Rubiaceae）

Dunnia sinensis Tutcher

国家重点保护级别	CITES 附录	IUCN 红色名录
二级		

▶**形态特征**　灌木。叶纸质或革质，披针形或倒披针形，顶端渐尖或短尖，基部渐狭，下延，幼时两面被疏短柔毛，后渐脱落；托叶卵形或三角形，顶端常 3 裂，有柔毛，宿存。伞房状聚伞花序顶生，总花梗长，花梗短。花萼裂片 5 枚，在一些花中有一枚变态扩大成白色花瓣状，卵形或椭圆形。花 2 型；花冠外面白色、粉色、棕红色或紫色，被细柔毛；裂片 5 枚，三角状卵形，内面白色或黄色，被长柔毛；长柱花的雄蕊着生在冠管中部，花柱伸长到花冠管喉部；短柱花的雄蕊生在花冠管喉部，花柱伸长至花冠管中部；柱头 2 裂，线形。蒴果近球形，室间开裂为 2 果爿。种子多数，小，扁平，周围有膜质的阔翅。

▶**花 果 期**　4—11 月。

▶**分　　布**　广东（广州、龙门、新会、台山、珠海、阳春、阳江）。

▶**生　　境**　生于海拔 290～850 m 的山谷溪边灌丛中或林中。

▶**用　　途**　观赏、具科研价值。

▶**致危因素**　本种在广东省西部自江门市新会区至阳春市都有连续的分布，为一阳性植物。其分布区域易受到山区经济林种植或生态恢复后植被茂密等因素的影响，使其失去合适的生境。

香果树

（茜草科　Rubiaceae）

Emmenopterys henryi Oliv.

国家重点保护级别	CITES 附录	IUCN 红色名录
二级		

▶**形态特征**　落叶乔木，高达 30 m。树皮灰褐色，鳞片状。叶对生，阔椭圆形、阔卵形或卵状椭圆形，顶端常短尖或骤然渐尖，基部阔楔形；全缘；托叶三角状卵形，早落。圆锥状聚伞花序顶生；花芳香。萼管近陀螺形，裂片 5 枚，有些花的萼裂片中有一枚变态成叶状，纸质或革质；花冠漏斗形，白色或黄色；裂片 5 枚，覆瓦状排列；雄蕊 5 枚；子房 2 室，每室胚珠多数；花柱内藏，柱头头状或不明显 2 裂。蒴果长圆状卵形或近纺锤形，有纵棱，室间开裂为 2 果片。种子多数，小而有阔翅。

▶**花 果 期**　花期 6—8 月，果期 8—11 月。

▶**分　　布**　安徽、福建、甘肃、广东、广西、贵州、河南、湖北、湖南、江苏、江西、陕西、四川、云南、浙江。

▶**生　　境**　生于海拔 400～1600 m 的山谷林中，喜湿润和肥沃的土壤。

▶**用　　途**　我国特有单种属植物，有重要的科研、观赏价值；材用、调节生态系统功能。

▶**致危因素**　香果树的种子具有休眠性，在自然条件下萌发率极低，种群天然更新能力差，同时人工林的扩张、生境破碎化和外来物种的入侵使香果树的生存面临着更大的威胁。

巴戟天

（茜草科　Rubiaceae）

Morinda officinalis F.C. How

国家重点保护级别	CITES 附录	IUCN 红色名录
二级		易危（VU）

▶**形态特征**　藤本。具不规则缢缩的肉质根；老枝棕色或蓝黑色。叶长圆形、卵状长圆形或倒卵状长圆形，顶端急尖或具小短尖，基部钝、圆或楔形，上面初时有毛，后变无毛，全缘；托叶筒状。头状花序组成伞形花序，顶生；头状花序有花 4～10 朵，无花梗。花萼倒锥形；花冠白色，近钟状，裂片 3～4 枚；雄蕊 4 枚；花柱外伸。聚花核果熟时红色，扁球形或近球形；种子略呈三棱形。

▶**花　果　期**　花期 5—7 月，果期 10 月至次年 1 月。

▶**分　　　布**　福建、广东、广西、海南；印度、越南。

▶**生　　　境**　生于山地疏林、密林下和灌丛中，常攀附于其他树上。

▶**用　　　途**　药用。

▶**致危因素**　过度采集。

▶**备　　　注**　本种有时处理为 *Gynochthodes officinalis*。

滇南新乌檀

（茜草科　Rubiaceae）

Neonauclea tsaiana S.Q. Zou

国家重点保护级别	CITES 附录	IUCN 红色名录
二级		濒危（EN）

▶**形态特征**　乔木，高可达 40 m。基部有板根，树皮多纤维；顶芽压扁。小枝密生皮孔。叶片革质，椭圆形或卵状椭圆形，顶端短尖或渐尖，基部圆至楔尖，全缘；侧脉 6 ~ 8 对；叶柄长 1.2 ~ 4 cm，无毛；托叶 2 枚，卵形，早落。头状花序，无毛，头状花序 3 ~ 9 个组成聚伞花序状或偶为单生，顶生；小苞片圆锥形。花萼裂片 5 枚。花冠淡黄色，漏斗形，裂片 5 枚，长圆形；雄蕊 5 枚，生于冠管上部，花丝短；子房 2 室，胚珠多数；花柱长 1.2 ~ 1.5 mm，柱头球状或倒卵形，伸出。果序疏松；蒴果棒状，多少压扁。种子椭球形，两端有翅。

▶**花　果　期**　花期 9—10 月，果期次年 5—6 月。

▶**分　　布**　云南（西双版纳）。

▶**生　　境**　生于海拔 500 ~ 1100 m 的热带雨林中，喜生于潮湿的溪流边和沟谷底。

▶**用　　途**　材用。

▶**致危因素**　本种在野外种群和个体数量较少，再加上人们的乱砍滥伐，致使其在野外濒于灭绝。

辐花

（龙胆科　Gentianaceae）

Lomatogoniopsis alpina T.N. Ho et S.W. Liu

国家重点保护级别	CITES 附录	IUCN 红色名录
二级		濒危（EN）

▶**形态特征**　一年生小草本，高达 10 cm。茎基部多分枝，稀单一，棱密被乳突。基生叶匙形，连柄长 0.5 ~ 1 cm，具短柄；茎生叶卵形，长（0.3 ~ ）0.6 ~ 1.1 cm，无柄；叶先端钝，基部稍窄缩，边缘被乳突；聚伞花序顶生及腋生，稀单花。萼筒长约 1 mm，裂片卵形或卵状椭圆形，长 3.5 ~ 6.5 mm，先端钝圆，边缘密被乳突；花冠蓝色，冠筒长 1 ~ 1.5 mm，裂片 2 色，椭圆形或椭圆状披针形，长 5.5 ~ 9 mm，先端尖，两面密被乳突；附属物窄椭圆形，长 4 ~ 6 mm，淡蓝色，具深蓝色斑点，密被乳突，无脉纹，全缘或先端 2 齿裂。蒴果卵状椭圆形，长 0.9 ~ 1.2 cm，无柄。种子近球形，光滑。

▶**花 果 期**　8—9 月。

▶**分　　布**　西藏东北部、青海南部。

▶**生　　境**　生于海拔 3950 ~ 4300 m 的云杉林缘、阴坡草甸及灌丛草甸中。

▶**用　　途**　观赏。

▶**致危因素**　生境破碎化、过度采集。

富宁藤

（夹竹桃科　Apocynaceae）

Parepigynum funingense Tsiang et P.T. Li

国家重点保护级别	CITES 附录	IUCN 红色名录
二级		濒危（EN）

▶**形态特征**　粗壮高大藤本，除花序及幼嫩部分外，全株无毛。叶对生，腋间及腋内均有钻状腺体，叶片长圆状椭圆形至长圆形，端部短渐尖，基部楔形，长 8～14 cm，宽 2.5～4.5 cm；叶脉每边 10～13 条。聚伞花序伞房状，顶生及腋生，着花 6～13 朵。花萼 5 深裂，裂片双盖覆瓦状排列，长圆状披针形，两面均被柔毛，花萼基部内面有 5 个钻状腺体；花冠黄色，浅高脚碟状，花冠筒内面在雄蕊背后的筒壁上具倒生刚毛，裂片椭圆形，端部钝；雄蕊着生于花冠筒的近基部，花药箭头状，基部有耳；花盘肉质，将子房全部包围，5 深裂，裂片近四方形；子房半下位，由 2 个心皮组成，每心皮具多数胚珠，端部具长硬毛，花柱丝状，柱头头状，端部锐尖。蓇葖果 2 枚合生，成熟时上部裂开，狭披针形，向端部渐尖，外果皮绿色，干时暗褐色，有纵条纹。种子棕褐色，线状长圆形，端部具短阔之喙，沿喙围生黄白色种毛；种毛长约 2 cm。

▶**花 果 期**　花期 3—9 月，果期 8 月至次年 3 月。

▶**分　　布**　云南（富宁、西畴、马关、麻栗坡）、贵州。

▶**生　　境**　生于山地密林中。

▶**用　　途**　未知。

▶**致危因素**　生境退化或丧失、直接采挖或砍伐。

驼峰藤

（夹竹桃科　Apocynaceae）

Merrillanthus hainanensis Chun et Tsiang

其他常用名：*Vincetoxicum hainanense* (Chun & Tsiang) Meve, H.H. Kong & Liede

国家重点保护级别	CITES 附录	IUCN 红色名录
二级		濒危（EN）

▶**形态特征**　木质藤本，长约 2 m，多分枝。叶膜质，卵圆形，长 5 ~ 15 cm，宽 2.5 ~ 7.5 cm，顶端渐尖或急尖，基部圆形或心形；侧脉每边约 7 条，弧形上升，至叶缘网结；叶柄长 1.5 ~ 5 cm，顶端具丛生小腺体。聚伞花序腋生，比叶为长或等长，稀较叶为短，着花多朵；花梗细，基部着生有卵形的小苞片。花蕾圆球状，花冠裂片的顶端向内黏合；花萼裂片卵圆形，具缘毛，花萼内面有 5 个小腺体；花冠黄色，辐状或近辐状，有脉纹，5 裂至中部，裂片广卵形，钝头，略向右覆盖；副花冠 5 裂，肉质，着生于合蕊冠上，裂片卵形，背部隆起，腹部贴生在雄蕊上；花药顶端的透明膜片近卵形，覆盖着柱头；花粉块长圆形，下垂，顶端通过花粉块柄与着粉腺连接；子房无毛，柱头平扁，基部盘状。蓇葖单生，大形，纺锤状，外果皮黄色，无毛。种子卵球形或近球形，顶端具白色绢质种毛；种毛长 3.5 cm。

▶**花 果 期**　花期 3—4 月，果期 5—6 月。

▶**分　　布**　海南。

▶**生　　境**　生于低海拔至中海拔的山地林谷中。

▶**用　　途**　未知。

▶**致危因素**　生境退化或丧失、直接采挖或砍伐。

新疆紫草

（紫草科 Boraginaceae）

Arnebia euchroma (Royle ex Benth.) I.M. Johnst.

国家重点保护级别	CITES 附录	IUCN 红色名录
二级		濒危（EN）

▶**形态特征** 多年生草本。根粗壮，直径可达 2 cm，富含紫色物质。茎 1 条或 2 条，直立，仅上部花序分枝，基部有残存叶基形成的茎鞘，被开展的白色或淡黄色长硬毛。叶无柄，两面均疏生半贴伏的硬毛；基生叶线形至线状披针形，长 7～20 cm，宽 5～15 mm，先端短渐尖，基部扩展成鞘状；茎生叶披针形至线状披针形，较小，无鞘状基部。镰状聚伞花序生茎上部叶腋，长 2～6 cm，最初有时密集成头状，含多数花；苞片披针形；花萼裂片线形，先端微尖，两面均密生淡黄色硬毛；花冠筒状钟形，深紫色，有时淡黄色带紫红色，外面无毛或稍有短毛，筒部直，长 1～1.4 cm，檐部直径 6～10 mm，裂片卵形，开展；雄蕊着生于花冠筒中部（长柱花）或喉部（短柱花）；花柱长达喉部（长柱花）或仅达花筒中部（短柱花），先端浅 2 裂，柱头 2，倒卵形。小坚果宽卵形，黑褐色，有粗网纹和少数疣状突起，先端微尖，背面凸，腹面略平，中线隆起，着生面略呈三角形。

▶**花 果 期** 6—8 月。

▶**分 布** 新疆、西藏西部。

▶**生 境** 生于砾石山坡、洪积扇、草地及草甸等处。

▶**用 途** 药用。

▶**致危因素** 过度利用。

橙花破布木

（紫草科　Boraginaceae）

Cordia subcordata Lam.

国家重点保护级别	CITES 附录	IUCN 红色名录
二级		无危（LC）

▶**形态特征**　小乔木，高约 3 m。树皮黄褐色。小枝无毛。叶卵形或狭卵形，长 8 ~ 18 cm，宽 6 ~ 13 cm，先端尖或急尖，基部钝或近圆形，稀心形，全缘或微波状，上面具明显或不明显的斑点，下面叶脉或脉腋间密生棉毛；叶柄长 3 ~ 6 cm，无毛。聚伞花序与叶对生；花梗长 3 ~ 6 mm。花萼革质，圆筒状，长约 13 mm，宽约 8 mm，具短小而不整齐的裂片；花冠橙红色，漏斗形，长 3.5 ~ 4.5 cm，喉部直径约 4 cm，具圆而平展的裂片。坚果卵球形或倒卵球形，长约 2.5 cm，具木栓质的中果皮，被增大的宿存花萼完全包围。

▶**花 果 期**　6 月。

▶**分　　布**　海南（三亚）、西沙群岛（永兴岛）。

▶**生　　境**　生于沙地疏林。

▶**用　　途**　未知。

▶**致危因素**　生境破坏。

黑果枸杞

（茄科　Solanaceae）

Lycium ruthenicum Murray

国家重点保护级别	CITES 附录	IUCN 红色名录
二级		

▶**形态特征**　多棘刺灌木，高 20～50（～150）cm。多分枝；分枝斜升或横卧于地面，白色或灰白色，坚硬，常成之字形曲折；小枝顶端渐尖成棘刺状，每节有长 0.3～1.5 cm 的短棘刺；短枝位于棘刺两侧，在幼枝上不明显，在老枝上则成瘤状，更老的枝则短枝成不生叶的瘤状凸起。叶 2～6 枚簇生于短枝上，在幼枝上则单叶互生，肥厚肉质，近无柄，条形、条状披针形或条状倒披针形，有时成狭披针形，顶端钝圆，基部渐狭，两侧有时稍向下卷，中脉不明显。花 1～2 朵生于短枝上；花萼狭钟状，果时稍膨大成半球状，包围于果实中下部，不规则 2～4 浅裂，裂片膜质，边缘有稀疏缘毛；花冠漏斗状，浅紫色，筒部向檐部稍扩大，5 浅裂，裂片矩圆状卵形，长约为筒部的 1/2～1/3，无缘毛，耳片不明显；雄蕊稍伸出花冠，着生于花冠筒中部，花丝离基部稍上处有疏茸毛，同样在花冠内壁等高处亦有稀疏茸毛；花柱与雄蕊近等长。浆果紫黑色，球状，有时顶端稍凹陷。种子肾形，褐色。

▶**花　果　期**　花期 5—8 月，果期 8—10 月。

▶**分　　布**　陕西北部、宁夏、甘肃、青海、新疆、西藏。

▶**生　　境**　生于盐碱土荒地、沙地或路旁。

▶**用　　途**　水土保持。

▶**致危因素**　生境退化。

云南枸杞

（茄科　Solanaceae）

Lycium yunnanense Kuang et A.M. Lu

国家重点保护级别	CITES 附录	IUCN 红色名录
二级		易危（VU）

▶**形态特征**　直立灌木，丛生，高 50 cm。茎粗壮而坚硬，灰褐色，分枝细弱，黄褐色，小枝顶端锐尖成针刺状。叶在长枝和棘刺上单生，在极短的瘤状短枝上数枚簇生，狭卵形、矩圆状披针形或披针形，全缘，顶端急尖，基部狭楔形，长 8～15 mm，宽 2～3 mm，叶脉不明显；叶柄极短。花通常由于节间极短缩而同叶簇生，淡蓝紫色，花梗纤细，长 4～6 mm。花萼钟状，长约 2 mm，通常 3 裂或有 4～5 齿，裂片三角形，顶端有短茸毛；花冠漏斗状，筒部长 3～4 mm，裂片卵形，长 2～3 mm，顶端钝圆，边缘几乎无毛；雄蕊插生花冠筒中部稍下处，花丝丝状，显著高出于花冠，基部稍上处生一圈茸毛，而在花冠筒内壁上几乎无毛；子房卵状，花柱明显长于花冠，柱头头状，不明显 2 裂。果实球状，黄红色，干后有一明显纵沟，有 20 余枚种子。种子圆盘形，淡黄色，表面密布小凹穴。

▶**花 果 期**　花期 5 月，果期 6—10 月。

▶**分　　布**　云南（禄劝、景东）。

▶**生　　境**　生于河旁沙地潮湿处或丛林中。

▶**用　　途**　未知。

▶**致危因素**　生境退化或丧失。

水曲柳

（木犀科　Oleaceae）

Fraxinus mandshurica Rupr.

国家重点保护级别	CITES 附录	IUCN 红色名录
二级		易危（VU）

▶**形态特征**　落叶大乔木。树皮厚，灰褐色，纵裂。冬芽大，圆锥形，黑褐色，无毛，在边缘和内侧被褐色曲柔毛。小枝黄褐色至灰褐色，四棱形，节膨大，散生圆形明显凸起的小皮孔；叶痕节状隆起，半圆形。羽状复叶长 25～35（～40）cm；叶柄长 6～8 cm，近基部膨大，干后变黑褐色；叶轴上面具平坦的阔沟，沟棱有时呈窄翅状，小叶着生处具关节，节上簇生黄褐色曲柔毛或秃净；小叶 7～11（～13）枚，纸质，长圆形至卵状长圆形，先端渐尖或尾尖，基部楔形至钝圆，稍歪斜，侧脉 10～15 对，细脉甚细，在下面明显网结。圆锥花序先叶开放；花序梗与分枝具窄翅状锐棱；雄花与两性花异株，均无花冠也无花萼。雄花序紧密，花梗细而短，雄蕊 2 枚，花药椭圆形，花丝开花时迅速伸长；两性花序稍松散，花梗细而长，两侧常着生 2 枚甚小的雄蕊，子房扁而宽，花柱短，柱头 2 裂。翅果大而扁，长圆形至倒卵状披针形，中部最宽，先端钝圆、截形或微凹，翅下延至坚果基部，明显扭曲，脉棱凸起。

▶**花 果 期**　花期 4 月，果期 8—9 月。

▶**分　　布**　黑龙江、吉林、辽宁、河北、山西、河南、陕西、甘肃、湖北。

▶**生　　境**　生于山坡疏林中或河谷平缓山地。

▶**用　　途**　作木材。

▶**致危因素**　人为砍伐。

天山梣

（木犀科 Oleaceae）

Fraxinus sogdiana Bunge

国家重点保护级别	CITES 附录	IUCN 红色名录
二级		易危（VU）

▶**形态特征** 落叶乔木，高 10～24 m。芽圆锥形，芽鳞 6～9 枚，外被糠秕状毛，内侧密被棕色曲柔毛。小枝灰褐色，疏生点状淡黄色皮孔；叶痕呈节状隆起。羽状复叶在枝端呈螺旋状 3 叶轮生，长 10～30 cm；叶柄长 4～5 cm，基部扁而扩大，底端有白色髯毛；叶轴细，上面具平坦阔沟，沟棱展开呈窄翅状，无毛；小叶 7～13 枚，纸质，卵状披针形或狭披针形，先端渐尖或长渐尖，基部楔形下延至小叶柄，叶缘具不整齐而稀疏的三角形尖齿，上面无毛，下面密生细腺点，有时在中脉上疏被柔毛，中脉在上面平坦，下面凸起，侧脉 10～14 对，细脉网结。聚伞圆锥花序生于去年生枝上；花序梗短；花杂性，2～3 朵轮生，无花冠也无花萼；两性花具雄蕊 2 枚，贴生于子房底端，花药球形，雌蕊具细长花柱，柱头长圆形，尖头。翅果倒披针形，先端锐尖，翅下延至坚果基部，强度扭曲，坚果扁，脉棱明显。

▶**花 果 期** 花期 6 月，果期 8 月。

▶**分 布** 新疆西部。

▶**生 境** 生于河旁低地及开旷落叶林中。

▶**用 途** 水土保持。

▶**致危因素** 生境破坏或退化。

毛柄木樨

（木犀科　Oleaceae）

Osmanthus pubipedicellatus L.C. Chia ex Hung T. Chang

国家重点保护级别	CITES 附录	IUCN 红色名录
二级		极危（CR）

▶**形态特征**　常绿灌木，高约 3 m。小枝灰黄色，幼枝黄白色，被柔毛。叶片厚革质，狭椭圆形，少数为披针形，长 6.5 ~ 9 cm，宽 2 ~ 3 cm，先端长渐尖，具锐尖头，基部狭楔形，全缘，干后略呈波状，两面无毛，上面具光泽，有稀疏针孔状凹点，中脉在上面深凹，在下面明显凸起，侧脉 6 ~ 7 对，在上面稍凹入，在下面不明显；叶柄长 1.2 ~ 1.5 cm，最长可达 1.8 cm，被柔毛，尤以凹陷处为多，老枝上叶柄近无毛。聚伞花序成簇腋生，每腋内有花芽 1 ~ 2 枚，每芽约有花 5 朵；苞片长 2.5 ~ 3 mm，先端有尖硬小尖头，外被柔毛。花梗长 3 ~ 5 mm，被柔毛；花芳香；花萼长约 1.5 mm，裂片 2 大 2 小，相对排列，长约 1 mm；花冠白色，花冠管长约 1 mm，裂片长约 1.5 mm；雄蕊着生于花冠管基部，花丝长约 0.5 mm，花药长约 1 mm，药隔延长成明显的三角形小尖头；雄花中不育雌蕊长约 1 mm。

▶**花 果 期**　花期 9 月。

▶**分　　布**　广东（大埔）。

▶**生　　境**　生于山坡上沙土中。

▶**用　　途**　观赏。

▶**致危因素**　物种内在因素。

引自《中国植物志》，61 卷，图 24 1-2，陆锦文　绘，蔡淑琴　抄绘

毛木樨

（木犀科　Oleaceae）

Osmanthus venosus Pam.

国家重点保护级别	CITES 附录	IUCN 红色名录
二级		濒危（EN）

▶**形态特征**　常绿灌木或小乔木，高可达 10 m。枝灰色，小枝被柔毛。叶片革质，狭椭圆形、披针形或倒披针形，长 4.5 ~ 14 cm，宽 1.5 ~ 4 cm，先端渐尖，基部楔形至钝，全缘或仅在中部具 3 ~ 4 对牙齿状锯齿，稀全为锯齿，两面具腺点，无毛，或仅沿上面中脉被柔毛，侧脉 9 ~ 11 对，网状脉在两面明显凸起；叶柄长 1 ~ 1.5 cm，被柔毛。花序簇生于叶腋，每腋内有花 4 ~ 10 朵；苞片长约 2.5 mm，外面密被柔毛。花梗长 3 ~ 8 mm，无毛；花萼长 1 ~ 1.5 mm，裂片大小不等；花冠白色，花冠管长约 2.5 mm，裂片卵形，长约 2 mm；雄蕊着生于花冠管中部，花丝长 0.5 ~ 1 mm，花药长约 2 mm，药隔在花药先端延伸成一大而圆形的突起；雌蕊长约 3 mm，花柱长约 1.5 mm，柱头头状。

▶**花　果　期**　花期 8—9 月。

▶**分　　　布**　湖北。

▶**生　　　境**　生于海拔 300 ~ 1100 m 山地林中。

▶**用　　　途**　未知。

▶**致危因素**　未知。

▶**备　　　注**　本种有待深入研究。

瑶山苣苔

（苦苣苔科 Gesneriaceae）

Dayaoshania cotinifolia W.T. Wang

国家重点保护级别	CITES 附录	IUCN 红色名录
二级		极危（CR）

▶**形态特征** 多年生草本。根状茎近圆柱形。叶 9 ~ 17 枚，基生；叶片纸质，宽椭圆形、圆卵形或近圆形，长 2.5 ~ 5.5 cm，宽 2.3 ~ 4.8 cm，两面稍密被白色短柔毛，侧脉每侧 4 ~ 7 条，下面稍隆起；叶柄密被贴伏短柔毛。聚伞花序 2 ~ 4，每花序有 1 ~ 2 朵花；花序梗与花梗均密被短柔毛；苞片对生，线状披针形，密被短柔毛。花萼 5 全裂，裂片狭三角形或披针状线形，边缘近全缘或有少数小齿，有 3 条脉。花冠淡紫色或白色，外面疏被短柔毛；筒长 7 ~ 9 mm，内面疏被短柔毛；檐部直径 1 ~ 2 cm，上唇长 7 ~ 10 mm，2 裂，裂片宽卵形或圆卵形，宽 6 ~ 10 mm，下唇长 7 ~ 12 mm，（2 ~）3 裂近中部，裂片三角形，边缘有短柔毛。雄蕊（1 ~）2 枚；花丝着生于距花冠基部 1.8 ~ 2 mm 处，狭线形，疏被短柔毛，花药暗紫色，长圆形，无毛；退化雄蕊 2 枚或不存在，狭线形，被短柔毛。花盘环状。子房线形，密被短柔毛，花柱疏被短柔毛，柱头半圆形或宽卵形。幼果线形，被短柔毛。

▶**花 果 期** 花期 9 月。

▶**分　　布** 广西（金秀大瑶山）。

▶**生　　境** 生于山地林中或路边林下。

▶**用　　途** 未知。

▶**致危因素** 直接采挖或砍伐、物种内在因素。

▶**备　　注** 本种被处理为马铃苣苔属 *Oreocharis* 植物。

秦岭石蝴蝶

（苦苣苔科　Gesneriaceae）

Petrocosmea qinlingensis W.T. Wang

国家重点保护级别	CITES 附录	IUCN 红色名录
二级		极危（CR）

▶**形态特征**　多年生草本。叶7～12枚，具长或短柄；叶片草质，宽卵形、菱状卵形或近圆形，长0.7～3 cm，宽0.7～2.8 cm，顶端圆形或钝，基部宽楔形，边缘浅波状或有不明显圆齿，两面疏被贴伏短柔毛，侧脉每侧约3条，不明显；叶柄长0.5～2.5 cm，与花序梗疏被开展的白色柔毛。花序2～6条；花序梗长3～5 cm，中部之上有2枚苞片，顶端生1朵花；苞片线状披针形，被疏柔毛。花萼5裂达基部；裂片狭三角形，外面疏被短柔毛，内面无毛。花冠淡紫色，外面疏被贴伏短柔毛，内面在上唇稍密被白色柔毛；筒长约2.8 mm；上唇长约4.8 mm，2深裂近基部，下唇与上唇近等长，3深裂，所有裂片近长圆形，顶端圆形。雄蕊无毛，花丝着生于近花冠基部处，花药近梯形，无毛；退化雄蕊2枚，着生于花冠基部，狭线形，无毛。子房与花柱被开展的白色柔毛，柱头小，球形。

▶**花　果　期**　花期8—9月。

▶**分　　　布**　陕西（沔阳）。

▶**生　　　境**　生于山地岩石上。

▶**用　　　途**　未知。

▶**致危因素**　生境退化或丧失、自然灾害、物种内在因素。

报春苣苔

（苦苣苔科　Gesneriaceae）

Primulina tabacum Hance

国家重点保护级别	CITES 附录	IUCN 红色名录
二级		易危（VU）

▶**形态特征**　多年生草本。叶基生，具长或短柄；叶片圆卵形或正三角形，长 5 ~ 10 cm，顶端微尖，基部浅心形，边缘浅波状或羽状浅裂，裂片扁正三角形，两面均被短柔毛，下面还有腺毛，侧脉每侧约 3 条，上面平，下面稍隆起；叶柄扁平，边缘有波状翅。聚伞花序伞状，1 ~ 2 回分枝，具 3 ~ 9 朵花；花序梗与叶等长或比叶短，被短柔毛和短腺毛；苞片对生，狭长圆形或线状披针形，有腺毛。花萼 5 深裂，两面被短柔毛，筒长约 1 mm；裂片狭披针形或条状披针形，顶端有腺体，边缘上部每侧有 1 ~ 2 个三角形小齿，齿顶端有腺体。花冠紫色，外面和内面均被短柔毛；筒细筒状，长约 9 mm，口部直径 3 mm；檐部平展，不明显二唇形，上唇长约 7 mm，2 深裂，裂片狭倒卵形，顶端钝，下唇长约 9 mm，3 深裂，裂片也为狭倒卵形，顶端圆形。雄蕊无毛，花丝着生于距花冠基部约 1 mm 处，近丝形，花药长圆形，连着；退化雄蕊 3 枚。花盘由 2 近方形腺体组成。子房狭卵形，与花柱被短柔毛，花柱粗，柱头 2 浅裂。蒴果长椭圆球形。种子暗紫色，狭椭圆球形，长约 0.4 mm，有密集小乳头状突起。

▶**花 果 期**　花期 6—8 月，果期 8—10 月。

▶**分　　布**　广东（连州、阳山）、安徽、湖南、江西。

▶**生　　境**　生于石灰岩洞口。

▶**用　　途**　观赏。

▶**致危因素**　生境退化或丧失。

辐花苣苔

（苦苣苔科　Gesneriaceae）

Thamnocharis esquirolii (Lévl.) W.T. Wang

国家重点保护级别	CITES 附录	IUCN 红色名录
一级		易危（VU）

▶**形态特征**　多年生小草本。根状茎短。叶 14～18 枚，均基生，具柄；叶片纸质，多椭圆形，稀狭倒卵形，长 1.2～5 cm，宽 0.7～2.8 cm，顶端微尖或钝，基部楔形或宽楔形，边缘有小钝齿，两面密被贴伏的白色短柔毛，侧脉每侧 3～4 条，叶柄长 0.6～4 cm。

聚伞花序约 3 个，每花序有 5～9 朵花；花序梗长 3～5 cm，与花梗均密被短柔毛；苞片对生，极小，钻形，被短柔毛；花梗长 0.6～4 mm。花萼钟状，4～5 裂近基部，裂片稍不等大，三角形，外面被短柔毛，内面无毛。花冠紫色或蓝色，辐状，4～5 深裂；筒长约 2 mm，无毛；裂片披针状长圆形，顶端微钝，外面上部被短柔毛，内面无毛。雄蕊 4～5 枚，不等长，花丝疏被短柔毛，花药宽椭圆形，无毛。花盘小，高 0.2 mm。雌蕊长约 5 mm，子房卵球形，长 2 mm，被短柔毛，花柱长 3 mm，无毛，柱头近截形。蒴果线状披针形，疏被糙伏毛。

▶**花 果 期**　花期 8 月。

▶**分　　布**　贵州（贞丰）。

▶**生　　境**　生于山地灌丛中或林下。

▶**用　　途**　未知。

▶**致危因素**　生境退化或丧失。

▶**备　　注**　本种被处理为马铃苣苔属 *Oreocharis* 植物。

胡黄连

（车前科　Plantaginaceae）

Neopicrorhiza scrophulariiflora (Pennell) D.Y. Hong

国家重点保护级别	CITES 附录	IUCN 红色名录
二级		濒危（EN）

▶**形态特征**　多年生草本，高 4 ~ 12 cm。根状茎直径达 1 cm，上端密被老叶残余，节上有粗的须根。叶匙形至卵形，长 3 ~ 6 cm，基部渐狭成短柄状，边具锯齿，偶有重锯齿，干时变黑。花葶被棕色腺毛，穗状花序长 1 ~ 2 cm，花梗长 2 ~ 3 mm。花萼长 4 ~ 6 mm，果时可达 10 mm，披针形至狭倒卵状披针形或倒卵状短圆形，后方一枚几为条形，被有棕色腺毛；花冠深紫色，外面被短毛，长 8 ~ 10 mm，花冠筒后方长 4 ~ 5 mm，而前方仅长 2 ~ 3 mm，上唇略向前弯作盔状，顶端微凹，下唇 3 裂片长约达上唇之半，两侧裂片顶端微有缺刻或有 2 ~ 3 小齿；雄蕊 4 枚，花丝无毛，其后方一对长 4 mm，前方一对长 7 mm；子房长 1 ~ 1.5 mm，花柱长 5 ~ 6 倍于子房。蒴果长卵形。

▶**花 果 期**　花期 7—8 月，果期 8—9 月。

▶**分　　布**　西藏（聂拉木以东地区）、云南西北部、四川西部。

▶**生　　境**　生于高山草地及石堆。

▶**用　　途**　药用。

▶**致危因素**　过度开发利用。

丰都车前

（车前科　Plantaginaceae）

Plantago fengdouensis (Z.E. Chao & Yong Wang) Yong Wang & Z.Yu Li

国家重点保护级别	CITES 附录	IUCN 红色名录
二级		未予评估（NE）

▶**形态特征**　多年生草本，多年生。根多数，纤维状。叶基生；叶柄长 1.5 ~ 10 cm；叶片披针形到线状披针形，长 4 ~ 15 cm，宽 1 ~ 4 cm，薄纸质到纸质，具 3（或 5）条脉，基部狭楔形到下延到叶柄上，每边有 1 ~ 5 个三角形至线形裂片，先端锐尖到渐尖。穗状花序狭圆柱形，长 2 ~ 15 cm，密生花，基部松散或间断；花序梗长 4 ~ 15 cm，无毛；苞片卵状三角形，长 2 ~ 3 mm，顶部具短缘毛。萼片椭圆形，无毛；下部萼片长于上部萼片，先端近尖到圆形。花冠淡黄色，无毛；裂片狭三角形，长 1.4 ~ 1.6 mm，先端渐尖。雄蕊贴生于花冠筒的近基部，外露；花药黄色，椭圆状卵球形。果实纺锤形至椭球状，正下方环裂，有 2 或 3 枚种子。种子黑褐色，椭圆形至卵球状椭圆形，有时具角，在腹面具 1 浅槽；子叶平行于腹侧。

▶**花 果 期**　4—5 月。

▶**分　　布**　重庆（丰都、忠县、江津）。

▶**生　　境**　生于江心冲积岛。

▶**用　　途**　具科研及生态价值。

▶**致危因素**　生境丧失。

长柱玄参

（玄参科　Scrophulariaceae）

Scrophularia stylosa P.C. Tsoong

国家重点保护级别	CITES 附录	IUCN 红色名录
二级		易危（VU）

▶**形态特征**　草本。茎高达 60 cm，不分枝或上部具短分枝，中空，生有在下部较疏而在上部较密的腺毛。叶全部对生，下面两对极小；叶柄长达 4 cm，有狭翅；叶片质地较薄，狭卵形至宽卵形，长达 9 cm，基部宽楔形至亚心形，上面绿色，下面带灰白色，边缘有大尖齿，稀浅圆齿，齿长达 5 mm，基部宽过于长。聚伞花序具 1~3 朵花，全部腋生，总梗和花梗细长，生腺柔毛，前者长达 1.5 cm，后者长达 2.5 cm；花萼长 4~5 mm，具短腺毛，裂片披针状卵形至披针形，顶端尖。花冠淡黄色，长 15~18 mm，花冠筒稍膨大，长 9~11 mm，上唇较下唇长 1.5 mm，裂片近圆形，边缘相互重叠，下唇裂片均为圆卵形，中裂片稍大；雄蕊略短于下唇，退化雄蕊倒心形，长约 0.5 mm；子房长约 3 mm，具长约 8 mm 的花柱。蒴果尖卵形，连同短喙长 9~11 mm。

▶**花　果　期**　花期 6 月，果期 7—9 月。

▶**分　　　布**　陕西（太白山南坡佛坪县）。

▶**生　　　境**　生于石崖上。

▶**用　　　途**　未知。

▶**致危因素**　物种内在因素。

盾鳞狸藻

(狸藻科　Lentibulariaceae)

Utricularia punctata Wall. ex A. DC.

国家重点保护级别	CITES 附录	IUCN 红色名录
二级		无危（LC）

▶**形态特征**　水生草本。通常无假根。匍匐枝圆柱状，具稀疏的分枝，无毛。叶器多数，互生，长 2～6 cm，2 或 3 深裂几达基部，裂片先羽状深裂，后二至数回二歧状深裂；末回裂片毛发状，顶端及边缘具小刚毛，其余部分无毛。捕虫囊少数，侧生于叶器裂片上，斜卵球形，侧扁，具短柄；口侧生，边缘疏生小刚毛，上唇具 2 条分枝的刚毛状附属物，下唇无附属物。花序直立，中部以上具 5～8 朵多少疏离的花，无毛；花序梗具 1～2 个与苞片同形的鳞片；苞片呈盾状，卵形，顶端急尖，基部圆形；无小苞片；花梗丝状。花萼 2 裂达基部，无毛，裂片近相等，圆形，上唇长1.8 mm，下唇长 1.5 mm。花冠淡紫色，喉突具黄斑；上唇近圆形；下唇较大，横长圆状椭圆形，基部耳状，顶端圆形，两侧边缘内卷，喉凸隆起呈浅囊状；距圆锥状，稍弯曲，略短于下唇并与其平行或成锐角叉开。雄蕊无毛；花丝线形，上方明显膨大；药室汇合。雌蕊无毛；子房卵球形，表面具微小的疣状突起；花柱约与子房等长；

柱头下唇圆形，上唇微小，正三角形。蒴果椭圆球形，果皮膜质，无毛，室背开裂。种子少数，双凸镜状，边缘环生具不规则牙齿的翅。

▶**花 果 期**　花期 6—8 月，果期 7—9 月。

▶**分　　布**　福建、广西；印度尼西亚、马来西亚、缅甸、泰国、越南等。

▶**生　　境**　生于低海拔的稻田、灌溉渠中。

▶**用　　途**　未知。

▶**致危因素**　生境破坏或丧失。

苦梓

（唇形科 Lamiaceae）

Gmelina hainanensis Oliv.

国家重点保护级别	CITES 附录	IUCN 红色名录
二级		

▶**形态特征** 乔木。高约 15 m，胸径可达 50 cm。树干直，树皮灰褐色，呈片状脱落；幼枝被黄色茸毛，老枝无毛，枝条有明显的叶痕和皮孔；芽被淡棕色茸毛。叶对生，厚纸质，卵形或宽卵形，长 5~16 cm，宽 4~8 cm，全缘，稀具 1~2 枚粗齿，顶端渐尖或短急尖，基部宽楔形至截形，基生脉三出，侧脉 3~4 对，在背面隆起。聚伞花序排成顶生圆锥花序，总花梗长 6~8 cm，被黄色茸毛；苞片叶状，卵形或卵状披针形，近无柄，两面被灰色茸毛和盘状腺点。花萼钟状，呈二唇形，外面被毛及腺点，顶端 5 裂，裂片卵状三角形，顶端钝圆或渐尖；花冠漏斗状，黄色或淡紫红色，两面均有灰白色腺点，呈二唇形，下唇 3 裂，中裂片较长，上唇 2 裂；2 强雄蕊，长雄蕊和花柱稍伸出花冠管外，花丝扁，疏生腺点，花药背面疏生腺点；子房上部具毛，下部无毛。核果倒卵形，顶端截平，肉质，着生于宿存花萼内。

▶**花 果 期** 花期 5—6 月，果期 6—9 月。

▶**分　　布** 江西南部、广东、广西。

▶**生　　境** 生于海拔 250~500 m 的山坡疏林中。

▶**用　　途** 作木材。

▶**致危因素** 生境破坏、人为砍伐。

保亭花

（唇形科　Lamiaceae）

Wenchengia alternifolia C.Y. Wu et S. Chow

国家重点保护级别	CITES 附录	IUCN 红色名录
二级		极危（CR）

▶**形态特征**　矮小亚灌木。茎圆，中实。叶除茎中部 1～2 对近对生外，全部互生；叶片倒披针形，先端钝，基部楔形下延，侧脉 4～5 对。顶生总状花序；苞片线状披针形，与花梗等长。花萼漏斗形，19 脉，5 浅齿，前 2 齿特宽大。花冠粉红色，斜管状钟形，5 脉，内面于冠筒中部具髯毛，冠筒长达 16 mm，中部以上弓曲，冠檐二唇形，上唇小，先端 2 浅裂，稍内凹，下唇大，3 深裂。雄蕊 4 枚，后对较长，花丝着生于花冠筒上，花药 2 室，室呈 140° 极叉开。花柱先端 2 裂，裂片菱形。花托盘状，中央具喙状突起。子房顶端浅 4 裂。小坚果 4 枚，倒卵形，背腹向压扁，具侧腹的合生面，合生面为果长 1/3，外果皮薄，外面 5 条纵肋，顶部具瘤状突起及单毛。种子倒卵形，种皮近革质，光滑，胚直，子叶肉质，具短而向下的胚根。

▶**花　果　期**　花期 9 月，果期 9—11 月。

▶**分　　布**　海南；越南。

▶**生　　境**　生于热带雨林。

▶**用　　途**　未知。

▶**致危因素**　生境破坏、资源破坏。

草苁蓉

（列当科　Orobanchaceae）

Boschniakia rossica (Cham. et Schltdl.) B. Fedtsch.

国家重点保护级别	CITES 附录	IUCN 红色名录
二级		易危（VU）

▶**形态特征**　寄生草本，高 15～35 cm。根状茎圆柱状，通常有 2～3 条直立的茎。茎不分枝，粗壮，中部直径 1.5～2 cm。叶密集生于茎近基部，向上渐变稀疏，三角形或宽卵状三角形，长、宽为 6～8（～10）mm。花序穗状，圆柱形；苞片 1 枚，宽卵形或近圆形。花萼杯状，顶端不整齐地 3～5 齿裂；裂片狭三角形或披针形，不等长，后面 2 枚常较小或近无，前面 3 枚长 2.5～3.5 mm。花冠宽钟状，暗紫色或暗紫红色，筒膨大成囊状；上唇直立，近盔状，下唇极短，3 裂，裂片三角形或三角状披针形，常向外反折。雄蕊 4 枚，花丝着生于距筒基部 2.5～3.5 mm 处，基部疏被柔毛，向上渐变无毛，花药卵形，长约 1.2 mm，无毛，药隔较宽。雌蕊由 2 枚合生心皮组成，子房近球形，胎座 2 枚，横切面 "T" 形，柱头 2 浅裂。蒴果近球形，2 瓣开裂。种子椭圆球形，种皮具网状纹饰，网眼多边形，不呈漏斗状，网眼内具规则的细网状纹饰。

▶**花 果 期**　花期 5—7 月，果期 7—9 月。

▶**分　　布**　黑龙江、吉林、内蒙古。

▶**生　　境**　生于山坡、林下低湿处及河边；寄生于其他植物上。

▶**用　　途**　药用。

▶**致危因素**　过度采集。

肉苁蓉

（列当科　Orobanchaceae）

Cistanche deserticola Ma

国家重点保护级别	CITES 附录	IUCN 红色名录
二级	附录 II	濒危（EN）

▶**形态特征**　寄生草本，大部分地下生。茎不分枝或自基部分 2 ～ 4 枝。叶宽卵形或三角状卵形，长 0.5 ～ 1.5 cm，宽 1 ～ 2 cm，生于茎下部的较密，上部的较稀疏并变狭，披针形或狭披针形。花序穗状；花序下半部或全部苞片较长，与花冠等长或稍长，连同小苞片和花冠裂片外面及边缘疏被柔毛或近无毛；小苞片 2 枚，卵状披针形或披针形，与花萼等长或稍长。花萼钟状，顶端 5 浅裂，裂片近圆形。花冠筒状钟形，顶端 5 裂，裂片近半圆形，边缘常稍外卷，颜色有变异，淡黄白色或淡紫色，干后常变棕褐色。雄蕊 4 枚，花丝着生于距筒基部 5 ～ 6 mm 处，基部被皱曲长柔毛，花药长卵形，密被长柔毛，基部有骤尖头。子房椭圆形，长约 1 cm，基部有蜜腺，花柱比雄蕊稍长，无毛，柱头近球形。蒴果卵球形，顶端常具宿存的花柱，2 瓣开裂。种子椭球形或近卵形，外面网状，有光泽。

▶**花 果 期**　花期 5—6 月，果期 6—8 月。

▶**分　　布**　内蒙古、宁夏（阿佐旗）、甘肃（昌马）、新疆。

▶**生　　境**　生于荒漠的沙丘，寄生于梭梭根部。

▶**用　　途**　药用。

▶**致危因素**　直接采挖或砍伐、生境退化或丧失。

管花肉苁蓉

（列当科 Orobanchaceae）

Cistanche mongolica (Schenk) Wight ex Hook.f

国家重点保护级别	CITES 附录	IUCN 红色名录
二级		易危（VU）

▶**形态特征**　寄生草本，高 60 ~ 100 cm。茎不分枝。叶三角形。花序穗状，长 12 ~ 18 cm；苞片卵状披针形，两侧无毛，边缘短柔毛；小苞片线状披针形。花冠玫瑰色或紫白色，管状漏斗状，基部无毛；裂片 5 枚，近圆形，近等长，无毛。花丝基部密被黄白色长柔毛；花药卵球形，4 ~ 6 mm，密被长柔毛，基部钝圆形。子房长卵球形。柱头压扁球形。蒴果长球形，种子近球形，深棕色。

▶**花 果 期**　花期 5—7 月，果期 7—8 月。

▶**分　　布**　新疆南部。

▶**生　　境**　生于沙地，寄生于柽柳属植物根上。

▶**用　　途**　未知。

▶**致危因素**　生境退化或丧失。

崖白菜

（列当科　Orobanchaceae）

Triaenophora rupestris (Hemsl.) Soler.

国家重点保护级别	CITES 附录	IUCN 红色名录
二级		濒危（EN）

▶**形态特征**　多年生草本。植体密被白色绵毛，在茎、花梗、叶柄及萼上的绵毛常结成网膜状，高 25 ~ 50 cm。茎简单或基部分枝，多少木质化。基生叶较厚，多少革质，具长 3 ~ 6 cm 的柄；叶片卵状矩圆形，长椭圆形，长 7 ~ 13 cm，两面被白色绵毛或近于无毛，边缘具粗锯齿或为多少带齿的浅裂片，顶部钝圆，基部近于圆形或宽楔形。花具长 0.6 ~ 2 cm 的梗；小苞片条形，长约 5 mm，着生于花梗中部；萼长 1 ~ 1.5 cm，小裂齿长 3 ~ 6 mm；花冠紫红色，狭筒状，伸直或稍弯曲，长约 4 cm，外面被多细胞长柔毛；上唇裂片宽卵形，长约 5 mm，宽 6 mm；下唇裂片矩圆状卵形，长约 6 mm，宽 5 mm；花丝无毛，着生处被长柔毛；子房卵形，无毛，长约 5 mm；花柱先端 2 裂，裂片近于圆形。蒴果矩球形。种子小，矩球形。

▶**花 果 期**　花期 7—9 月。

▶**分　　布**　湖北。

▶**生　　境**　生于悬岩上。

▶**用　　途**　药用。

▶**致危因素**　生境退化或丧失、过度采集、物种内在因素。

扣树

（冬青科　Aquifoliaceae）

Ilex kaushue S.Y. Hu

国家重点保护级别	CITES 附录	IUCN 红色名录
二级		

▶**形态特征**　常绿乔木。小枝粗壮，近圆柱形，褐色，具纵棱及沟槽。叶生于 1～2 年生枝上，叶片革质，长圆形至长圆状椭圆形，长 10～18 cm，宽 4.5～7.5 cm，先端急尖或短渐尖，基部钝或楔形，边缘具重锯齿或粗锯齿，主脉在叶面凹陷，在背面隆起，侧脉 14～15 对，两面显著，在叶缘附近网结，细脉网状，两面密而明显；叶柄长 2～2.2 cm，上面具浅沟槽，被柔毛，背面近圆形，多皱纹；托叶早落。雌雄异株，聚伞状圆锥花序或假总状花序生于当年生枝叶腋内，芽密集成头状，基部具阔卵形或近圆形苞片。雄花：每聚伞花序具 3～4（～7）朵花；花萼盘状，深裂，裂片阔卵状三角形，膜质；花瓣 4 片，卵状长圆形；雄蕊 4 枚，短于花瓣，花药椭圆形；不育子房卵球形。果序假总状，腋生，果梗粗，被短柔毛或变无毛；果球形，成熟时红色；宿存花萼伸展，裂片三角形，疏具缘毛，宿存柱头脐状。核长圆形，具网状条纹及沟，侧面多皱及洼点，内果皮石质。

▶**花 果 期**　花期 5—6 月，果期 7—10 月。

▶**分　　布**　湖北（兴山、来凤）、湖南（保靖）、广东（高要、乳源、英德）、广西（武鸣、大新、天峨）、海南、四川（合川）、云南（麻栗坡）。

▶**生　　境**　生于海拔 1000～1200 m 的密林中。

▶**用　　途**　叶子可加工作苦丁茶。

▶**致危因素**　生境被破坏。

刺萼参

Echinocodon draco (Pamp.) D.Y. Hong

国家重点保护级别	CITES 附录	IUCN 红色名录
二级		极危（CR）

▶**形态特征**　多年生草本。植株散生，无毛。根直径可达 5 mm。茎长 40 cm，多分枝。叶柄长 5 ~ 10 mm；叶片背面绿色灰色，正面绿色，椭圆形，长 5 ~ 20 mm，宽 3 ~ 15 mm，基部狭楔形，边缘羽状深裂近至中脉或至中部，先端钝，花单朵顶生，或 2 ~ 3 朵集成聚伞花序。花梗长 1 ~ 5 cm。萼裂片卵状披针形，长 2 ~ 6 mm，宽 1 ~ 3 mm。花冠紫蓝色，筒状，长 3 ~ 4.5 mm，常 5 裂，裂片与筒部近等长。雄蕊约长 1.5 mm；花药狭长圆形，长约 1 mm。花柱长 1 mm；柱头裂片线形，下弯。蒴果球状，直径 3 ~ 5 mm，上部圆锥形，长可达 2 mm。种子长约 0.3 mm。

▶**花 果 期**　6—7 月。

▶**分　　布**　湖北（郧西）、陕西（山阳、白河）。

▶**生　　境**　生于多石山坡。

▶**用　　途**　具科研价值。

▶**致危因素**　生境被破坏。

白菊木

（菊科 Asteraceae）

Leucomeris decora Kurz

国家重点保护级别	CITES 附录	IUCN 红色名录
二级		

▶**形态特征** 落叶乔木，高（1～）3～8（～10）m。叶互生，长 8～18 cm，宽 3～6 cm，具柄，边缘浅波状，上面光滑，仅幼时被毛，下面被茸毛。头状花序为同型的管状花，通常 8～12 个或有时更多复聚成复头状花序；总苞倒锥形，总苞片 6～7 层；花序托圆盘状，无毛；花先叶开放，小花花冠白色，5 深裂，全部两性。瘦果圆柱形，具纵棱，密被倒伏的绢毛；冠毛多数，2 层，外层略短，粗糙，刚毛状。

▶**花 果 期** 花期 3—4 月，果期 4—5 月。

▶**分 布** 云南南部至西部，北至大理；越南、泰国、缅甸。

▶**生 境** 生于海拔 1100～1900 m 的山地林中。

▶**用 途** 树皮可入药，治咳嗽及枪伤刀伤。

▶**致危因素** 人为砍伐、自然更新较难。

巴郎山雪莲

（菊科　Asteraceae）

Saussurea balangshanensis Zhang Y. Z. & Sun H.

国家重点保护级别	CITES 附录	IUCN 红色名录
二级		

▶**形态特征**　多年生草本，高 8 ~ 17 cm。茎直立，密被毛，上部茎膨胀且中空。基部叶和茎下部叶线形到线状披针形，两面同色，叶表面有腺毛，叶缘和中脉密被毛，叶基部狭楔形，边缘深波状，有锯齿，最上部叶卵形至三角形。头状花序多数，8 ~ 20 个，无柄，在茎端密集成半球状的总花序；总苞圆柱形至倒圆锥形，较小，直径 6 ~ 8 mm，苞片倒披针形；小花紫色。瘦果（未成熟的）褐色，无毛；冠毛浅褐色；外层短，糙毛状，外层长，羽毛状。

▶**花 果 期**　8—10 月。

▶**分　　布**　四川（小金县巴朗山）。

▶**生　　境**　生于海拔 4500 ~ 4700 m 的高山流石滩。

▶**用　　途**　未知。

▶**致危因素**　种群数量小，栖息地很容易被旅游和过度放牧所扰乱或破坏。

雪兔子

（菊科　Asteraceae）

Saussurea gossipiphora D. Don

国家重点保护级别	CITES 附录	IUCN 红色名录
二级		

▶**形态特征**　多年生草本，高 9～30（～48）cm，被稠密的白色或黄褐色的厚棉毛。下部叶长椭圆形或线状长椭圆形，包括叶柄长达 14 cm，宽 0.4～1.4 cm，叶边缘有尖齿或浅齿，上部叶渐小，最上部叶苞叶状，线状披针形，长达 6 cm，常向下反折。头状花序无小花梗，多数，在茎端密集成半球状的总花序；总苞宽圆柱形，总苞片 3～4 层，外面被棉毛；小花紫红色。瘦果黑色，圆柱形；冠毛淡褐色，2 层，外层短，糙毛状，外层长，羽毛状。

▶**花 果 期**　7—9 月。

▶**分　　布**　云南、西藏；尼泊尔、印度。

▶**生　　境**　生于海拔 4500～5000 m 的高山流石滩、山坡岩缝中、山顶沙石地。

▶**用　　途**　全草入药，主治妇女病及风湿性关节炎。

▶**致危因素**　生境特殊、过度采集、自然种群小。

雪莲花

（菊科　Asteraceae）

Saussurea involucrata (Kar. & Kir.) Sch.Bip.

国家重点保护级别	CITES 附录	IUCN 红色名录
二级		

▶**形态特征**　多年生草本，高 15~50 cm。基部叶和茎生叶无柄，椭圆形或卵状椭圆形，长 8~13 cm，宽 2~4 cm，边缘有尖齿，两面无毛，最上部叶苞叶状，膜质，淡黄色，包围总花序。头状花序 10~20 个，在茎顶密集成球形的总花序；总苞半球形，总苞片 3~4 层，边缘或全部紫褐色；小花紫色。瘦果长圆形；冠毛污白色，2 层，外层短，糙毛状，内层长，羽毛状。

▶**花　果　期**　7—9 月。

▶**分　　　布**　新疆；俄罗斯、哈萨克斯坦。

▶**生　　　境**　生于海拔 2400~3470 m 的山坡、山谷、石缝、水边和草甸。

▶**用　　　途**　药用，也具观赏价值。

▶**致危因素**　种群数量小、生长期长、再生困难、采集过度。

绵头雪兔子

（菊科　Asteraceae）

Saussurea laniceps Hand.-Mazz.

国家重点保护级别	CITES 附录	IUCN 红色名录
二级		

▶**形态特征**　多年生草本，高 15 ~ 45 cm。茎上部被白色或淡褐色的稠密棉毛，基部有褐色残存的叶柄；叶极密集，倒披针形、狭匙形或长椭圆形，长 8 ~ 15 cm，宽 1.5 ~ 2 cm，边缘全缘或浅波状。头状花序多数，无小花梗，在茎端密集成圆锥状穗状花序；总苞宽钟状，总苞片 3 ~ 4 层；小花白色。瘦果圆柱状；冠毛鼠灰色，2 层，外层短，糙毛状，内层长，羽毛状。

▶**花 果 期**　8—10 月。

▶**分　　布**　四川、云南、西藏。

▶**生　　境**　生于海拔 3200 ~ 5280 m 的高山流石滩。

▶**用　　途**　带根全草入药，外用于创伤出血。

▶**致危因素**　生境特殊、种群数量小、过度采集。

水母雪兔子

（菊科　Asteraceae）

Saussurea medusa Maxim

国家重点保护级别	CITES 附录	IUCN 红色名录
二级		

▶**形态特征**　多年生草本，高 6～20 cm。茎直立，密被白色棉毛。叶密集，下部叶倒卵形、扇形、圆形或长圆形至菱形，连叶柄长达 10 cm，宽 0.5～3 cm，上半部边缘有 8～12 个粗齿，上部叶渐小，卵形或卵状披针形，最上部叶线形或线状披针形。头状花序多数，在茎端密集成半球形的总花序，苞叶线状披针形，两面被白色长棉毛；总苞狭圆柱状，总苞片 3 层；小花蓝紫色。瘦果纺锤形，浅褐色；冠毛白色，2 层，外层短，糙毛状，内层长，羽毛状。

▶**花 果 期**　7—9 月。

▶**分　　布**　甘肃、青海、四川、云南、西藏；克什米尔地区。

▶**生　　境**　生于海拔 3000～5600 m 的多砾石山坡和高山流石滩。

▶**用　　途**　全草入药。

▶**致危因素**　生境特殊及破碎化、过度采集。

阿尔泰雪莲

（菊科　Asteraceae）

Saussurea orgaadayi Khanm. & Krasnob.

国家重点保护级别	CITES 附录	IUCN 红色名录
二级		

▶**形态特征**　草本，高 40 ~ 65 cm。茎直立，中空，基部被叶柄残余覆盖。基部和下部叶椭圆形至狭椭圆状卵形，长 6 ~ 16 cm，宽 3 ~ 4 cm，最上部茎生叶卵形至狭三角状卵形，呈淡黄色，膜质，星状排列围绕着花序，边缘具齿，通常宽超过 3 cm。头状花序 20 ~ 30 个，无梗或具短梗，组成半球形的总花序；总苞钟状，总苞片 3 ~ 5 层；小花紫色。瘦果麦秆色，具黑色斑点，圆筒状；冠毛麦秆色，外层短，糙毛状，内层长，羽毛状。

▶**花 果 期**　花期 7—8 月，果期 8—10 月。

▶**分　　布**　新疆；蒙古、俄罗斯。

▶**生　　境**　生于海拔 3000 m 的高山砾石带。

▶**用　　途**　全草入药。

▶**致危因素**　生境特殊、自然种群少、过度采集。

革苞菊

（菊科　Asteraceae）

Tugarinovia mongolica Iljin

国家重点保护级别	CITES 附录	IUCN 红色名录
二级		

▶**形态特征**　多年生低矮草本，雌雄异株，具粗壮的木质化根状茎，顶端常被具棉毛的宿存叶柄包裹。叶多数，莲座状，叶柄基部扩大，被长茸毛，叶片长圆形，长 7～15 cm，宽 2～4 cm，革质，被疏或密的蛛丝状毛或茸毛，羽状深裂或浅裂。头状花序在茎端单生，下垂；总苞倒卵圆形，总苞片 3～4 层，被蛛丝状棉毛，外层较宽长，革质，绿色，有浅齿和生于齿端的黄色刺，内层较短，线状披针形，无齿，上部稍紫红色，顶端有刺；花托无托片；小花全部管状，花冠白色。瘦果无毛；冠毛污白色，有不等长而且上部稍粗厚的微糙毛。

▶**花　果　期**　5—6 月。

▶**分　　　布**　内蒙古；蒙古南部。

▶**生　　　境**　生于海拔 800～1500 m 的荒漠草原、石质丘陵的顶部或沙砾质坡地。

▶**用　　　途**　蒙古高原植物区系特有植物，对研究亚洲中部植物的起源和演化有价值。

▶**致危因素**　人为破坏、过度放牧。

七子花

Heptacodium miconioides Rehd.

（忍冬科　Caprifoliaceae）

国家重点保护级别	CITES 附录	IUCN 红色名录
二级		濒危（EN）

▶**形态特征**　灌木或小乔木，植株高可达 7 m。幼枝略呈棱形，红褐色，疏被短柔毛；茎干树皮灰白色，片状剥落。叶厚纸质，卵形或矩圆状卵形，长 8 ~ 15 cm，宽 4 ~ 8.5 cm，顶端长尾尖，基部钝圆或略呈心形，下面脉上有稀疏柔毛，具长 1 ~ 2 cm 的柄。圆锥花序近塔形，长 8 ~ 15 cm，宽 5 ~ 9 cm，具 2 ~ 3 节；花序分枝开展，上部的长约 1.5 cm，下部的长 2.5 ~ 4 cm；小花序头状，各对小苞片形状、大小不等，最外一对有缺刻。花芳香；萼裂片长 2 ~ 2.5 mm，与萼筒等长，密被刺刚毛；花冠长 1 ~ 1.5 cm，外面密生倒向短柔毛。果实长 1 ~ 1.5 cm，直径约 3 mm，具 10 枚条棱，疏被刺刚毛状绢毛，宿存萼有明显的主脉。种子长 5 ~ 6 mm。

▶**花 果 期**　花期 6—7 月，果熟期 9—11 月。

▶**分　　布**　湖北（兴山）、浙江（天台山、四明山、义乌北山、昌化汤家湾）、安徽（泾县、宣城）。

▶**生　　境**　生于海拔 600 ~ 1000 m 的悬崖峭壁、山坡灌丛和林下。

▶**用　　途**　观赏。

▶**致危因素**　直接采挖或砍伐。

丁香叶忍冬

（忍冬科　Caprifoliaceae）

Lonicera oblata K.S. Hao ex P.S. Hsu et H.J. Wang

国家重点保护级别	CITES 附录	IUCN 红色名录
二级		易危（VU）

▶**形态特征**　落叶灌木，高达 2 m。幼枝浅褐色，略呈四角形，老枝灰褐色；幼枝、芽的外鳞片、叶上面中脉和叶下面、叶柄、总花梗及苞片外面均被疏或密的短腺毛。冬芽有 2 对卵形、顶长尖的外鳞片。叶厚纸质，三角状宽卵形至菱状宽卵形，顶端短突尖而钝头或钝形，基部宽楔形至截形，长、宽均 2.5 ~ 5.3 cm；叶柄长 1.5 ~ 2.5 cm。总花梗出自当年小枝的叶腋，长 7 ~ 10 mm；苞片钻形，长达萼筒之半或不到；杯状小苞长为萼筒的 1/3 ~ 2/5，具腺缘毛；花冠黄白色，两侧对称，长约 1.3 cm；相邻两萼筒分离，无毛，萼檐杯状，齿不明显。果实红色，圆形，直径约 6 mm。种子近球形或卵球形，长 3 ~ 4 mm，稍扁平，淡棕褐色。

▶**花 果 期**　果期 7 月。

▶**分　　布**　河北（内丘）、山西、北京。

▶**生　　境**　生于多石山坡。

▶**用　　途**　未知。

▶**致危因素**　种间影响。

匙叶甘松

（忍冬科　Caprifoliaceae）

Nardostachys jatamansi (D. Don) DC.

国家重点保护级别	CITES 附录	IUCN 红色名录
二级		极危（CR）

▶**形态特征**　多年生草本。根状茎木质、粗短，下面有粗长主根，密被叶鞘纤维，有烈香。叶丛生，长匙形或线状倒披针形，长 3～25 cm，宽 0.5～2.5 cm，主脉平行三出，无毛或微被毛，全缘，顶端钝渐尖，基部渐窄而为叶柄，叶柄与叶片近等长；花茎旁出，茎生叶 1～2 对，下部的椭圆形至倒卵形，基部下延成叶柄，上部的倒披针形至披针形，有时具疏齿，无柄。花序为聚伞性头状，顶生，直径 1.5～2 cm，花后主轴及侧轴常不明显伸长；花序基部有 4～6 片披针形总苞，每花基部有窄卵形至卵形苞片 1 枚，与花近等长，小苞片 2 枚，较小。花萼 5 齿裂，果时常增大。花冠紫红色、钟形，基部略偏突，裂片 5 条，宽卵形至长圆形，花冠筒外面多少被毛，里面有白毛；雄蕊 4 枚，与花冠裂片近等长，花丝具毛；子房下位，花柱与雄蕊近等长，柱头头状。瘦果倒卵形，被毛；宿萼不等 5 裂，裂片三角形至卵形，顶端渐尖，稀为突尖，具明显的网脉，被毛。

▶**花 果 期**　花期 6—8 月。

▶**分　　布**　四川、云南、西藏。

▶**生　　境**　生于高山灌丛、草地。

▶**用　　途**　作香料用。

▶**致危因素**　生境破坏、人为采挖。

疙瘩七

Panax bipinnatifidus Seem.

（五加科　Araliaceae）

国家重点保护级别	CITES 附录	IUCN 红色名录
二级		濒危（EN）

▶**形态特征**　多年生草本，根状茎为串珠疙瘩状，稀竹节状。茎直，无毛。掌状复叶，叶 3 ~ 5 枚，轮生在茎顶端；叶柄基部没有托叶或者托叶状的附属物；小叶边缘具锯齿。花序通常单生，顶生伞形花序具 50 ~ 80 朵花；花序梗长 12 ~ 21 cm，无毛或稍具短柔毛；花梗 7 ~ 12 mm；花丝短于花瓣，子房 2 ~ 5 室；花柱 2 ~ 5 枚，合生至中部。果近球形，成熟时红色、黑色或仅顶部黑色；种子 2 ~ 5 枚，白色，三角状卵球形。

▶**花 果 期**　花期 5—6 月，果期 7—9 月。

▶**分　　布**　甘肃、湖北、陕西、四川、西藏、云南；不丹、印度、缅甸、尼泊尔。

▶**生　　境**　生于海拔 1800 ~ 3400 m 的山谷中的常绿阔叶林中。

▶**用　　途**　药用。

▶**致危因素**　过度采挖。

▶**备　　注**　本种变异复杂，分类研究有待深入开展。

人参

（五加科　Araliaceae）

Panax ginseng C.A. Mey.

国家重点保护级别	CITES 附录	IUCN 红色名录
二级	附录 II	极危（CR）

▶**形态特征**　多年生草本，高 30 ~ 60 cm。根为梭形或圆柱形。掌状复叶，叶 3 ~ 6 枚，在茎的顶端轮生；叶柄基部没有托叶或托叶状附属物；小叶 3 ~ 5 枚，膜质，背面无毛，正面疏生刚毛，基部宽楔形，边缘密具细锯齿，先端长渐尖；中央小叶椭圆形到长圆形椭圆形；侧生小叶卵形到菱形卵形，（2 ~ 4）cm ×（1.5 ~ 3）cm。花序单生，顶生伞形花序具 30 ~ 50 朵花；花序梗长 15 ~ 30 cm，通常长于叶柄；花梗长 0.8 ~ 1.5 cm。子房 2 室，花柱 2 枚，离生。果扁球形，成熟时红色，（4 ~ 5）mm ×（6 ~ 7）mm，种子肾状，白色。

▶**花果期**　花期 6—7 月，果期 7—8 月。

▶**分　布**　黑龙江、吉林、辽宁；俄罗斯、朝鲜半岛。

▶**生　境**　生于混交林、落叶阔叶林中。

▶**用　途**　药用。

▶**致危因素**　环境改变、野生资源稀少、过度采挖。

三七

（五加科　Araliaceae）

Panax notoginseng (Burkill) F.H. Chen

国家重点保护级别	CITES 附录	IUCN 红色名录
二级		野外绝灭（EW）

▶**形态特征**　多年生草本，高 20 ~ 60 cm。主根肉质，1 条至多条，呈纺锤形。茎暗绿色，茎先端变紫色，光滑无毛，具纵向粗条纹。叶 3 ~ 6 枚，在茎端轮生，掌状复叶，小叶 5 ~ 7 枚；叶柄长 5 ~ 11.5 cm，具条纹，光滑无毛；叶片膜质，中央的最大，长椭圆形至倒卵状长椭圆形，长 7 ~ 13 cm，宽 2 ~ 5 cm，先端渐尖至长渐尖，基部阔楔形至圆形，两侧叶片最小，椭圆形至椭圆状长卵形，先端渐尖至长渐尖，基部偏斜，边缘具重细锯齿，齿尖具短尖头，两面沿脉疏被刚毛，主脉与侧脉在两面凸起，网脉不显。花序单生，顶生伞形花序具 80 ~ 100（或更多）朵花；花序梗长 7 ~ 25 cm，有条纹，无毛或疏生短柔毛，花序梗与叶柄基部接合处簇生刚毛状或披针状附属物；苞片多数簇生于花梗基部，卵状披针形，花梗长 1 ~ 2 cm，纤细，稍被短柔毛。子房下位，2 室，花柱 2 枚。果实扁球状肾状，成熟后为鲜红色。种子 2 枚，三角形卵球形，稍有 3 棱。

▶**花 果 期**　花期 7—8 月，果期 8—10 月。

▶**分　　布**　野外灭绝，云南东南部及广西西南部有栽培。

▶**生　　境**　生于海拔 1200 ~ 1800 m 的森林中。

▶**用　　途**　药用。

▶**致危因素**　过度采挖。

假人参

（五加科　Araliaceae）

Panax pseudoginseng Wallich

国家重点保护级别	CITES 附录	IUCN 红色名录
二级		

▶**形态特征**　多年生草本，高约 50 cm。根茎短，竹鞭状，横生，有肉质根。地生茎单生，高约 40 cm。叶为掌状复叶，叶柄基部和小叶柄具多数披针形托叶状的附属物；小叶 3 或 4 枚，倒卵状椭圆形到倒卵状长圆形，长 9 ~ 10 cm，宽 3.5 ~ 4 cm（侧生叶偏小），膜质，背面无毛，正面脉上具长 1.5 ~ 2 mm 的刚毛，基部渐狭，边缘重锯齿，先端长尾状渐尖。花序单生，顶生伞形花序具 20 ~ 50 朵花；总花序梗长约 12 cm；花绿色，花梗长约 1 cm，无毛。子房 2 室，花柱 2 枚，离生，反折。

▶**花 果 期**　花期 6—7 月，果期 8—9 月。

▶**分　　布**　西藏；尼泊尔。

▶**生　　境**　生于海拔 2400 ~ 4200 m 的森林中。

▶**用　　途**　药用。

▶**致危因素**　过度采挖。

屏边三七

（五加科　Araliaceae）

Panax stipuleanatus C.T. Tsai & K.M. Feng

国家重点保护级别	CITES 附录	IUCN 红色名录
二级		濒危（EN）

▶**形态特征**　多年生草本，高 30～55 cm。根茎匍匐，有结节，节间极短，有凹陷的茎痕，节上有纤细的须根。根块状纺锤形；茎圆柱形，具条纹，绿色，无毛。掌状复叶，叶 3～4 枚轮生在茎的顶端；叶柄长 4～7 cm，无毛，托叶卵形，长约 2 mm，无毛；小叶 5 枚，稀为 7 枚，膜质，在脉上正面生刚毛，基部宽楔形或近圆形，边缘有锯齿和刚毛，先端尾状渐尖。花序单生，顶生伞形花序具 50～80 朵花；花序梗长 8～10 cm，无毛，花丝与花瓣近等长或稍长；子房 2 室，花柱合生。果近球形或球状肾状，成熟时红色，直径约 8 mm。种子 2 枚，近球形至球状肾形。

▶**花　果　期**　花期 5—6 月，果期 7—8 月。

▶**分　　布**　云南东南部；越南北部。

▶**生　　境**　生于海拔 1100～1700 m 的潮湿山谷中的森林。

▶**用　　途**　药用。

▶**致危因素**　过度采挖。

越南参

（五加科　Araliaceae）

Panax vietnamensis Ha & Grushv.

国家重点保护级别	CITES 附录	IUCN 红色名录
二级		

▶**形态特征**　多年生草本植物，高 50 ~ 90 cm。根状茎匍匐生长，竹鞭状，节间间隔非常紧密，外表面黄褐色。肉质的根附着在根状茎下，块状，纺锤形或近圆锥状。茎直立，细长，绿色，无毛。叶 3 或 4 枚，很少 5 枚，掌状复生，轮生的在茎的顶部；叶柄长 8 ~ 13 cm，无毛，没有托叶或托叶状的附属物；小叶通常 5 枚（极少 7 枚），叶片膜质，卵形或椭圆形，侧脉 5 ~ 8 对，叶两面沿脉有明显的刚毛，基部楔形或渐狭，边缘具规则的锯齿，罕重锯齿。伞形花序具 40 ~ 80 朵花；花序梗长 10 ~ 18 cm，密被乳突和细腺。花梗密被乳头状细腺；花托杯状；萼片 5 枚，三角形，无毛；花瓣 5 片，倒卵形，无毛；雄蕊花丝与花瓣等长或短于花瓣。果卵形，扁平。种子 1 枚（稀 2 枚），扁平，卵形。

▶**花 果 期**　未知。

▶**分　　布**　安徽、广西、贵州、湖南、江西、四川、云南、浙江；越南。

▶**生　　境**　未知。

▶**用　　途**　药用。

▶**致危因素**　过度采挖。

峨眉三七

（五加科　Araliaceae）

Panax wangianum S.C. Sun

国家重点保护级别	CITES 附录	IUCN 红色名录
二级		

▶**形态特征**　多年生草本，高 47 cm 以上，茎平滑。根状茎串珠状或竹鞭状。根通常不膨大，纤维状，稀侧根或主根膨大。叶 5 枚，指状，顶端轮生，叶柄长 8 ~ 10 cm，光滑；小叶 7 枚，小叶长圆形至椭圆状长圆形，长为宽的 2.5 ~ 4 倍，先端通常尾状渐尖，边缘具重锯齿，有时缺刻状锯齿，两面脉上被刚毛，有时下面毛变稀至近无毛；无托叶。伞形花序；萼片和花瓣各 5 枚，花瓣覆瓦状；花梗常被微柔毛。果实成熟时近球形，红色，顶端黑色，直径 4 ~ 5 mm。

▶**花 果 期**　花期 6 月。

▶**分　　布**　四川（峨眉山）。

▶**生　　境**　生于海拔 1100 m 的密林或灌丛。

▶**用　　途**　药用。

▶**致危因素**　过度采挖。

姜状三七

（五加科　Araliaceae）

Panax zingiberensis C.Y. Wu & Feng

国家重点保护级别	CITES 附录	IUCN 红色名录
二级		濒危（EN）

▶**形态特征**　多年生草本，高 20 ~ 60 cm。根茎肉质呈姜块状，匍匐生长，节间短而增厚；茎不分枝，暗绿色，有时至先端变紫色，具条纹，光滑无毛；掌状复叶，3 ~ 6 枚轮生于茎顶；叶柄长 8 ~ 15 cm，纤细，具条纹，无毛；小叶 3 ~ 5 枚，膜质，椭圆形至长椭圆形或倒卵状长椭圆形，先端渐尖至长渐尖，基部楔形，边缘具锯齿或微重锯齿，叶脉在两面明显隆起，沿脉被刚毛；伞形花序单生于茎顶。花梗长达 26 cm，具条纹，基部无苞片，花丝比花瓣长。子房 2 室，花柱 2 枚，合生至中部。果球状肾形，成熟时红色或顶端黑色。种子 2 枚，近半球形。

▶**花 果 期**　花期 7—8 月，果期 8—10 月。

▶**分　　布**　云南；越南、老挝北部。

▶**生　　境**　生于常绿阔叶林下。

▶**用　　途**　药用。

▶**致危因素**　过度采挖。

425

华参

（五加科 Araliaceae）

Sinopanax formosanus (Hayata) H.L. Li

国家重点保护级别	CITES 附录	IUCN 红色名录
二级		

▶**形态特征** 常绿灌木或乔木，高达 12 m，无刺。枝、叶柄、叶片正面及花序密被星状短柔毛。叶片宽圆形，长约 20 cm，宽约 23 cm，具 3 ~ 5 个宽裂片，边缘不规则锯齿状。圆锥花序顶生，花序主轴长 15 ~ 20 cm，次级轴长约 15 cm；头状花序直径 6 ~ 7 mm，具 8 ~ 12 朵花。花瓣 5 片；雄蕊 5 枚；子房 2 室，花柱 2 枚，分离。果实直径长约 4 mm，宽约 5 mm。

▶**花 果 期** 花期 9 月，果期 3 月、5—10 月、12 月。

▶**分 布** 台湾。

▶**生 境** 生于海拔 2300 ~ 2600 m 的森林开阔地带。

▶**用 途** 药用。

▶**致危因素** 未知。

山茴香

（伞形科　Apiaceae）

Carlesia sinensis Dunn

国家重点保护级别	CITES 附录	IUCN 红色名录
二级		

▶**形态特征**　矮小草本，高 10 ~ 30 cm。根圆锥形，直径 8 ~ 15 mm，根颈常残留纤维状的叶鞘。茎直立，光滑，有分枝，直径约 2 mm。基生叶的叶柄长 2.5 ~ 8.5 cm，基部有鞘；叶片轮廓呈长卵形至长圆形，长 2.5 ~ 7 cm，宽 1 ~ 3.5 cm，通常三回羽状全裂，第一回的裂片具短柄，末回裂片线形，长 4 ~ 10 mm，宽约 1 mm，先端尖，全缘，边缘略内卷，两面无毛；中部的茎生叶有短柄，叶片二至三回羽状全裂，裂片线形；最上部的茎生叶细小，3 深裂。复伞形花序顶生或腋生，花序梗长 1.5 ~ 8 cm；总苞片线形；伞辐 7 ~ 12（~ 20）条，长 1 ~ 3 cm；小总苞片钻形至线形。萼齿卵状三角形，外面有毛；花瓣倒卵形，下部渐窄，先端微缺，有内折的小舌片，中脉 1 条；花丝长于花瓣，花药卵圆形；花柱基圆锥形，花柱在开花后长约 2 mm。果实长倒卵形至长椭圆状卵形，表面有毛；每棱槽内具油管 3 根。

▶**花 果 期**　7—9 月。

▶**分　　布**　辽宁、山东。

▶**生　　境**　生于海拔 300 ~ 950 m 的山峰石缝。

▶**用　　途**　作香料。

▶**致危因素**　生境破坏或丧失。

明党参

（伞形科 Apiaceae）

Changium smyrnioides H. Wolff

国家重点保护级别	CITES 附录	IUCN 红色名录
二级		易危（VU）

▶**形态特征** 多年生草本。主根纺锤形或长索形，长 5～20 cm，表面棕褐色或淡黄色，内部白色。茎直立，高 50～100 cm，圆柱形，表面被白色粉末，有分枝，枝疏散而开展，侧枝通常互生。基生叶少数至多数，有长柄，柄长 3～15 cm；叶片三出式的二至三回羽状全裂，一回羽片广卵形，二回羽片卵形或长圆状卵形，三回羽片卵形或卵圆形、基部截形或近楔形、边缘 3 裂或羽状缺刻，末回裂片长圆状披针形；茎上部叶缩小呈鳞片状或鞘状。复伞形花序顶生或侧生；总苞片无或 1～3 枚；伞辐 4～10 条，开展；小伞形花序具花 8～20 朵，花蕾时略呈淡紫红色，开放后呈白色，顶生的伞形花序几乎全孕，侧生的伞形花序多数不育。花瓣长圆形或卵状披针形，顶端渐尖而内折；花药卵圆形；花柱基隆起，花柱幼时直立，果熟时向外反曲。果实圆卵形至卵状长圆形，果棱不明显，胚乳腹面深凹，油管多数。

▶**花 果 期** 花期 4 月。

▶**分 布** 江苏（句容、宜兴、南京、苏州、镇江）、安徽（安庆、芜湖、滁县）、浙江（吴兴、萧山）。

▶**生 境** 生于山地土壤肥厚的地方或山坡岩石缝隙。

▶**用 途** 药材。

▶**致危因素** 直接采挖或砍伐、物种内在因素、种间影响。

川明参

（伞形科　Apiaceae）

Chuanminshen violaceum Sheh et Shan

国家重点保护级别	CITES 附录	IUCN 红色名录
二级		濒危（EN）

▶**形态特征**　多年生草本。根圆柱形，有横向环纹凸起，黄白色至黄棕色，断面白色。茎多分枝，有纵长细条纹轻微凸起，上部粉绿色，基部带紫红色。基生叶多数，呈莲座状，叶柄基部有宽阔叶鞘抱茎，叶鞘带紫色，边缘膜质；叶片轮廓阔三角状卵形，长 6 ~ 20 cm，宽 4 ~ 14 cm，三出式二至三回羽状分裂，一回羽片 3 ~ 4 对，长卵形，二回羽片 1 ~ 2 对；茎上部叶很小，具长柄；至顶端叶更小，无柄，叶片 3 裂。复伞形花序多分枝，花序梗粗壮，无总苞片或仅有 1 ~ 2 枚，线形，薄膜质，伞辐 4 ~ 8 条，不等长；小总苞片无或有 1 ~ 3 枚，线形，膜质。花瓣长椭圆形，小舌片细长内曲，暗紫红色、浅紫色或白色，中脉显著；萼齿显著，狭长三角形或线形；花柱长，为花柱基的 2 ~ 2.5 倍，向下弯曲。分生果卵形或长卵形，暗褐色，背腹扁压，背棱和中棱线形凸起，侧棱稍宽并增厚；棱槽内有油管 2 ~ 3 根，合生面油管 4 ~ 6 根。

▶**花 果 期**　花期 4—5 月，果期 5—6 月。

▶**分　　布**　四川（成都、苍溪、威远、北川、平武、巴中）、湖北（宜昌、当阳）。

▶**生　　境**　生于山坡草丛中或沟边、林缘路旁。

▶**用　　途**　药用。

▶**致危因素**　人为采挖。

阜康阿魏

Ferula fukanensis K.M. Shen

国家重点保护级别	CITES 附录	IUCN 红色名录
二级		濒危（EN）

▶**形态特征**　多年生一次结果的草本，全株有强烈的葱蒜样臭味。根圆锥或倒卵形，粗壮，根颈上残存有枯萎叶鞘纤维。茎单一，粗壮，近无毛，从近基部向上分枝成圆锥状，下部枝互生，上部枝轮生。基生叶有短柄，柄的基部扩展成鞘，叶片轮廓广为卵形，三出二回羽状全裂，裂片长圆形，基部下延，长 20 mm，裂片下部再深裂，上部浅裂或具齿，基部下延，淡绿色，上表面无毛，下表面有短柔毛，早枯萎；茎生叶逐渐简化，变小，叶鞘披针形，草质，枯萎。复伞形花序生于茎枝顶端，无总苞片；伞辐 5 ~ 18（~ 31）条，不等长，近光滑，中央花序有长梗；侧生花序 1 ~ 4 个，花序梗超出中央花序，在枝上互生或轮生，植株成熟时增粗；小伞形花序具花 7 ~ 21 朵，小总苞片披针形，脱落。萼齿小；花瓣黄色，长圆状披针形，顶端渐尖，向内弯曲，沿中脉色暗，中脉微凹入，外面有疏毛；花柱基扁圆锥形，边缘增宽，浅裂或波状，果熟时向上直立，花柱延长，柱头头状。分生果椭球形，背腹扁压；果棱凸起；每棱槽内有油管 4 ~ 5 根，大小不一，合生面油管 10 ~ 12 根。

▶**花 果 期**　花期 4—5 月，果期 5—6 月。

▶**分　　布**　新疆（阜康）。

▶**生　　境**　生于海拔 700 m 的有黏质土壤的冲沟边、沙漠边缘地区。

▶**用　　途**　药用。

▶**致危因素**　生境退化或丧失。

麝香阿魏

（伞形科　Apiaceae）

Ferula moschata (H. Reinsch) Koso-Pol.

国家重点保护级别	CITES 附录	IUCN 红色名录
二级		易危（VU）

▶**形态特征**　多年生草本，高约 1 m。根粗壮，根颈分叉，残存有枯萎叶鞘纤维。茎细，多数，开始被疏柔毛，以后近光滑。基生叶有长柄，基部有叶鞘，顶端与叶片相接处具关节；叶片轮廓为广椭圆状三角形，三出二回羽状全裂，末回裂片稀疏，长圆形或披针形，长达 35 mm，宽 10～15 mm，再深裂为全缘或顶端具齿的小裂片；茎生叶向上简化，至上部只有披针形叶鞘。复伞形花序生于茎枝顶端，直径 4～6 cm，无总苞片；伞辐 6～12 条，近等长；中央花序有较长的花序梗，侧生花序 1～2 个，单生或对生，花序梗长，稍长出中央花序；小伞形花序具花 9～12 朵；小总苞片披针形，不脱落。萼齿三角形；花瓣黄色，长椭圆形，顶端渐尖，向内弯曲，长约 1 mm；花柱基扁圆锥形，边缘增宽，波状，果时向上直立，花柱延长，柱头增粗。分生果椭圆形，背腹扁压，长 7 mm，果棱丝状；每棱槽内有油管 1 根，窄小，合生面油管 2 根。

▶**花 果 期**　花期 6 月，果期 7 月。

▶**分　　布**　新疆（昭苏）。

▶**生　　境**　生于山区有灌木丛的砾石质坡上。

▶**用　　途**　药用。

▶**致危因素**　过度采集。

新疆阿魏

（伞形科 Apiaceae）

Ferula sinkiangensis K.M. Shen

国家重点保护级别	CITES 附录	IUCN 红色名录
二级		极危（CR）

▶**形态特征** 多年生一次结果的草本，全株有强烈的葱蒜样臭味。根纺锤形或圆锥形，根颈上残存有枯萎叶鞘纤维。茎通常单一，稀2~5枚，有柔毛，从近基部向上分枝成圆锥状。基生叶有短柄，柄的基部扩展成鞘；叶片轮廓为三角状卵形，三出式三回羽状全裂，末回裂片广椭圆形，浅裂或上部具齿，基部下延，长10 mm；茎生叶逐渐简化，变小，叶鞘卵状披针形，草质，枯萎。复伞形花序生于茎枝顶端，无总苞片；伞辐5~25条，近等长，被柔毛，中央花序近无梗，侧生花序1~4枚，较小，在枝上对生或轮生，稀单生，长常超出中央花序，植株成熟时增粗；小伞形花序具花10~20朵，小总苞片宽披针形，脱落。萼齿小；花瓣黄色，椭圆形，顶端渐尖，向内弯曲，沿中脉色暗，向里微凹，外面有毛；花柱基扁圆锥形，边缘增宽，波状，花柱延长，柱头头状。分生果椭圆形，背腹扁压，有疏毛，果棱凸起；每棱槽内有油管3~4根，大小不一，合生面油管12~14根。

▶**花 果 期** 花期4—5月，果期5—6月。

▶**分　　布** 新疆（伊宁）。

▶**生　　境** 生于海拔850 m的荒漠中、带砾石的黏质土坡上。

▶**用　　途** 药用。

▶**致危因素** 环境污染、直接采挖或砍伐。

珊瑚菜（北沙参）

（伞形科 Apiaceae）

Glehnia littoralis Fr. Schmidt ex Miq.

国家重点保护级别	CITES 附录	IUCN 红色名录
二级		

▶**形态特征** 多年生草本,全株被白色柔毛。根圆柱形或纺锤形,表面黄白色。茎露于地面部分较短,分枝,地下部分伸长。叶多数基生,厚质,有长柄,叶柄长 5~15 cm; 叶片轮廓呈圆卵形至长圆状卵形,三出式分裂至三出式二回羽状分裂,末回裂片倒卵形至卵圆形,长 1~6 cm,宽 0.8~3.5 cm,顶端圆形至尖锐,基部楔形至截形,边缘有缺刻状锯齿,齿边缘为白色软骨质;叶柄和叶脉上有细微硬毛;茎生叶与基生叶相似,叶柄基部逐渐膨大成鞘状,有时茎生叶退化成鞘状。复伞形花序顶生,密生浓密的长柔毛,花序梗有时分枝;伞辐 8~16 条,不等长;无总苞片;小总苞数片,线状披针形,边缘及背部密被柔毛;小伞形花序具花 15~20 朵,花白色。萼齿 5 枚,卵状披针形,被柔毛;花瓣白色或带堇色;花柱基短圆锥形。果实近圆球形或倒广卵形,密被长柔毛及茸毛,果棱有木栓质翅;分生果的横剖面半圆形。

▶**花 果 期** 6—8 月。

▶**分　　布** 辽宁、河北、山东、江苏、浙江、福建、台湾、广东。

▶**生　　境** 生于海边沙滩或栽培于肥沃疏松的沙质土壤。

▶**用　　途** 药用。

▶**致危因素** 生境退化或丧失、直接采挖或砍伐。

中文名索引

Y

Z

拉丁名索引

D

图片提供者名单表

中文名	图片提供者	张数	中文名	图片提供者	张数
海南大风子	刘成	2	龙棕	刘冰	2
软枣猕猴桃 *	姚小洪	4	海南龙血树	李剑武	2
中华猕猴桃 *	姚小洪	4	剑叶龙血树	李剑武	2
金花猕猴桃 *	姚小洪	2	白菊木	李剑武	2
条叶猕猴桃 *	姚小洪	2	巴朗山雪莲	张挺	2
大籽猕猴桃 *	姚小洪	2	雪兔子	郭永杰	2
伯乐树（钟萼木）	叶超	2	雪莲	亚吉东	2
赤水蕈树	安明态	3	绵头雪兔子	张挺	2
苞藜 *	刘冰	2	水母雪兔子	张挺	2
阿拉善单刺蓬 *	赵利清	2	阿尔泰雪莲	亚吉东	2
林生杧果	李剑武	1	革苞菊	郎楷永、郭永杰	2
山茴香 *	刘冰	2	蛛网脉秋海棠 *	田代科	1
明党参 *	赵鑫磊	4	阳春秋海棠 *	田代科	1
川明参 *	易思荣	2	黑峰秋海棠 *	田代科	1
阜康阿魏 *	杨宗宗	2	古林箐秋海棠 *	田代科	1
麝香阿魏 *	亚吉东	2	古龙山秋海棠 *	田代科	1
新疆阿魏 *	杨宗宗	2	海南秋海棠 *	田代科	1
珊瑚菜（北沙参）*	陈炳华、于胜祥	2	香港秋海棠 *	田代科	1
驼峰藤	郑希龙	2	云南八角莲	邱英雄	2
富宁藤	蒋宏、刘冰	2	川八角莲	易思荣	2
扣树	黄云峰、王瑞江	2	小八角莲	喻勋林	2
疙瘩七 *	金效华	2	贵州八角莲	喻勋林	2
人参 *	周海成	4	六角莲	陈炳华	2
三七 *	郭永杰	2	西藏八角莲	金效华	2
假人参 *	朱鑫鑫、李策宏	2	八角莲	陈炳华	2
屏边三七 *	郭永杰	2	小叶十大功劳	林秦文	2
越南参 *	赵鑫磊	2	靖西十大功劳	刘演	2
峨眉三七 *	钟鑫	2	桃儿七	叶超、金效华	2
姜状三七 *	李剑武	2	普陀鹅耳枥	金孝锋	2
华参 *	钟诗文	2	天台鹅耳枥	金孝锋	3
董棕	李剑武	2	天目铁木	金孝锋	1
琼棕	王瑞江	3	新疆紫草 *	亚吉东	2
矮琼棕	郭秀丽	2	橙花破布木	李剑武	2
水椰 *	袁浪兴	2	刺萼参 *	黎斌	2
小钩叶藤	郭秀丽、李荣生	2	七子花	胡一民	3

446

续表

中文名	图片提供者	张数	中文名	图片提供者	张数
丁香叶忍冬	沐先运	2	翅果油树	刘冰	4
匙叶甘松	张挺	2	兴安杜鹃	高连明、周海诚	6
金铁锁	刘冰	2	朱红大杜鹃	马永鹏	3
膝柄木	许为斌、刘成	2	华顶杜鹃	林海伦	5
斜翼	陈又生、刘演	2	井冈山杜鹃	刘仁林	4
永瓣藤	胡一民	2	江西杜鹃	刘仁林	5
连香树	胡一民	2	尾叶杜鹃	王飞	3
独叶草	叶超、郭明	2	圆叶杜鹃	高连明	4
半日花 *	亚吉东	2	东京桐	许为斌	2
金丝李	刘冰	2	四川冬麻豆	余奇	2
双籽藤黄 *	叶德平	1	冬麻豆	叶超	2
萼翅藤	李剑武	2	沙冬青	蔡杰	2
千果榄仁	李剑武	2	棋子豆	陈又生	2
长白红景天	刘冰	3	紫荆叶羊蹄甲	涂铁要	2
大花红景天	孟世勇	3	丽豆 *	刘冰	2
长鞭红景天	孟世勇	2	黑黄檀	李剑武	2
喜马红景天	孟世勇	1	海南黄檀	袁浪兴	2
四裂红景天	马欣堂	2	降香	李剑武	2
红景天	孟世勇	2	卵叶黄檀	谭运洪	2
库页红景天	刘冰	3	格木	许为斌	2
圣地红景天	孟世勇、张建强	2	山豆根 *	王小夏	1
唐古红景天	陈又生	1	绒毛皂荚	叶其刚	2
粗茎红景天	孟世勇	2	野大豆 *	陈炳华	1
云南红景天	孟世勇	2	烟豆 *	潘勃、陈炳华	2
野黄瓜 *	蔡杰	5	短绒野大豆 *	陈炳华	2
锁阳 *	刘成、蔡杰	2	胀果甘草	林余霖	2
东京龙脑香	李剑武	1	甘草	刘成	2
狭叶坡垒	李剑武	2	浙江马鞍树	叶喜阳	3
坡垒	李剑武	2	喙顶红豆	葛克俭（线条图）	1
无翼坡垒 (铁凌)	李剑武	2	长脐红豆	袁浪兴	2
西藏坡垒	李爱莉（线条图）	1	博罗红豆	周欣欣	1
望天树	李剑武	2	厚荚红豆	陈炳华	2
云南娑罗双	李剑武	2	凹叶红豆	王瑞江	2
广西青梅	刘冰、潘博	2	蒲桃叶红豆	葛克俭（线条图）	1
青梅	李剑武	1	锈枝红豆	葛克俭（线条图）	1
貉藻 *	郑宝江	2	肥荚红豆	李剑武	2
小萼柿 *	彭玉德	6	台湾红豆	钟诗文	2
川柿 *	杨成华	3	光叶红豆	王瑞江、梁丹	2

中文名	图片提供者	张数	中文名	图片提供者	张数
河口红豆	孙庆文	3	辐花苣苔	刘冰、徐建	2
恒春红豆树	王瑞江、余胜坤	2	秦岭石蝴蝶	邱志敬	2
花榈木	李剑武	2	报春苣苔	吴望辉	2
红豆树	陈炳华	2	乌苏里狐尾藻 *	朱鑫鑫	2
缘毛红豆	邓晶发（绘）、金效华（摄）	2	山铜材	刘成	2
韧荚红豆	王瑞江	2	长柄双花木	安明态、叶超	3
胀荚红豆	陈庆	1	四药门花	许为斌	2
纤柄红豆	李爱莉（线条图）	1	银缕梅	胡一民	2
云开红豆	徐晔春	2	黄山梅	胡一民	2
小叶红豆	喻勋林	2	蛛网萼	陈炳华	2
南宁红豆	葛克俭（线条图）	1	水仙花鸢尾 *	刘成	2
那坡红豆	葛克俭（线条图）	1	喙核桃	叶超、刘冰	2
秃叶红豆	杨焱冰、谭运洪	4	贵州山核桃	杨成华、刘锋	2
榄绿红豆	李剑武	1	苦梓	李剑武、黄宝优	2
茸荚红豆	王瑞江、刘悦尧	4	保亭花	刘成	2
菱荚红豆	葛克俭(绘)、李爱莉（修订）	1	盾鳞狸藻 *	王东	2
屏边红豆	葛克俭（线条图）	1	海南兰花蕉	邹璞	2
海南红豆	李剑武	2	云南兰花蕉	丁洪波	2
柔毛红豆	葛克俭（线条图）	1	小果紫薇	刘成、金效华	2
紫花红豆	李爱莉（修复）	1	毛紫薇	李剑武、谭运洪	2
岩生红豆	叶超	2	水芫花	袁浪兴	2
软荚红豆	陈炳华	1	细果野菱（野菱）*	陈炳华	2
亮毛红豆	葛克俭（线条图）	1	蝴蝶树	徐克学	2
单叶红豆	葛克俭（线条图）	1	平当树	丁洪波	2
槽纹红豆	李剑武	2	景东翅子树	李剑武	1
木荚红豆	陈炳华	2	勐仑翅子树	李剑武	1
云南红豆	李剑武	2	粗齿梭罗	蔡杰	2
越南槐	蔡杰	2	紫椴	刘冰	2
油楠	徐晔春	2	柄翅果	陈自强	1
华南锥	徐克学	2	滇桐	李剑武、陈正仁	4
西畴青冈	李攀、杨成华	4	海南椴	刘冰	4
台湾水青冈	余胜坤、叶喜阳	2	广西火桐	黄云峰、许为斌	2
三棱栎	李剑武	2	蚬木	黄云峰、许为斌	2
霸王栎	袁浪兴	1	石生火桐	黄渝松	2
尖叶栎	胡一民	2	火桐	李攀	1
瓣鳞花	亚吉东	2	丹霞梧桐	南程慧	2
辐花	林鹏程	4	大围山火桐	向建英	4
瑶山苣苔	刘演	2	海南梧桐	徐晔春	1

中文名	图片提供者	张数	中文名	图片提供者	张数
云南梧桐	郭永杰	1	毛瓣绿绒蒿	许敏、明丽升	2
美丽火桐	袁浪兴	2	猪血木	王刚涛、童毅华	2
虎颜花 *	王瑞江	2	胡黄连	刘成	2
望谟崖摩	李剑武	1	丰都车前 *	彭雪婷	2
红椿	李剑武、叶超	2	短芒芨芨草 *	陈文俐	2
木果楝	刘冰、于胜祥	2	沙芦草	曹瑞	2
古山龙	袁浪兴	1	三刺草	林秦文	2
藤枣	李剑武	2	山涧草	喻勋林	2
南川木波罗	易思荣	2	流苏香竹	张玉霄	3
奶桑	蔡杰	2	莎禾	张谢勇	5
川桑 *	刘基男、王家才	3	阿拉善披碱草 *	刘冰	2
长穗桑 *	郭永杰	2	黑紫披碱草 *	张谢勇	1
莲 *	叶超	2	短柄披碱草 *	王孜	2
珙桐	丁洪波、叶超、安明态	3	内蒙披碱草 *	赵利清	2
云南蓝果树	李剑武	2	紫芒披碱草 *	刘磊	2
合柱金莲木	江珊	2	新疆披碱草 *	冯缨（标本照片）	3
蒜头果	刘演、梁永延	2	无芒披碱草	朱鑫鑫	2
水曲柳	张志翔、张金龙、郭明	3	毛披碱草	刘磊	3
天山梣	亚吉东	2	铁竹	许祖昌	3
毛柄木樨	陈锦文(绘)、蔡淑琴(抄绘)	1	贡山竹	许祖昌	3
毛木樨	王晓东	2	内蒙古大麦	李爱莉（抄绘）	1
草苁蓉 *	钟鑫	2	纪如竹	许祖昌	3
肉苁蓉 *	郭永杰、杨宗宗	2	水禾 *	王瑞江	2
管花肉苁蓉 *	李凯	2	青海以礼草	周欣欣、张谢勇	4
崖白菜	李晓东	2	青海固沙草 *	苏旭	2
中原牡丹 *	洪德元	2	疣粒野生稻 *	金效华、李剑武	2
四川牡丹 *	杨勇	4	药用稻 *	朱鑫鑫	3
滇牡丹 *	金效华	2	野生稻 *	李剑武、陈炳华	2
矮牡丹 *	王福	3	华山新麦草	黎斌	2
大花黄牡丹 *	刘冰	2	三蕊草	陈文俐	2
凤丹 *	钟鑫	4	拟高粱 *	刘青	1
卵叶牡丹 *	杨勇	2	箭叶大油芒	刘冰	2
紫斑牡丹 *	王亮生、郭明	6	中华结缕草 *	刘冰	2
圆裂牡丹 *	杨勇	3	华南飞瀑草	王瑞江	2
白花芍药 *	王亮生	3	川苔草 *	陈炳华	2
石生黄堇	钟鑫	2	福建飞瀑草 *	陈炳华	3
久治绿绒蒿	钟鑫	7	鹦哥岭川苔草 *	袁浪兴	2
红花绿绒蒿	张挺	2	水石衣 *	李剑武	2

续表

中文名	图片提供者	张数	中文名	图片提供者	张数
中华叉瀑草 *	陈炳华	5	绣球茜	王瑞江	2
道银川藻 *	林秦文	2	香果树	叶超	2
川藻 *	陈炳华	3	巴戟天	陈炳华	2
永泰川藻 *	陈炳华	4	滇南新乌檀	谭运洪	2
金荞麦 *	李剑武、陈炳华	2	宜昌橙 *	杨焱冰	1
羽叶点地梅 *	林秦文	2	道县野桔 *	喻勋林	2
寄生花	李剑武	2	红河橙 *	刘成、张挺	2
北京水毛茛 *	沐先运	2	莽山野桔 *	江东	3
槭叶铁线莲 *	沐先运	2	山橘 *	陈炳华	2
黄连 *	张挺	2	金豆 *	陈炳华	2
三角叶黄连 *	林余霖、李策宏	2	川黄檗	何海	1
峨眉黄连 *	李策宏	2	富民枳 *	李攀	2
五叶黄连 *	李攀	2	黄檗	刘冰	3
五裂黄连 *	喻智勇	4	额河杨	张志翔	2
云南黄连 *	金效华	2	梓叶槭	林秦文	2
小勾儿茶	李晓东	1	庙台槭	刘冰、郭明	4
山楂海棠 *	徐克学	2	五小叶槭	张挺	2
丽江山荆子 *	张挺	2	漾濞槭	王瑞江	2
新疆野苹果 *	亚吉东	2	龙眼 *	李剑武	2
锡金海棠 *	刘成	2	云南金钱槭	李剑武、蒋宏	2
绵刺 *	刘冰	2	伞花木	叶超	2
新疆野杏 *	迟建才	2	掌叶木	施金竹、叶超	2
新疆樱桃李 *	亚吉东	2	爪耳木	袁浪兴	4
甘肃桃 *	刘冰	2	野生荔枝 *	李剑武	1
光核桃 *	丁洪波	1	韶子 *	李剑武	2
蒙古扁桃 *	王瑞江	2	海南假韶子	金效华	2
矮扁桃（野巴旦，野扁桃）*	杨宗宗	2	滇藏榄	龚强帮、李剑武	2
政和杏 *	陈炳华	2	红榄李 *	王瑞江	2
银粉蔷薇	陈炳华	2	海南紫荆木	徐克学	2
小檗叶蔷薇	亚吉东、刘成	2	紫荆木	刘冰	3
单瓣月季花	易思荣	2	长柱玄参 *	林秦文、郭明	2
广东蔷薇	陈炳华	2	黑果枸杞 *	亚吉东、刘成	2
亮叶月季	黄云峰	2	云南枸杞 *	黄云峰	2
大花香水月季	李剑武	2	黄梅秤锤树	姚小洪	2
中甸刺玫	刘成	2	细果秤锤树	姚小洪	2
玫瑰	金效华	2	狭果秤锤树	姚小洪	2
太行花	刘冰	2	肉果秤锤树	姚小洪、陈正仁	3
			秤锤树	姚小洪	2

中文名	图片提供者	张数	中文名	图片提供者	张数
长果秤锤树	姚小洪	2	四季花金花茶	杨世雄	2
海人树	袁浪兴	2	金花茶	杨世雄	2
疏花水柏枝	刘冰	2	平果金花茶	杨世雄	1
水青树	李剑武、郭明	2	毛叶茶 *	杨世雄	2
四数木	李剑武	2	毛瓣金花茶	杨世雄	4
圆籽荷	杨世雄	2	喙果金花茶	杨世雄	2
中东金花茶	杨世雄	1	茶 *	陈炳华	2
杜鹃红山茶	王瑞江	2	大厂茶 *	杨世雄	2
薄叶金花茶	杨世雄	2	大理茶	杨世雄	3
突肋茶 *	杨世雄	2	土沉香	李剑武、许为斌	2
厚轴茶 *	杨世雄	2	云南沉香	李剑武	2
德保金花茶	杨世雄	2	无柱黑三棱 *	Larry Lopez	1
显脉金花茶	杨世雄	2	长序榆	陈炳华	2
防城茶 *	杨世雄	2	大叶榉树	胡一民、郭明	5
云南金花茶	杨世雄	2	光叶苎麻 *	吴增源	3
淡黄金花茶	杨世雄	2	长圆苎麻 *	刘演（标本照片）	1
秃房茶 *	杨世雄	2	百花山葡萄	沐先运	2
贵州金花茶	杨世雄	3	浙江蘡薁	林秦文	1
凹脉金花茶	杨世雄	2	海南豆蔻 *	袁浪兴	2
柠檬金花茶	杨世雄	2	宽丝豆蔻	丁洪波	2
广西茶 *	杨世雄	2	细莪术 *	刘念	1
膜叶茶 *	杨世雄	2	茴香砂仁	李剑武	2
小花金花茶	杨世雄	2	长果姜	丁洪波、夏永梅	2
富宁金花茶	杨世雄	2	四合木	蔡杰	2